日本音響学会 編
The Acoustical Society of Japan

音響サイエンスシリーズ **1**

音色の感性学
音色・音質の評価と創造

岩宮眞一郎

編著

小坂直敏　　小澤賢司
高田正幸　　藤沢　望
山内勝也

共著

コロナ社

音響サイエンスシリーズ編集委員会

編集委員長
九州大学
工学博士　岩宮眞一郎

編集委員

明治大学
博士(工学)　　上野佳奈子

日本電信電話株式会社
博士(芸術工学)　岡本　　学

九州大学
博士(芸術工学)　鏑木　時彦

金沢工業大学
博士(工学)　　土田　義郎

九州大学
博士(芸術工学)　中島　祥好

東京工業大学
博士(工学)　　中村健太郎

九州大学
Ph.D.　　　　森　　周司

金沢工業大学
博士(芸術工学)　山田　真司

(五十音順)

(2010年4月現在)

刊行のことば

　われわれは，音からさまざまな情報を読み取っている．言葉の意味を理解し，音楽の美しさを感じることもできる．音は環境の構成要素でもある．自然を感じる音や日常を彩る音もあれば，危険を知らせてくれる音も存在する．ときには，音や音楽を聴いて，情動や感情が想起することも経験する．騒音のように生活を脅かす音もある．人間が築いてきた文化を象徴する音も多数存在する．

　音響学は，音楽再生の技術を生みかつ進化を続け，新しい音楽文化を生み出した．楽器の奏でる繊細な音色や，コンサートホールで聴く豊かな演奏音を支えているのも，音響学である．一方で，技術の発達がもたらした騒音問題に対処するのも，音響学の仕事である．

　さらに，コミュニケーションのツールとして発展してきた電話や携帯電話の通信においても音響学の成果が生かされている．高齢化社会を迎え，聴力が衰えた老人のコミュニケーションの支援をしている補聴器も，音響学の最新の成果である．視覚障害者に，適切な音響情報を提供するさまざまな試みにも，音響学が貢献している．コンピュータやロボットがしゃべったり，言葉を理解したりできるのも，音響学のおかげである．

　聞こえない音ではあるが，医療の分野や計測などに幅広く応用されている超音波を用いた数々の技術も，音響学に支えられている．魚群探査や潜水艦に用いられるソーナなど，水中の音を対象とする音響学もある．

　現在の音響学は，音の物理的な側面だけではなく，生理・心理的側面，文化・社会的側面を包含し，極めて学際的な様相を呈している．音響学が関連する技術分野も多岐にわたる．従来の学問分野に準拠した枠組みでは，十分な理解が困難であろう．音響学は日々進化を続け，変貌をとげている．最先端の部

分では，どうしても親しみやすい解説書が不足がちだ。さらに，基盤的な部分でも，従来の書籍で十分に語り尽くせなかった部分もある。

音響サイエンスシリーズは，現代の音響学の先端的，学際的，基盤的な学術的話題を，広く伝えるために企画された。今後は，年に数点の出版を継続していく予定である。音響学に関わる，数々の今日的トピックを，次々と取り上げていきたい。

本シリーズでは，音が織りなす多彩な姿を，音響学を専門とする研究者や技術者以外の方々にもわかりやすく，かつ多角的に解説していく。いずれの巻においても，当該分野を代表する研究者が執筆を担当する。テーマによっては，音響学の立場を中心に据えつつも，音響学を超えた分野のトピックにも切り込んだ解説を織り込む方針である。音響学を専門とする研究者，技術者，大学で音響を専攻する学生にとっても，格好の参考書になるはずである。

本シリーズを通して，音響学の多様な展開，音響技術の最先端の動向，音響学の身近な部分を知っていただき，音響学の面白さに触れていただければと思う。また，読者の皆さまに，音響学のさまざまな分野，多角的な展開，多彩なアイデアを知っていただき，新鮮な感動をお届けできるものと確信している。

音響学の面白さをプロモーションするために，音響学関係の書物として，最高のシリーズとして展開し，皆様に愛される，音響サイエンスシリーズでありたい。

2010 年 3 月

音響サイエンスシリーズ編集委員会

編集委員長　岩宮眞一郎

まえがき

「音の3要素」というのは，聴覚的印象としての「音」がもつ，音の大きさ，音の高さ，音色の三つの側面を意味する。このうち，音の大きさ，音の高さに関しては，その心理的性質も単純で，物理量との対応関係も明確で，理解のしやすい側面であろう。古くから研究が行われ，体系的な知見も得られている。

音の大きさ，高さとともに，音の3要素を構成している「音色」であるが，大きさ，高さとは同列に論じられないほど，複雑な様相を呈する性質である。研究は多面的に行われているが，音色の知覚過程を体系化することは容易ではない。しかし，学問的にとらえるのに非常に難しい側面でありながら，日常生活においては，音色は非常に身近な存在である。

オーケストラがあれだけ多くの楽器を使い大編成を必要とするのは，われわれが多種多様な楽器の音色の違いを味わう能力があるからである。レコーディングで，録音エンジニアが細かいニュアンスの音質に気づかい，最大の注意を払って音楽を創造するのは，われわれが微妙なニュアンスを感じ取っているからである。蓄音機が電気蓄音機になり，ステレオ，デジタル，5.1サラウンドと音響機器が進化を続けるのも，より豊かな空間性を追い求めるわれわれの聴覚にアピールするためである。

自動車のエンジン音を聞いて不具合を感じ取ったり，ドアの開閉音で仕上げの高級感を感じたりするのも，われわれが音色の違いを感じ取っていることによる。言葉を聞いて内容を理解するのも，電話や携帯電話の音質の違いを感じ取れるのも，音色の違いによってである。

音色（あるいは音質）は多次元的で，対応する物理量も複雑であるため，その全体像を体系化することは難しい。また，音色が関わる研究対象は音楽から騒音に及び，その全体像を理解することもたやすくはない。

まえがき

　本書では，音色・音質という音のもつ感性的な側面に焦点をあて，その特徴に多角的に迫り，またこれまで行われてきた音色・音質研究を総括し，その知見の体系化を試みる。

　第1章では，音色・音質の特徴を述べるとともに，音色・音質の特徴を理解するための最低限の基礎知識として，音を規定する物理量と聴覚の仕組みを解説し，音質・音色を評価する手法を紹介する（岩宮）。

　第2章では，音質・音色を表現する手法として用いられる，音質・音色の印象を表す形容詞とこれを集約した音色因子，および音のイメージを表現する擬音語について解説する（岩宮，高田，山内，藤沢）。

　第3章では，音色・音質と周波数スペクトル，立上がり，減衰，変動などの音響的特徴の関係について解説する（小澤）。

　第4章では，シャープネス，フラクチュエーションストレングス，ラフネスといった最近利用されることが増えてきた音質評価指標について，聴覚の機能に立脚して解説する（高田）。

　第5章では，音響機器，楽器，室内の音，音声，機械音，サイン音などを対象として実施されている音色・音質研究成果について，最新の成果を織り交ぜて解説する（岩宮，小坂，高田，山内）。

　第6章では，音楽の分野で求められる，新たな音色の創出技術について解説する（小坂）。

　音色・音質の研究は，騒音制御から音楽芸術にまで及ぶ，学際的な分野である。音色・音質に対する多様なアプローチを総括する書として，本書を企画した。音色・音質は，音の感性に関わる最も重要な側面であり，音響学の各分野に関わる事項で，多くの方に興味をもっていただけるだろう。

　本書を出版する機会を与えてくださった日本音響学会およびコロナ社に深く感謝する。

2010年8月

著者を代表して　岩宮眞一郎

目　　次

第1章　音色・音質の特徴とその評価

1.1　音色の特徴とその評価 …………………………………… 1
　1.1.1　音色という言葉 ……………………………………… 1
　　1.1.2　音色の定義とその問題点 ………………………… 2
　　　1.1.3　音の3要素と音色 ……………………………… 3
　　　　1.1.4　音色の印象的側面と識別的側面 …………… 5
　　　　　1.1.5　擬音語—音の感性を伝える言葉— ……… 7
　　　　　　1.1.6　音　色　と　音　質 …………………… 9
1.2　音色を規定する物理量と知覚する聴覚の仕組み ……… 9
　1.2.1　音とは何か？ ………………………………………… 9
　　1.2.2　縦 波 と 横 波 …………………………………… 10
　　　1.2.3　純　　　　　音 ………………………………… 11
　　　　1.2.4　複　合　音 …………………………………… 12
　　　　　1.2.5　位　　　　相 …………………………… 15
　　　　　　1.2.6　ノ　イ　ズ ……………………………… 16
　　　　　　　1.2.7　う　な　り …………………………… 17
　　　　　　　　1.2.8　デシベルという単位 ………………… 17
　　　　　　　　　1.2.9　聴 覚 の 仕 組 み ………………… 18
　　　　　　　　　　1.2.10　聴覚フィルタ …………………… 21
1.3　音色の評価手法 ………………………………………… 22
　1.3.1　心理物理学的測定法 ……………………………… 23
　　1.3.2　心理学的尺度構成法 …………………………… 24
　　　1.3.3　多次元尺度構成法 …………………………… 30
　　　　1.3.4　多　変　量　解　析 ………………………… 32
　　　　　1.3.5　SD　法 ……………………………………… 35
引用・参考文献 ………………………………………………… 35

第2章　音色・音質を表現する手法

2.1 音色評価尺度―音色・音質評価に使われる形容詞の利用― …… 37
　2.1.1 音色因子―音色評価尺度の因子分析― ………………………… 38
　　2.1.2 音質評価のための7属性（3主属性と4副属性）……………… 42
　　　2.1.3 音色表現語の階層構造 ……………………………………… 43
　　　　2.1.4 海外における音色評価尺度に関する研究 ……………… 45
2.2 音の印象を表す擬音語 ……………………………………………… 49
　2.2.1 純音に対する擬音語表現 ………………………………………… 51
　　2.2.2 環境音の音色を表す擬音語表現 ……………………………… 52
　　　2.2.3 擬音語からイメージされる音の印象 ……………………… 57
　　　　2.2.4 擬音語の可能性 …………………………………………… 61
引用・参考文献 ……………………………………………………………… 61

第3章　音色・音質を決める音響的特徴

3.1 音色の分類 …………………………………………………………… 64
3.2 静的音色 ……………………………………………………………… 66
　3.2.1 振幅スペクトルと音色の関係 …………………………………… 66
　　3.2.2 位相スペクトルと音色の関係 ………………………………… 69
　　　3.2.3 周波数スペクトルの相違と音色の類似度の関係 ………… 73
　　　　3.2.4 聴覚系内スペクトル表現と音色の関係 ………………… 75
3.3 準静的音色 …………………………………………………………… 76
　3.3.1 正弦波により振幅変調された正弦波の音色 …………………… 76
　　3.3.2 複雑な波形により振幅変調された正弦波の音色 …………… 77
　　　3.3.3 複合音の協和性 ……………………………………………… 79
3.4 動的音色 ……………………………………………………………… 81
　3.4.1 楽器音の聴き分け ………………………………………………… 81
　　3.4.2 成分音の過渡特性の分析/合成 ……………………………… 84
　　　3.4.3 楽器音の音色に及ぼす過渡特性の影響 …………………… 85
　　　　3.4.4 動的音色の視覚的表現 …………………………………… 87
　　　　　3.4.5 子音の聴き分け ………………………………………… 88
3.5 準動的音色 …………………………………………………………… 90

3.5.1　FM音の知覚 ……………………………………… 90
　　3.5.2　ビブラートと音色の関係 ………………………… 91
引用・参考文献 ………………………………………………… 92

第4章　音質評価指標

4.1　音質評価指標とは ………………………………………… 96
4.2　各種の音質評価指標 ……………………………………… 97
　　4.2.1　ラウドネス …………………………………………… 97
　　4.2.2　シャープネス ……………………………………… 105
　　4.2.3　ラフネス …………………………………………… 106
　　4.2.4　フラクチュエーションストレングス …………… 109
　　4.2.5　トーン・トゥ・ノイズレシオ，プロミネンスレシオ … 111
　　4.2.6　感覚的快さ ………………………………………… 113
4.3　音質評価システムの実際 ……………………………… 113
4.4　音質シミュレーション ………………………………… 115
引用・参考文献 ………………………………………………… 119

第5章　音色・音質評価のさまざまな対象

5.1　音響機器の音質 ………………………………………… 122
　　5.1.1　音響機器の音質を決める心理的要因と音響特性との関係　122
　　5.1.2　立体音響の音質評価―ステレオ再生の効果― ……… 124
　　5.1.3　総合的な音質評価 ………………………………… 126
　　5.1.4　再生音の音質に及ぼす視覚情報の影響 ………… 128
　　5.1.5　岐路に立つディジタルオーディオと音質評価 … 129
5.2　楽器音の音色 …………………………………………… 132
　　5.2.1　楽器の音色を規定する音響特性 ………………… 132
　　5.2.2　楽器の音色の特徴を決定する要因 ……………… 133
　　5.2.3　楽器音の立上がりと減衰過程が音色に及ぼす影響 … 134
　　5.2.4　ビブラートの効果 ………………………………… 136

　　　　　5.2.5　各種の楽器音の音色の特徴を包括的にとらえる ……… *137*
　　　　　5.2.6　名器「ストラディバリウス」の音質 ……………… *140*
5.3　コンサートホール（聴くための空間）の音質評価 …………… *141*
　　5.3.1　コンサートホールに求められる音響条件 ……………… *141*
　　5.3.2　ヨーロッパのコンサートホールの音質比較 …………… *143*
　　5.3.3　両耳間相関係数と「広がり感」……………………… *145*
　　5.3.4　「見かけの音源の幅」と「音に包まれた感じ」………… *147*
5.4　音　　　　　声 ………………………………………………… *149*
　　5.4.1　通話品質に影響を与える諸要因 ………………………… *149*
　　5.4.2　明瞭度, AEN, および関連尺度 ……………………… *151*
　　5.4.3　通話音量に基づく尺度 RE および LR ………………… *152*
　　5.4.4　通話の満足度を表す平均オピニオン値　MOS ………… *153*
　　5.4.5　その他の通話品質の評価尺度　プリファレンススコア … *155*
　　5.4.6　通話品質の客観評価モデルの必要性 …………………… *155*
　　5.4.7　基本的支配要因を対象とした
　　　　　　　通話品質客観評価モデルの概要 … *156*
　　5.4.8　モデルの適用と検証結果 ………………………………… *158*
　　5.4.9　通話品質の評価モデルの拡張 …………………………… *158*
　　5.4.10　現在の評価モデル ……………………………………… *159*
5.5　機　　械　　音 ………………………………………………… *159*
　　5.5.1　機械製品における音質評価の重要性 …………………… *159*
　　5.5.2　音質評価の手法 …………………………………………… *160*
　　5.5.3　合成音を用いた音質評価 ………………………………… *164*
　　5.5.4　音質に影響する音響的特徴と音質評価指標 …………… *165*
　　5.5.5　音質評価に基づいた対策と音のデザイン ……………… *168*
　　5.5.6　音質と製品のイメージ …………………………………… *169*
　　5.5.7　音質改善がもたらす経済効果 …………………………… *170*
　　5.5.8　今　後　の　展　開 …………………………………… *172*
5.6　サ　イ　ン　音 ………………………………………………… *173*
　　5.6.1　サイン音の特徴—サイン音とはなにか— ……………… *174*
　　5.6.2　サイン音の評価研究事例 ………………………………… *175*
　　5.6.3　擬音語を利用したサイン音評価 ………………………… *180*
　　5.6.4　視覚障害者のためのサイン音 …………………………… *185*
　　5.6.5　サイン音に求められるもの ……………………………… *187*

引用・参考文献 ································· 188

第6章 音色の創出

- 6.1 音色の概観 ································· 196
  - 6.1.1 音色の構造 ···························· 196
  - 6.1.2 音楽における音色の役割 ················ 198
  - 6.1.3 楽器音における音色 ···················· 199
- 6.2 電子音の音色とその合成 ······················ 201
  - 6.2.1 ミュージックコンクレートと電子音楽 ······ 201
  - 6.2.2 電子音の大分類とその発展 ················ 202
- 6.3 コンピュータ音楽における楽音合成方式とその音色の分類 ······ 204
  - 6.3.1 電子音色の分類 ························ 206
  - 6.3.2 波形テーブル参照型 ···················· 207
  - 6.3.3 ユニットジェネレータ ·················· 208
  - 6.3.4 非線形処理方式 ························ 209
  - 6.3.5 物理モデル ···························· 209
  - 6.3.6 分析/合成方式 ························ 210
  - 6.3.7 走査合成方式 ·························· 212
- 6.4 応用エフェクト ······························ 213
  - 6.4.1 音色モーフィング ······················ 213
  - 6.4.2 物理モデルによる音色モーフィング ······ 215
  - 6.4.3 混声音 ································ 215
- 6.5 音色の記述方法 ······························ 216
  - 6.5.1 IPA ·································· 217
  - 6.5.2 嗄声の評価法にみる声質の記法 ············ 219
- 引用・参考文献 ································· 220

索引 ·· 222

付録コンテンツダウンロードについて

2010年の初版1刷発行時には，さまざまな音源を収録したCD-ROM付の書籍として発行しました．しかし，2024年現在においては，CD-ROMを含む光学ドライブがないノートパソコンが主流となっており，読者（ユーザー）の便宜を考慮し，初版5刷からはCD-ROMコンテンツをダウンロードする方法としました．

CD-ROMコンテンツのダウンロードは以下のURLより行ってください．
https://www.coronasha.co.jp/static/download/01347/SC_cd.iso
ID：corona　　パスワード：510411

※その他の事項については，以下に記載の初版1刷時の内容をご覧ください．

付録CD-ROMについて

CD-ROMに収録したすべてのコンテンツの著作権は日本音響学会，著者に帰属し，著作権法により保護され，この利用は個人の範囲に限られます．また，ネットワークへのアップロードや他人への譲渡，販売，コピー，データの改変などを行うことは一切禁じます．

CD-ROMに収録したデータなどを使った結果に対して，コロナ社，製作者は一切の責任を負いません．また付録CD-ROMに収録のデータの使い方に対する問合せには，コロナ社は対応しません．

付録CD-ROMの活用法

本書では，音の物理的な特徴と音色や音質の関係を，詳しく説明しています．しかし，音の物理的特徴を文章で読んでも，なかなか理解することは難しいと思います．その理解を助けるために，デモンストレーションとして，さまざまな音源（wavファイル：44.1 kHzサンプリング，16 bit）を入れています．周波数スペクトルの形状が異なったらどんな風に聞こえるのか，振幅の周期的変化の様子が変化の速さに従ってどう変わるのかなど，体験いただけたらと思います．また，引用した音響心理実験で使われた音を再現したデモンストレーションもあります．こういったデモンストレーションをゼミや講義で使っていただければ，学生の理解をより深めることができます．音響学の格言に「百見は一聞に如かず」という言葉があります．本書のCD-ROMは，耳で学ぶためのツールとお考えください．有効に活用いただけたらと思います．

第1章 音色・音質の特徴とその評価

1.1 音色の特徴とその評価

 耳には蓋がないため,われわれは絶えずいろんな音を聞いている。「いろんな」音の違いを表すのが「音色」である。われわれが,環境音から情報を得る,会話する,音楽を楽しむことができるのは,音色を知覚する能力が基礎になっている。音色の性質は複雑であるが,その分,われわれが音色を通して受け取る情報は豊富である。

1.1.1 音色という言葉

 音色は,「ねいろ」または「おんしょく」と発音されるが,日本語としてはもともと「ねいろ」が本来の発音であろう。「おんしょく」は,「音色主義(おんしょくしゅぎ)」などのように,音楽などで特殊な対象に対して用いられた読み方が一般化したものと考えられる。現在でも,音楽関係で音色を調整,加工する場合には,「おんしょく」が用いられることが多い。

 音色は,英語では,timbre または tone color(sound color ともいう)である。ただし,timbre は,もともとフランス語である。timbre は,音響の専門用語としては,ANSI(American National Standards Institute)等できちんと定義(じつは,この定義が問題となるのであるが)された用語であるが,英語を母国語とする一般人にとって,日常的になじみのある言葉ではない。

1.1.2 音色の定義とその問題点

日本工業規格(Japanese Industrial Standards, JIS)の音響用語の規格(JIS Z 8106：2000)によると，音色は，「聴覚に関する音の属性の一つで，物理的に異なる二つの音が，たとえ同じ音の大きさおよび高さであっても異なった感じに聞こえるとき，その相違に対応する属性」と定義されている。さらに，備考として「音色は，主として音の波形に依存するが，音圧，音の時間変化にも関係する。」との記述が添えられている。

JIS の定義は，ANSI の定義を踏襲したものであるが，もともとはヘルムホルツの考えの流れをくむものといわれている。ヘルムホルツの"On the sensation of tones"(ドイツ語版原著，1863 年，Dover 版英訳，1954 年)によると，「バイオリン，フルート，クラリネットおよび歌声が，同じ音符を同じ高さで演奏されるとき，バイオリンの音を他のものと区別する特性を音色(quality of tone)と呼ぶ」と記述されている[1]†。

確かに，ピアノ，バイオリン，クラリネット，オーボエ，トランペット，歌声が同じ大きさ，高さで次々に演奏されるのを聴くと，どの楽器が演奏されたのかはたやすくわかる。その違いを生じさせている要因が音色なのである。

しかし，JIS 流の定義を杓子定規に受け取ると，高さ，大きさの異なる「音色」は，比較できない(定義されていないので)ことになってしまう。この点に関して多くの批判があり，新たな提案がなされている(JIS も少し変更されている)。

例えば，Pratt と Doak は，ANSI の前身である ASA (American Standards Association) の定義への不満を述べ，音色の定義に関する新たな提言を行っている[2]。彼らは，C_4 (262 Hz) の高さ，f (フォルテ) で演奏されたトロンボーンの音(第 1 音)と A_4 (440 Hz) の高さ，p (ピアノ) で演奏されたフルートの音(第 2 音)の主観的な印象の違いを例にして，音色について考察している。

二つの音の違いは，三つの観点からなされる。まずは，音の大きさの違い

---

† 肩付数字は各章末の引用・参考文献番号を示す。

で，第1音のほうが第2音より大きい。次に同様に，音の高さの違いによっても，2音の印象の違いがわかる。第2音のほうが高い。三つめが楽器の違いに基づくものである。この場合，トロンボーンとフルートの違いで，容易にその違いがわかる。

　高さ，大きさが同じであれば，楽器の違いがわかる。しかし，高さ，大きさが違っていても，この例でわかるように，楽器の違いを判断することは可能である。つまり，音の大きさ，高さの性質を取り除くことと，それをいずれも一定にすることは，必ずしも同じではない。そこで，Pratt と Doak は，音色の定義として，「音色とは，音の大きさ，高さ，持続感以外の，なんらかの判断基準を用いて，二つの音を違うと判断できる感覚の性質のことである」と提言している。

　ただ，この定義にしても，宮坂が主張するように[3]，音色のことを積極的に定義したものではなく，音から受け取る聴感上の印象から，音響心理学的にも比較的よくわかっている三つの性質（大きさ，高さ，持続感）を取り除いた残りを，「音色」という「ごみ箱」に投げ込んでいるにすぎない。

1.1.3　音の3要素と音色

　「音」には，媒質（本書で扱う範囲では，おもに「空気」）中の**弾性波**としての物理的「音」の意味と，それによって起こされる聴覚的印象としての心理的「音」の両方の意味がある。**音の3要素**というのは，聴覚的印象としての「音」が有する三つの側面のことである。音の3要素とは，音の大きさ，音の高さ，音色のことである。

　音の3要素に，音の長さ，音の定位といった，音の時間的，空間的側面を加えて心理的な音を語ることもあるが，長さ，定位といった心理的性質は，音固有の性質ではない。音の3要素は，純粋に「音」固有の心理的性質といえよう。

　ここでは，音の3要素に含まれる各要素の特徴と，対応する物理量について説明し，音の大きさ，高さと比較しての音色の特徴について述べる。

　音の大きさ（**loudness**，ラウドネス）は，「大きい─小さい」という尺度で

表現できる，一次元的な性質である．音の大きさは，音のもつパワー（エネルギー）と対応する．パワーが大きいほど，音の大きさは大きくなる．音の大きさは，心理量としても，物理量との対応関係も比較的単純な性質である．

音の高さ（**pitch**）も，一般には，「高い―低い」という心理的性質で表現できる一次元的な性質である．音の高さと対応するのは，純音の場合，周波数である．周期的な複合音の場合，基本周波数となる．音の高さにおいても，物理量との対応関係は，そんなに複雑ではない．

ただし，音の高さには，**トーンクロマ**（tone chroma：音楽的な高さ）と呼ばれる循環的な高さと**トーンハイト**（tone height：音色的高さ，かん高さ）と呼ばれる直線的な高さの2面がある[4]．トーンクロマは，音楽の「ド・レ・ミ・ファ・ソ・ラ・シ・ド」の階名に相当する性質で，オクターブ上昇あるいは下降するごとに，もとに戻る感じを意味する．トーンハイトは，基本周波数の上昇（下降）に伴って直線的に上昇（下降）する感覚である．

音色（**timbre**）の性質は，「大きさ」や「高さ」に比べ，はるかに複雑である．そもそも「音色」の心理的性質は，大きさ，高さと違って，一次元的に表現することはできない．「明るさ」「きれいさ」「豊かさ」など，さまざまな心理的な性質をおびている．そのため，「音色」は多次元的であるといわれている．

また，大きさや高さと違って，物理量との対応関係も複雑で，対応する物理量は一つではない．音色と対応すると考えられる物理量を列挙すると，**周波数スペクトル**（パワーあるいは**振幅スペクトル**，**位相スペクトル**），**立上がり**，**減衰特性**，定常部の**変動**，成分音の**調波・非調波**関係，**ノイズ**成分の有無などが挙げられる．

さらに，音色の特徴として，音の印象を形容詞で表現する**印象的側面**と何の音であるかを聞き分ける**識別的側面**の二つの面があることが挙げられる．ヘルムホルツの著書にも，音色に関して二つの面からの記述があり，難波の著書においても[5]，認知・識別の側面（識別的側面に相当する），音源に対する主観的印象の表現の側面（印象的側面に相当する）という，二つの面の存在を音色の特徴としている．

1.1.4 音色の印象的側面と識別的側面

〔1〕 **印象的側面**　われわれは，音の印象を表現するとき，「明るい音」「暗い音」「澄んだ音」「濁った音」「迫力のある音」「もの足りない音」「しっとりした音」「乾いた音」のようにさまざまな形容詞を用いることが多い。「音色の印象的側面」とは，「形容詞で音色の特徴を表現できる性質」のことをいう。

「形容詞」は，必ずしも，聴覚で感じることができる印象を表す言葉だけではない。むしろ，「明るさ」「柔らかさ」のように，視覚や触覚などといった他の感覚でも共通して感じることができる印象の表現語のほうが多い。

音色の印象を表す形容詞を数え上げればきりがないが，それぞれがすべて独立した意味をもっているわけではない。かなり似通った意味内容のものもあれば，二つの言葉の中間的存在といえるような言葉もある。音色の印象を表す言葉を統計的手法で分析した結果によると，音色を表現する言葉の意味は，3ないし4次元程度の空間上の座標で表せる。したがって，音色の印象的側面は，3ないし4の独立した因子（**音色因子**）に集約できると考えられている。

代表的な音色因子は，**美的因子**，**金属性因子**，**迫力因子**といわれるものである。音色因子は，各種の音色の印象を表す言葉の性質を集約したもので，音色表現語と直接対応するものではないが，意味内容の近い表現語は存在する。美的因子であれば「澄んだ―濁った」「きれいな―汚い」，金属性因子であれば「鋭い―鈍い」「固い―柔らかい」，迫力因子であれば「迫力のある―もの足りない」「弱々しい―力強い」といった表現語対（反対の意味の形容詞対）が対応する。各因子の性質は，これらの表現語対の意味内容からおおよその見当がつく。

音色因子と音色表現語に関しては多くの研究があり，2.1節で詳しく述べる。

〔2〕 **識別的側面**　「音色の識別的側面」とは，「音を聞いて，何の音であるのか，どういう状態であるかがわかる」ということを表す側面である。言葉でコミュニケーションできるのは，音声を識別しているからである。楽器の違いを聞き分けることも，生活の中で聞こえるさまざまな音を聞き分けられるのも，音色の識別的側面によってである。

音を識別できるのは，聞こえてきた「音」と記憶の中にある「音」を照合する過程による。われわれは，日常生活の中で，さまざまな音を聞いて，それらの「音」を記憶している。そして，聞こえてきた音と記憶の中にある音と照合させて，何の音であるのかを判断する。この過程は，一種のパターン認識であると考えられる。聞こえてくる音は，実際には，過去に経験し記憶している音と，まったく同一ではない。その音を特徴付ける性質が一致していれば，記憶の中の音と同一の音であると判断する。

例えば，「あ」という母音は，「あ」を記憶したときと異なる人が発音した「あ」を聞いたときにも，「『あ』である」と識別できる。しゃべる人が違えば，同じ「あ」でも，その物理的特徴は微妙に異なる。しかし，「あ」という母音を特徴付ける音響的な性質を抽出できれば，「あ」と聞こえるのである。楽器の場合も同様である。同じバイオリンでもいろんなメーカや製作者の楽器があり，いろんな奏法がある。しかし，いずれのバイオリンの音もバイオリンの音であると判断できる。このようなことから，音色を識別する際のパターン認識過程は，曖昧な（ファジィ）パターン認識であるといえる。

さらに，ある人の声を憶えたら，その人が過去にしゃべったことのないような話をしても，その人だと識別することができる。過去に聞いたことないメロディを演奏しても，楽器の音の識別ができる。こういう認識処理が可能なのは，人間が記憶の中の音から音のイメージを再構成する能力をもっているからである。この能力によって，お気に入りの楽器を使って，お気に入りのメロディの演奏をイメージすることもできる。音楽家は，この能力を使って，実際に演奏しなくても楽譜から演奏された曲のイメージをもつことができる。

記憶の中の音とは，その音を特徴付けるパターンの記憶なのである。そのパターンを別の状況においたとき，どんな音になるのかをある種の補間機能を用いてイメージするのである。

その結果として，音のもつ特徴を巧みに模倣すれば，本物の音でなくても，本物と判断してしまう。「ものまね芸」が，成り立つのは，このような聴覚の特性があるからである。ものまね芸人は「本人らしさ」を分析してものまね

フィルタを形成し，そのフィルタを通して自由な会話を行う。その過程は，われわれが記憶の中の音を再構成する過程を，再現したものと考えられる。ものまね芸人は，「本人らしさ」を形成する特徴を把握する能力にすぐれた，音響分析家なのである。

「らしさ」を形成する特徴は，楽器にとっても，重要な要素である。楽器の特徴を再現するためには，**倍音構造**（周波数スペクトル）をまねただけでは十分ではない。かつて，電子オルガンでそのような試みがなされたが，元の楽器とは似ても似つかぬ音となってしまった。楽器音の立ち上がりを中心とする過渡特性や揺らぎ，ノイズ成分といった偶発的要素が楽器の「らしさ」に大きな貢献をしている。そういった要素も類似させないと，楽器の特徴を作り出すことはできない。

「らしさ」さえ備えていれば，相当音質が劣化した音からでも，楽器を聞き分けることができる。サクソフォーンの音は，コンサートホールで聞いても，小型のトランジスタ・ラジオで聞いても，大きさ，高さにかかわらず，サクソフォーンの音に聞こえる。Risset と Wessel は，それを**音色の不変性**と呼んだ[6]。音色の不変性は，音色の「らしさ」にほかならない。「らしさ」は人間の感性そのものであるが，その全容が解明されてはいない。

音の識別を行うため，われわれは，じつにさまざまな音を記憶している。このようなさまざまな音を識別するのは，相当数の手がかりを必要とする。音色は，対応する物理量が豊富で複雑なため，多種多様な識別カテゴリーに対応できる。

1.1.5　擬音語─音の感性を伝える言葉─

われわれは，日常生活で耳にした音について述べるとき，「ドーンという追突音が聞こえた」とか「犬がワンワンと鳴く」といった表現を多用する。これらの表現で用いられる「ドーン」や「ワンワン」のように，音を言葉で直接的に表現したものを**擬音語**という。

擬音語とは**オノマトペ**（onomatopoeia）の一種で，われわれの周りのさまざまな音を模倣して作られた言葉のことを指す。特に，動物の鳴き声や人間の声を模倣したものは**擬声語**という。また，擬音語とは別に，「サラサラ」や「スッキリ」のように，動作の様態・状態・感覚・心理状態等を語音によって象徴的に描写した言葉は，**擬態語**や**擬情語**などと呼ばれる。ただし，日本語の辞書・辞典類では，これらを区別せずに扱っていることも多い。

日本語には，他の言語に比べて擬音語が豊富に存在するといわれており，俳句や短歌，マンガなどでも頻繁に使用され，重要な表現手段の一つとなっている。日常生活においても，音を手軽に表現・伝達する手段として多用されている。擬音語は音に対する感性的な側面を反映した存在で，音質評価や音のデザインなどさまざまな用途への適用が可能である。また，耳鳴りを擬音語によって表現させ，その特徴をつかもうといった試みもある[7]。

擬音語表現は，音色の印象的側面とも対応付けられる[8]。例えば，「キー」などの母音 /i/ が用いられる擬音語で表現される音は，「明るい」「鋭い」といった印象の音である。このような音は，高周波数帯域に主要なエネルギーを有する。逆に，「鈍い」「暗い」といった印象を喚起し，低周波数帯域に主要なエネルギーを有する音を擬音語で表現するときは，「ボー」のように母音 /o/ が用いられる。

迫力のある印象を表すのには，有声子音（「ガ」とか「ザ」とか濁点を含む表現）を使った擬音語表現が有効である。何かが衝突したときに聞こえた音を「ガン」「ドン」と表すと，「カン」「トン」と表すより，はるかに迫力のある音である様子を伝えることができる。さらに，長音を加えて，「ガーン」「ドーン」とすると，さらに迫力感は増大する。

擬音語表現は，音によって生じる聴取印象や音響的特徴を特定するのに有効な手がかりである。擬音語が，音の感性的側面を測定する新しい手法として利用できる可能性もある。音色を表現するツールとしての擬音語に関しても多くの研究があり，2.2節で詳しく紹介する。

1.1.6 音 色 と 音 質

「音色」と似た言葉で**音質**（sound quality）という用語がある。ほとんど同義の言葉ととらえてさしつかえないが，「音質」のほうが歴史的には新しい用語である[9]。広辞苑の1955年（昭和30年）版には，「音質」は掲載されていない。1969年（昭和44年）版には掲載があり，「声や音のよしあし」と記述されている。広辞苑の記載にあるように，「音質」という用語は，対象が定まったうえでの音の印象で，価値判断（音のよさ，悪さ）を含む概念と考えられる。その点，「音色」は，価値判断を含まず，ニュートラルに用いられる。

これまで，音響機器，楽器などの音が，「音質」研究の対象とされてきたが，最近では，自動車のエンジン音，空調機の音，OA機器（コピー機やプリンタなど）の動作音など，機械音の音質も，問題にされている。その様相と最新の動向を，5章で紹介する。

また，「音質」は，「音色」の識別的側面は含まないが，「音色」の印象的側面とは重複する概念であるといえる。

1.2　音色を規定する物理量と知覚する聴覚の仕組み

音色について正しく理解するためには，「音の物理的特徴」と「音を感じる聴覚の仕組み」を十分に理解しておかなければならない。本節では，音の物理的な性質と，人間が音を聞く仕組みについて簡単に説明する。

1.2.1　音とは何か？

音は，物体の運動あるいは振動によって発生する。物体の運動は，それを取り巻く媒質（空気）に圧力変化を生じさせて，媒質中を伝わる。このとき発生する圧力変化が（物理的）音である。その圧力変化が聴覚系に伝えられて，「音」として認識される。

ギターの音を例にとって，音の伝わる様子を説明しよう。演奏者は，ギターの弦をつま弾く。ピーンと張られた弦は，変形を受けて戻ろうとする。もとに

戻って，勢い余って，変形された側とは逆方向へ動く。再び弦には，もとに戻ろうとする力が働く。また，勢い余って最初に変形されたところに戻る。そして，弦は行ったり来たりを繰り返す。この状態が振動である。

弦の動きは，周りの空気を押しやったり，引っ張ったりする。それにつれて，空気の圧力が大気圧を原点として上がったり，下がったりする。この空気の圧力変化は，弦のそばから始まって，ドミノ倒しのように次々に伝わり，四方八方に伝わっていく。

正確にいうと，われわれがおもに聞いているのは，弦から伝わったギターの胴の振動である。胴の振動が，空気に伝わって，耳に到達する。しかし，物体の振動が空気に伝わるという点では，同様である。このときに生じる空気の圧力変化が「音」の正体なのである。

ちなみに，この場合（われわれの日常生活では），空気は音を伝える「媒質」である。音が伝わるためには，媒質は必ず必要である。媒質は空気である必要はない。水中でも金属中でも音は伝達する。17世紀にボイルが示したように，媒質のない真空中では音は伝達しない。

1.2.2 縦波と横波

音は，波の一種である。波には，縦波と横波がある。

横波とは，波の進行方向と垂直方向に，媒質が運動する波のことである。縄跳びの縄を上下に振ったとき，上下運動がしだいに先端のほうに伝わっていく。このときの上下振動が伝わる様子が横波である。

縦波とは，波の進行方向と同方向に，媒質が運動する波のことである。空気の疎密を繰り返す**疎密波**である音は，縦波である。

図 1.1 (a) は，空気の分子を点で表して，疎密波の様子を表したものである。この図は，ある場所における，空気の圧力変化の様子を時間の関数として表現したものである。ただし，このような図では空気の圧力変化の様子を定量的に把握しにくく，波の形もわかりにくい。そこで，縦波である空気の疎密波を，横波で表現することが一般的である。

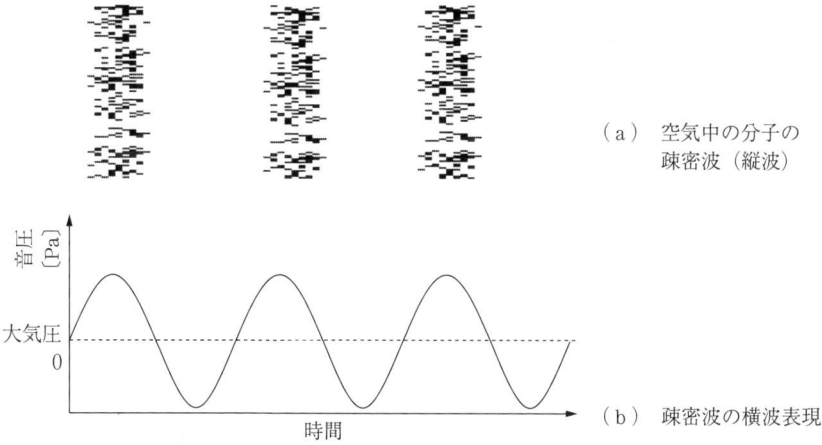

図 1.1 空気の疎密波（音）とその横波表現

図 (b) は，図 (a) で表した空気の圧力変化を，横波の形で表したものである。縦軸は，空気の圧力変化を表し，原点（座標 0 に相当する点）は，空気の大気圧を表す。このように表現すると，波の形がわかりやすい。音圧の単位はパスカル（Pa = N［ニュートン］/m²）である。

1.2.3 純　　　音

世の中には，いろいろな音が満ちあふれているが，最も単純な音が「**純音**」である。純音の波形は**図 1.2**（a）のように正弦波で表せる。図 (a) の横軸は時間，縦軸は空気の圧力変化を示す。座標が 0 の位置は，大気圧に相当する。音の振動は，大気圧からの変動である。正弦波を規定する物理量は，**周波数**と**振幅**である。

正弦波（サイン波）とは，印のついた円を平らな面を等速度で回転させたとき，印の描く軌跡のことである。正弦波の縦座標は，円の回転角度の関数で表現される。正弦波は，回転角 360 度（ラジアンでは 2π）ごとに，同じ波の形を繰り返す。つまり，正弦波は周期的である。

周波数は，1 秒あたりに何回振動するのかを表す量である。1 秒間に繰り返

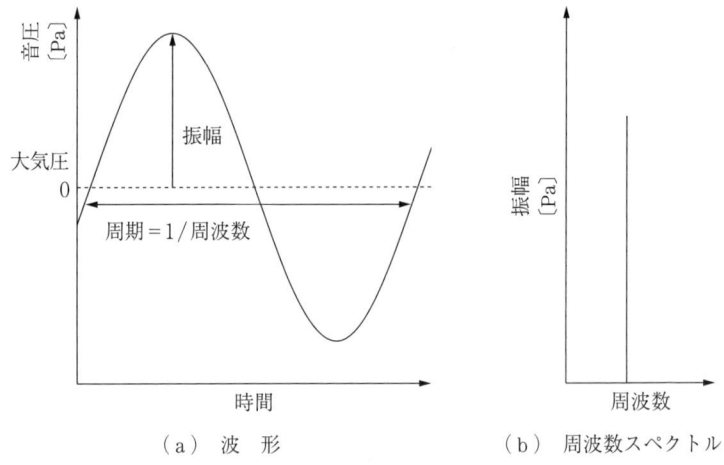

図 1.2　純音の波形と周波数スペクトル

す波の数ともいえる。単位にはヘルツ（Hz）を用いる。そして，周波数の逆数を「**周期**（単位は s）」という。周期は 1 回の振動に要する時間ということになる。振幅は，平均圧力を 0 として圧力変化の最大値を表す。周波数は音の高さ，振幅は音の大きさと対応する物理量である。

純音の波形を，時間 t の関数として式で表すと，$A\sin(2\pi ft)$ となる。π は角度をラジアンで表したもので，π は 180°に相当する。A は振幅，f は周波数を表す。

なお，1 周期中のどの時点なのかを表す量が，**位相**である。位相は，角度または，ラジアンで表現する。

1.2.4　複合音

純音を組み合わせてできる音が，**複合音**である。そして，複合音の中でも，構成する純音（成分）の周波数が最低次成分の整数倍になっている音を，**周期的（調波）複合音**という。最低次の成分を**基本音（波）**，その 2 倍の周波数の成分を第 2 倍音，その 3 倍の成分を第 3 倍音といった呼び方をする。

純音の場合は $A\sin(2\pi ft)$ でその波形を表すことができるが，周期的複合音

は，$A_1 \sin(2\pi ft) + A_2 \sin(2\pi 2ft) + A_3 \sin(2\pi 3ft) + \cdots$ のように純音を足し合わせた形式で表現できる。$A_1 \sin(2\pi ft)$ は基本音，$A_2 \sin(2\pi 2ft)$ は第2倍音，$A_3 \sin(2\pi 3ft)$ は第3倍音である。第 n 倍音（n 番目の倍音）は，$A_n \sin(2\pi nft)$ と表現できる。A_n は，第 n 倍音の振幅を表す。

図 **1.3** に，基本音，第2倍音，第3倍音の波形（それぞれ純音）を示す。各倍音の振幅を等しくして足し合わせた複合音の波形が図 **1.4**（a）である。このような音の波形は基本音の周期に相当する周期をもつ。そして，基本音の

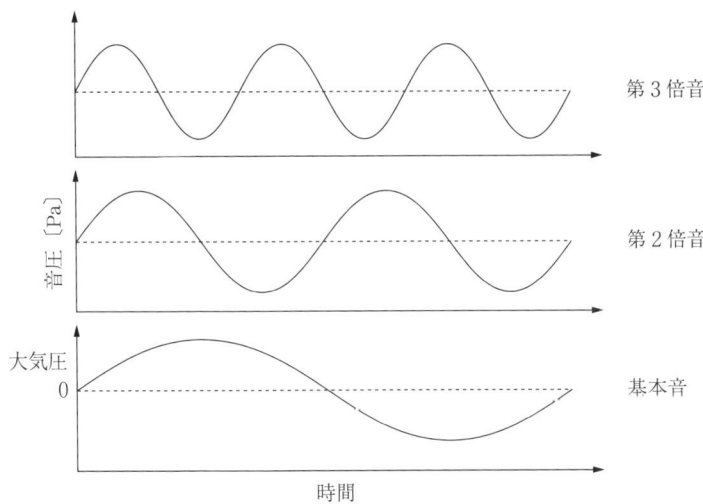

図 **1.3** 複合音を構成する基本音，第2倍音，第3倍音の波形

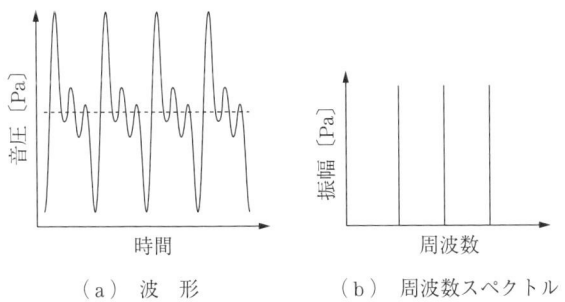

（a）波　形　　　（b）周波数スペクトル

図 **1.4** 振幅の等しい三つの成分からなる周期的
複合音の波形と周波数スペクトル

高さに等しい高さを知覚することができる。多くの楽器の音や人間の声は、周期的複合音である。ただし、楽器によっては、調波関係からずれた周波数の成分を含むものもある。その非調波関係が、その楽器らしさを生み出すことも示されている（5.2節参照）。

逆に、一定の周期をもった音は、調波関係（成分音の周波数が基本周波数の整数倍になっている）の正弦波に分解することができる。この関係を**フーリエの法則**という。その様子を図1.4（b）のように表したものを、**周波数スペクトル**と呼ぶ。図（b）では、各成分の周波数を横軸に、それぞれの振幅を縦軸にとってある。どの周波数成分がどの程度エネルギーをもっているかを表すのが、周波数スペクトルである。ここで対象としている音は、基本音から第3倍音まで含む音なので、図（b）には、三つの直線が並んでいる。また、三つの成分（倍音）の振幅が等しいので、各線の長さが等しい。

図1.2（b）は、純音の周波数スペクトルを表したものである。純音は、一つの周波数に、エネルギーが集中した音なのである。

第3倍音まで含むが、各成分の振幅が異なる場合の複合音の波形と周波数スペクトルを示したのが**図1.5**である。図（a）に波形、図（b）に周波数スペクトルを示す。この複合音では、第2倍音の振幅は基本音の振幅の半分、第3倍音の振幅はさらにその半分になっている。基本周波数が同じであれば、図1.4と図1.5の音は周期が等しく、同じ高さが感じられる。ただし、周波数ス

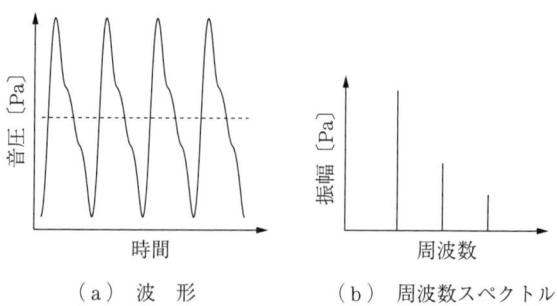

図1.5 振幅比1：0.5：0.25の三つの成分からなる周期的複合音の波形と周波数スペクトル

ペクトルが異なることから，音色は異なる。

　正確にいうと，図1.4（b），図1.5（b）は，各成分の位相を無視し，各成分の振幅のみ（A_1, A_2, A_3）表示しているので，振幅のスペクトルということになる。なお，音色への影響ということを考えると，各成分の周波数と振幅の情報の影響が大きく，周波数スペクトルというと振幅スペクトルのことを表すことが圧倒的に多い。

　周波数スペクトルは，定常的な複合音の音色を決める。周期的複合音の基本周波数が同一であれば，周波数スペクトルの形状が異なっても音の高さは変化しないが，音色は異なる。

1.2.5　位　　　　　相

　ここまでは説明を簡単にするために，位相のことを無視して話を進めたが，成分間の位相差が音色に影響することがある。位相とは，周期的な振動のどの時点かを意味するが，音色で問題になるのは倍音間の位相差である。

　ここでは，第2倍音まで含む複合音を例にとって，成分間の位相差について説明する。X音とY音があり，それぞれ以下の式で表せる。

　X音：$A\sin(2\pi ft) + B\sin(2\pi 2ft)$

　Y音：$A\sin(2\pi ft) + B\sin(2\pi 2ft + \theta)$

　X音，Y音とも，基本音，第2倍音の振幅はそれぞれA, Bである。したがって，X音とY音の振幅（あるいはパワー）の周波数スペクトルは同一である。しかし，X音とY音では第2倍音の初期位相がθ違っている（θは，角度またはラジアンで表し，0〜360°あるいは0〜2πの範囲の値をとる）。θが，X音とY音の第2倍音の位相差になる。このような違いが，位相の周波数スペクトルの違いである。位相スペクトルが異なれば，振幅スペクトルが同一でも，波形は異なる。

　かつては，位相スペクトルの違いは音色に影響しないと信じられていた。しかし，条件によっては，位相スペクトルの違いも音色に影響することが知られ

るようになってきた。基本周波数が低い場合には，位相スペクトルの違いは無視できない。また，狭い周波数帯域に複数の成分が含まれる場合には，位相の違いは成分間の干渉に影響を及ぼし，変動感の違いを生じさせる。

1.2.6 ノ　イ　ズ

　純音，調波複合音のような一定の周期をもつ音に対して，まったく周期をもたない音も存在する。その代表が**ノイズ**（**雑音**）と呼ばれる音である。ノイズの波形は**図 1.6**（a）に示すように，まったくランダムである。図（b）にノイズの周波数スペクトルを示すが，純音，調波複合音の場合と違って，どこかの周波数にエネルギーが集中するということはない。この例は，周波数ごとに一定のエネルギーをもったノイズで，白色光のスペクトルとの類似から，**ホワイト**（**白色**）**ノイズ**と呼ばれるものである。周波数ごとではなく音程（周波数比）ごとに一定のエネルギーをもったノイズは，**ピンクノイズ**といわれる。このようなスペクトル形状を，**連続スペクトル**と呼ぶ。これに対して，純音や調波複合音のようなスペクトル形状を，**離散スペクトル**と呼ぶ。離散スペクトル形状の音ではエネルギーが特定の周波数に集中し，連続スペクトル形状の音では連続する周波数帯にエネルギーが分布する。

　ノイズの中には，ある周波数帯域のみにエネルギーを有するタイプのものもある。この場合には，**バンドノイズ**（帯域雑音または帯域ノイズ）と呼ぶ。

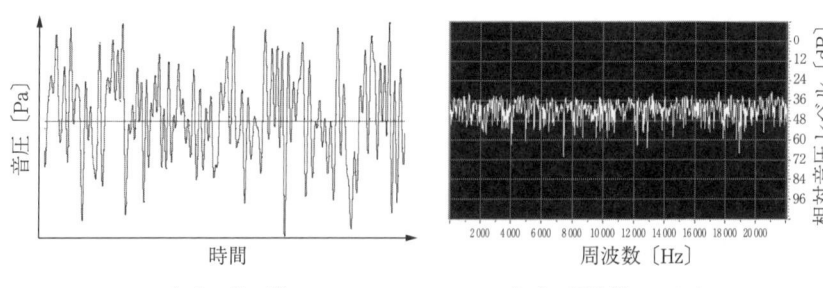

（a）　波　形　　　　　　　　（b）　周波数スペクトル

図 1.6　ホワイトノイズの波形と周波数スペクトル

1.2.7 う な り

うなり(beat)というのは,周波数のきわめて近い二つの純音を同時に発生させたときに聞こえる,音量の周期的な変化のことをいう。

振幅の等しい二つの純音は,$\sin(2\pi ft)+\sin(2\pi gt)$ の式で表すことができる。そして,この式は,以下のように変形することができる。

$$\sin(2\pi ft)+\sin(2\pi gt)=\cos\left\{2\pi\left(\frac{1}{2}\right)(f-g)t\right\}\sin\left\{2\pi\left(\frac{1}{2}\right)(f+g)t\right\} \quad (1.1)$$

二つの純音が組み合わされた音は,周波数スペクトル領域で見れば,2本の線スペクトルとして表せる($f>g$とする)。波形を見れば,この音は,1秒間に($f-g$)回大きくなったり小さくなったりを繰り返す$(f+g)/2$〔Hz〕の純音(2成分の平均周波数の純音)である。このような現象がうなりである。f〔Hz〕の正弦波とg〔Hz〕の正弦波を合成すると,1秒間に($f-g$)回のうなりを生じるのである。図1.7にうなりを生じている波形を示す。

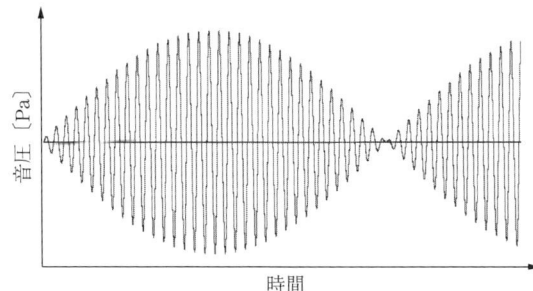

図1.7 うなりの波形

和音の協和,不協和は,うなりの知覚が基礎になっている。このことに着目して協和性のモデルを構築したのが**協和性理論**である。

1.2.8 デシベルという単位

「音の大きさ」は,「音の高さ」「音色」とともに音の3要素を構成する。音の大きさというのは,「大きい―小さい」という尺度で表される1次元的な性質で,基本的には音のエネルギーと対応する。音の強さ(パワー)が増せば,

音は大きく感じられる。ただし,音の強さが直線的に音の大きさと対応するわけではない。そこで,音の大きさを近似的に見積もる尺度として,さまざまな指標の導入が試みられてきた。

音は,空気の振動であるので,その強さは,音圧波形の実効値（自乗平均値：2乗したうえで平均値を計算し,平方根をとった値）で表現できる。しかし,圧力の単位で音の聞こえる強さの範囲を表すと,非常に広い範囲に及ぶ。また,音の大小の感覚とも対応しない。むしろ,音圧の対数とよく対応すると考えられている。そこで,音量を見積もる尺度として,**音圧レベル**が用いられる。単位は**デシベル**〔dB〕である。

感覚量を対数尺度で表現するという考えは,**フェヒナーの法則**という心理学の理論が基礎になっている。フェヒナーの法則とは,感覚量と刺激強度の関係を表す法則で,「人間の感覚量は,刺激強度の対数に比例する」ことを示したものである。音の大きさを見積もる音圧レベルは,この関係を考慮した尺度である。

音圧レベルは,$10 \log_{10} (P_e / P_{e0})^2 = 20 \log_{10} (P_e / P_{e0})$ で定義される。ここで,P_e は,音圧の実効値を表す。基準の実効音圧 ($P_{e0} = 2 \times 10^{-5}$ Pa) は,ほぼ音が聞こえなくなる音圧に相当する。

デシベルという単位は音全体の音量を表すためにも用いられるが,周波数スペクトルにおける成分,あるいは帯域ごとの音量を表すときにも用いられる。

1.2.9 聴覚の仕組み

空気の振動が耳によってとらえられ,「音」として認識されるのは人間の**聴覚系**の働きによる。

図1.8に,耳の構造を示す。空気の振動は,**耳介**で集められ,**外耳道**を経て鼓膜に到達し,その振動を伝える。**鼓膜の振動**は,**耳小骨**と呼ばれる三つの骨（ツチ骨,キヌタ骨,アブミ骨）に次々と振動を引き起こし,**蝸牛**といううずまき状の器官に伝わっていく。

蝸牛は固い骨でおおわれ,中はリンパ液が満たされている。**図1.9**に蝸牛

1.2 音色を規定する物理量と知覚する聴覚の仕組み　　19

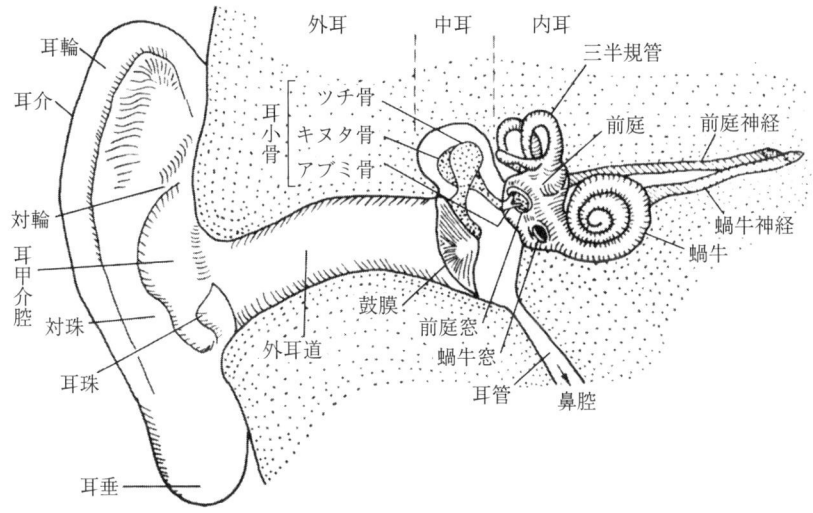

図 1.8　耳の構造[10]

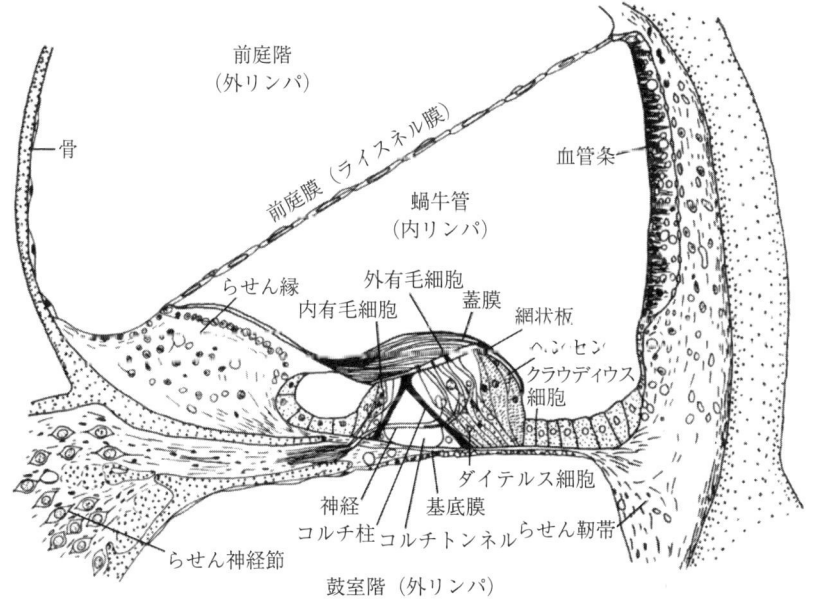

図 1.9　蝸牛の断面[10]

の断面を示すが，前庭膜（ライスネル膜）と**基底膜**によってリンパ液が分割されている。ただし，蝸牛の先端では，蝸牛の壁と基底膜の間に少し隙間（蝸牛孔）がある。図1.10に，うずまき状の蝸牛を引き伸ばして，その様子を示す。基底膜は，前庭窓側（アブミ骨との境界）では固定されているが，蝸牛孔側では固定されていない。

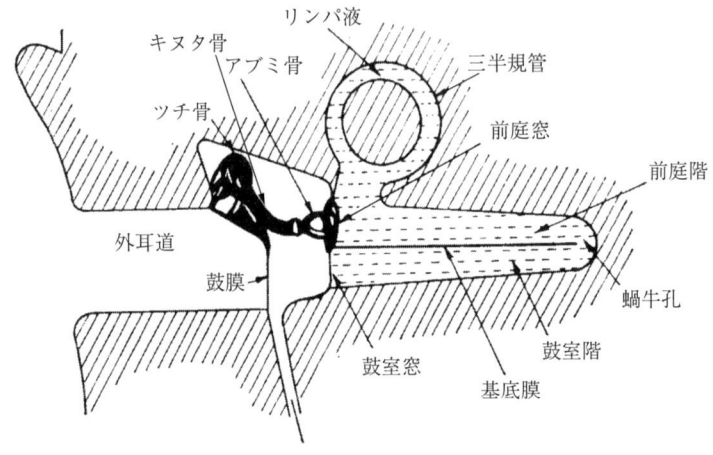

図1.10　蝸牛を引き伸ばしたところ[11]

アブミ骨まで達した振動は，リンパ液に伝わる。これにより，基底膜の上下で圧力差を生じる。その結果，基底膜が振動する。基底膜の振動は前庭窓から蝸牛孔のほうへ伝わる。この振動が**進行波**と呼ばれるものである。進行波は，一度大きくなってから，しだいに減衰する。進行波が最大となる場所は，周波数により異なる。低周波の振動は，蝸牛孔付近で最大値をとり，高周波の振動は前庭窓側で最大値をとる。この振る舞いにより，周波数の情報を得ることができ，音の高さや音色の知覚が可能となる。

基底膜の上には，**蓋膜**との間に，図1.9に示すように，**内有毛細胞**，**外有毛細胞**と呼ばれる，先端に毛のある細胞が並んでいる。外有毛細胞の毛は蓋膜に接しているが，内有毛細胞の毛は接していない。基底膜が振動すると蓋膜との間にずれの運動が生じる。その結果，有毛細胞の毛が変位して，内有毛細胞の

興奮を引き起こす。この興奮が聴神経のニューロンに活動電位を発生させ，脳へと伝わり，「音」として認識される。

外有毛細胞は，高い感度と鋭い共振特性を形成するために，基底膜を能動制御している。基底膜振動の最大変位点が周波数により異なることと，外有毛細胞の能動制御により，蝸牛は，周波数分解能力をもつことができる。

1.2.10 聴覚フィルタ

聴覚系は中心周波数の異なる帯域フィルタ群としてモデル化することができる。このようなフィルタは，**聴覚フィルタ**と呼ばれている。またその帯域幅は，**臨界帯域幅**と呼ばれる。臨界帯域幅は，周波数帯域により異なる。

図1.11は，聴覚フィルタの中心周波数と臨界帯域幅の関係を示したものである[10]。図中に示された臨界帯域幅のカーブによると，中心周波数が500 Hz以下の帯域では，臨界帯域幅は約100 Hz程度で一定であるが，500 Hz以上では周波数とともに増加している。500 Hz以上の周波数帯域では，臨界帯域幅と中心周波数の比はほぼ一定となっており，臨界帯域幅は約1/4オクターブ（3半音）となる。

臨界帯域幅内にある成分の音の大きさは，この帯域内の成分のエネルギーと

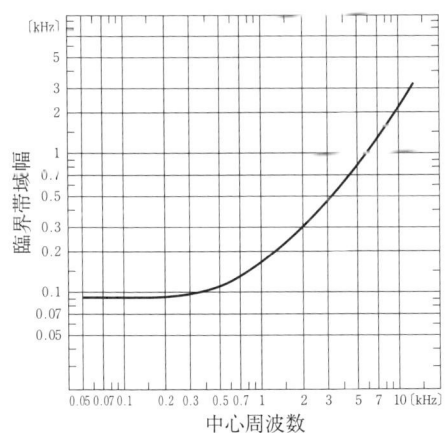

図1.11 聴覚フィルタの中心周波数と臨界帯域[10]

対応する。成分がいくつかの帯域にわたる場合，臨界帯域ごとの音の大きさを加算することにより，全体の音の大きさが決まる。

複数の成分から構成される音で，成分間の周波数差が臨界帯域幅よりも小さいときには，成分同士が干渉を起こし「うなり」を生じる。また，振幅の大きな成分が小さい成分を聞こえにくくしたり，かき消してしまったりもする（これが，**マスキング**と呼ばれる現象である）。臨界帯域幅よりも十分広い周波数差がある場合には，成分同士が干渉し合うことはない。

聴覚フィルタの働きは，音色知覚と密接な関係がある。どの周波数帯域のフィルタにどの程度エネルギーを有するのかに関しては，周波数スペクトルの情報と関連し，それに応じた音色の違いを知覚することができる。聴覚フィルタ内での成分間の干渉は変動を生じ，変動パターンの違いに応じた音色を知覚することができる。

聴覚フィルタの振る舞いはモデル化され，音色の違いや音の大きさを予測することも試みられている。4章で紹介する各種の**音質評価指標**も，聴覚フィルタの機能に基礎をおくものである。

なお，最近は，新たに別の方法で求められた聴覚フィルタのデータも提案されている[12]。現在，多くの現象を解釈する際にはこの新しいデータが用いられるが，音質評価指標の計算モデルは，従来の臨界帯域幅のデータがもとになっている。

1.3　音色の評価手法

音色，音質とは，人間が音を聴いて，どんな風に感じているのかを表した側面である。人間がどう感じているかを測るためには，聴覚の心理的な側面に対応した測定法によらなければならない。音色や音質の評価も同様である。そして，そういった測定法を利用するためには，欲しいデータに応じて，どういった実験が必要で，どういうデータ処理方法が求められるのかを把握しておく必要がある。本節では，各種の測定法の概要と特徴を，具体例を交えながら紹介

する。

聴覚の心理的側面を測定する方法には、他の感覚に対するものと同様、心理物理学的測定法や心理学的尺度構成法が用いられる。音を規定する物理量と対応させて、閾値、主観的等価点、最適値などを求めるためには、各種の心理物理学的測定法によらなければならない。これに対し、「きれいな」「迫力のある」「鋭い」などの音色の印象を定量的に測定する場合には、心理学的尺度構成法が有効である。さらに、多次元的特性を有する音色の知覚過程に対応したデータの分析手法として、多変量解析や多次元尺度構成法が有効である。

1.3.1 心理物理学的測定法

心理物理学的測定法には、**恒常法**、**極限法**、**調整法**などの測定法があり、用途に応じて使い分けられる。**適応法**は、被験者の反応に応じて刺激の強度を変化させる手法で、コンピュータで実験を制御することが可能な状況になって以降、多用されている[13]。

恒常法は、弁別閾（同種の刺激の違いがわかる最小の差）を求めるときなどに利用される。例えば、周波数の弁別実験では、刺激音は継時的に対呈示される。片方は標準刺激で、周波数は一定である。もう一方の比較刺激の周波数は、系統的に変化させられている。各対の呈示順序は、通常ランダムである。弁別実験の被験者の課題は、どちらの音が高いのかを判断することである。2音の周波数差が弁別閾よりも十分に大きい条件では、100％の正答率で、どちらが高い音かを判断することができる。しかし、周波数が近接してくると、だんだんとその違いがわからなくなってくる。そして周波数差が弁別閾以下になると、判断の正答率はチャンスレベル（50％）となる。その中間点の正答率が75％になるときの標準音と比較音の周波数差が弁別閾となる。

恒常法では、ランダムに呈示するが、刺激音はあらかじめ準備したものである。これに対し、**適応法**では、被験者の判断に応じて、課題の難易度を変化させる。例えば、2試行連続して正答であったとすると、周波数差を半分にし、課題を難しくする。逆に、誤答の後には、周波数差を倍にして、課題をやさし

くするのである。このようにして，何度か課題がやさしくなったり，難しくなったりしながら，周波数差が弁別閾に収束していく。適応法では，弁別閾付近の実験を集中的に行うことになり，効率よく弁別閾を測定することができる。適応法は，被験者の反応に応じて刺激の強度を変化させる手法一般を指すが，多くのバリエーションがある。

　極限法は，刺激強度を一方向に変化させながら，被験者が判断していく方法で，絶対閾（刺激が感じられるか否かの境目）などを求める場合に用いられる。例えば，ある音の絶対閾を求める場合，刺激音の音量を減少させながら，その音が聞こえるか否かを被験者に判断させる。それ以前の判断が「聞こえる」であったのに，「聞こえない」へ判断が転換したとき，その境目を絶対閾と見なす。通常，下降（音量を下げていく）系列と上昇（音量を上げていく）系列では絶対閾が異なるため，両者の平均値を絶対閾とする。

　主観的等価点（異なる刺激に対して，高さや大きさといった，ある感覚特性が等しく感じられる点）や最適値の測定などでは，**調整法**が用いられる。調整法の特徴は，被験者が刺激の強度（音量や周波数など）を直接制御することである。例えば，音楽再生音の最適聴取レベルを求める実験を考えてみよう。被験者は，音楽を聴取しながら，アンプのボリュームを調整する。被験者の満足する設定値を得るためには，音楽刺激を何度も繰り返し再生する必要がある。被験者は，ボリュームを上げたり下げたりしながら，その音楽を鑑賞するのにふさわしい音量に設定する。設定終了後，音量の指標として，被験者の位置で音圧レベルを測定する。これが，音楽再生音の最適聴取レベルである。

1.3.2　心理学的尺度構成法

　心理学的尺度構成法は，音色，音質の評価で多用される主観評価の手法である[14]。一般的には，心理学的尺度構成法は，対応する物理量と関わりなく，主観的印象を測定する方法である。しかし，音色や音質に関して心理学的尺度構成法を利用するような場合においては，音を規定する物理量との対応関係を得ることを要求されることが多い。そのような場合には，主観評価実験に基づく

尺度値と物理量との相関を求めるなどの対処が必要となる。例えば，「音の鋭さ」を尺度化し，各音の尺度値と周波数スペクトルの重心との間に相関係数を求めるといった試みがされている。

〔1〕 **尺度の4水準**　ここでは，尺度を構成することによって，刺激に対する主観的評価を数量化する方法を述べるが，まず構成対象となっている尺度の性質について説明しておく。一般に，数値化された値において，その数がどの程度まで数の性質を反映しているのかによって，四つの水準の尺度があると考えられている。四つの水準の尺度とは，名義尺度，順序尺度，距離（間隔）尺度，比率尺度である。

名義尺度は，ある級（クラス），範疇の単なる表示，符号，レッテルとして数を当てはめるもので，各カテゴリに異なる数字を当てはめる。名義尺度には，識別（各数字に対象一つ）と分類（各数字に対象複数）がある。学籍番号（識別），製品番号（分類）などが名義尺度の例である。数の性質として，同一性のみを有し，異なる数字は違うもの，同じ数字は同じものを表すが，数字の順序，差に意味はない。

順序尺度は，順位の高い数字に対してより大きな数を対応させる規則である。割り当てられた数字の順位性，大小関係に意味がある。地震の震度，マラソンの順位，テストの成績などが順序尺度である。数の性質のうち，同一性以外に，順序性も有するが，差には意味がない。

距離（間隔）尺度は，経験的に等しい距離を数値的に等しい距離で表したもので，順序だけではなく，相互の間隔が意味をもつ。しかし，絶対零点は存在しないため，比には意味がない。例として，年，山の高さなどが挙げられる。数の性質のうち，同一性，順序性，加算性の一部を有する。

比率尺度は，尺度値の差および比が意味をもつような尺度である。絶対零点が存在し，すべての数学的操作が可能な尺度である。例として，長さ，重さなどが挙げられる。数の性質として，同一性，順序性，加算性のすべての数の性質を有する。

〔2〕 **評定尺度法**　心理学的尺度構成法には，さまざまな手法があるが，

大きく分けると，絶対判断によるものと，相対判断によるものがある。**評定尺度法**（系列範疇法）のような絶対判断を利用した手法では，一つの刺激音が与えられ，その印象を「鋭い―鈍い」といった尺度上に当てはめた数値で表す。

通常，複数の被験者に対して評定尺度法で得られた評定尺度値は，評定尺度が間隔尺度を構成していることを仮定して，平均値が代表値として用いられる。しかし，厳密に間隔尺度値が必要な場合には，評定尺度値の度数分布を求め（図 1.12（a）），図に示すように，この度数分布が**正規分布**になるように評定尺度値を変化させ（図（b）），変更されたカテゴリー尺度値を用いて平均値を求める。刺激により評定値の分布が異なるので，変更評定値は，すべての刺激の分布を用いて平均して求めることになる。

評定尺度法の場合，判断の基準は，被験者の内部にある。したがって，実験時の被験者の状況によって，判断基準が変動するおそれがある。絶対判断の場合，判断基準の変動の影響が，直接，尺度値に及ぶ。ただし，n 個の刺激に対して，n 個の判断ですむので，実験規模は比較的小さいという利点がある。

（a）評定尺度値の度数分布

（b）正規分布になるようにカテゴリー尺度値を変換したもの

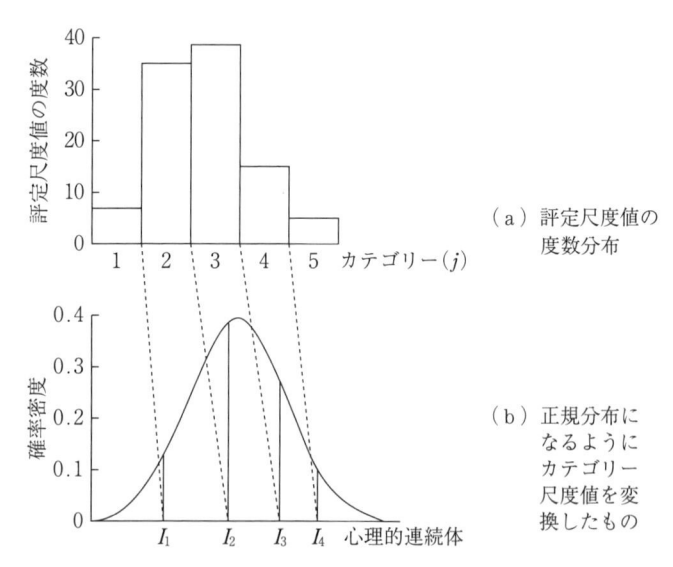

図 1.12 評定尺度法により得たデータと，評定尺度値を変換して各カテゴリーに対する回答割合に正規分布を当てはめた分布[13]

〔3〕 **一対比較法** 一方，相対判断の場合，被験者は，ある基準に対する比較刺激の印象を判断することになる。判断の基準は外にある。したがって，被験者の内部にある判断基準が変動したとしても，比較刺激のみならず基準に対しても同様の影響を受けるので，相対判断に対する影響は小さい。

相対判断が利用されている手法としては，音の好みの評価などに用いられる，**一対比較法**が代表的である（「好み」以外の評価でも用いられるが，ここでは，簡単のため「好み」の評価を想定する）。一対比較法は，対象とする刺激音を総当たりで組み合せ，各対のどちらの音を好むのかを被験者に判断させる手法である。シェッフェの一対比較法では，さらに，どちらをどの程度好むかを，5段階または7段階などの尺度上で判断させる。

一対比較法を聴覚実験に適用した場合，対に組み合わせた各刺激は継時的に呈示されることになる。被験者は，前の音に比べて後の音をどの程度好きか嫌いかを判断するわけである。したがって，前の音にかかわらず，後から聴いた音のほうが好ましく評価されるといった，順序効果が生じる恐れがある。そのため，例えば，A音とB音を比較するときには，A→B という対だけではなく，B→A というような，順序を逆にした対に対しても判断を求め，平均をとることによって順序効果の影響を排除するといった対処が行われている（シェッフェの一対比較法または浦の変法）。

尺度値の求め方は，まず，各対に対する評価値を被験者間で合計し（**表 1.1，表 1.2** 参照），さらに，各刺激音に対して，組み合わされたすべての音との対に対する評価値の平均値を求める。浦の変法では，その刺激音が前に出た場合と，後に出た場合で，それぞれの平均値を求める（逆方向は符号を変える）。両者の平均値が，各刺激音に対する尺度値ということになる。一対比較法による尺度値は，相互の差のみに意味があり，絶対的な原点（絶対零点）は存在しない。なお，シェッフェの一対比較法では，**分散分析**を適用して，各刺激音の尺度値の違いが統計的に有意なものであるかどうかを検定することができる[14]。

表 1.1 四つの刺激を対象として一対比較法で得られた各被験者の評定値
（列の刺激に対して，行の刺激を好む度合い）
非常に嫌い：-3，嫌い：-2，少し嫌い：-1，同じ：0，
少し好き：$+1$，好き：$+2$，非常に好き：$+3$

	A1	A2	A3	A4	被験者 1
A1		3	3	3	4×3 回の評価
A2	0		1	3	
A3	-1	0		1	
A4	-2	0	-1		

	A1	A2	A3	A4	被験者 2
A1		1	3	2	← A1 よりも A4 が「好き」($+2$)
A2	0		2	3	
A3	-2	-2		2	
A4	-2	-2	-1		

	A1	A2	A3	A4	被験者 3
A1		1	2	1	
A2	1		1	1	
A3	-2	0		0	
A4	-1	-2	-1		

表 1.2 各被験者の評定値を合計し，各刺激に対する平均評定値を得る

	A1	A2	A3	A4		被験者
A1		5	8	6	19	3 人分の合計
A2	1		4	7	12	
A3	-5	-2		3	-4	
A4	-5	-4	-3		-12	
	-9	-1	9	16		
	-19	-12	4	12		
	-28	-13	13	28		/(2×3×4)
	-1.16	-0.54	0.54	1.16		＝平均嗜好度

一対比較法では，刺激音を総当たり的に組み合わせる必要があり，また，順序効果への対処から逆対も呈示すると，n 個の刺激音に対して，$n \times (n-1)$ 対に対する判断が必要とされ，実験規模はかなり大きくなる（順序効果を考えず，逆向きの対を呈示しなければ，実験回数は半分になる）。ただし，相対判断に基礎を置く手法であるため，精度の高いデータを得ることができる。

1.3 音色の評価手法

一対比較法には，シェッフェの一対比較法のように段階尺度で回答するのではなく，刺激対のうち「いずれが好きか？」のような二者択一で回答するサーストンの一対比較法と呼ばれる手法もある。サーストンの一対比較法でも，複数の被験者を対象として，対象とする刺激をすべて組み合わせ，二者択一の判断をさせる。「好き—嫌い」の判断であれば，被験者はどちらが好きかを判断する。これにより，各刺激対に対してどちらが選択されたかの確率を得る。選択確率は，一種の順序尺度値である。この選択確率を使って，人間の判断が正規分布をするという仮定のもとに，間隔尺度を求めるのがサーストンの一対比較法である[13]。

標準正規分布を用いれば，図1.13に示すように，AとBという二つの刺激に対する選択確率から，z軸（標準正規分布での横座標）上での両者の差が求まる。この差が，AとBの間隔尺度上での差となる。すべての対でこのような差を求め，平均することで各刺激に対する尺度値が得られる。

サーストンの一対比較法では，選択比率に基づいて尺度値を求めるため，信頼性のあるデータを求めるためには，ある程度の人数の被験者を必要とする。ただし，判断が二者択一なので回答がシンプルなため，評価に慣れていない被

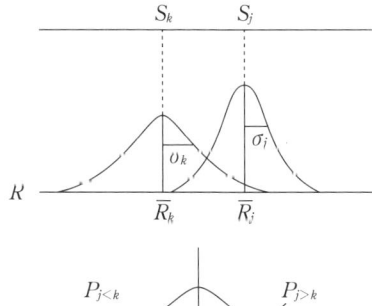

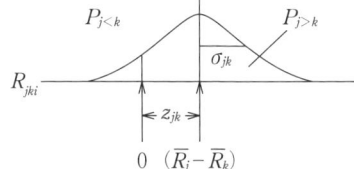

S_k と S_j いう対象に対する好みの尺度値 R_k と R_j の分布は，それぞれ正規分布に従うものとする。

平均0，標準偏差1の標準正規分布を仮定すれば，R_j が R_k よりも好まれる確率（$=R_j-R_k>0$ となる確率）から，R_j と R_k 尺度値の差が求まる。

その差を求めるには，R_j が R_k よりも好まれる確率の横座標（z 座標）を求めればいい。

各刺激間の尺度値から，平均して各刺激に対する尺度値を求める。

図1.13 サーストンの一対比較法から尺度値を得る過程[13]

験者でも実験に参加しやすい。これに対して，シェッフェの一対比較法では，二者の間の好み等の違いを段階評価するため，ある程度評価実験に慣れた被験者が必要とされる。慣れてない被験者の場合，事前に，慣れるための予備実験が必要である。しかし，尺度値は評定値の平均で求めるため，比較的少数の被験者で実施しても信頼性のある結果を導くことができる。

音色，音質評価の実験を行う際，幅広い条件設定で実施したいが，精度の高いデータも欲しいといった相異なる要求を求められることがある。こんなとき，2段階での対応が有効である。第1段階として，比較的短時間で実施できる評定尺度法で評価実験を行い，おおよその傾向を得ておく。そこから，確認したい傾向を得るための刺激をピックアップし，第2段階として一対比較法による実験を行い，傾向を確認するのである。

〔4〕 **ME法** ME (magnitude estimation, マグニチュード推定) 法は，直接比率尺度を得るための手法で，音の大きさの測定などでよく用いられるが，音色，音質の評価にも用いられる[13),14)]。呈示される刺激に対して，被験者は，対象となる属性の比率尺度値を回答する。音の大きさの場合には2倍の大きさ，3倍の大きさという場合には，それに応じた数字を回答する。

ME法には，標準刺激を置く場合と置かない場合がある。置かない場合，被験者は自分の好きな範囲の数字を答えることになる（正規化して，被験者間の平均と標準偏差を等しくしてから，後の処理をすることもある）。標準刺激を置く場合，対象刺激が標準刺激に対して何倍の感覚なのかを答えることになる。

1.3.3 多次元尺度構成法

1.1節で，音の心理的な側面を表す音の3要素のうち「高さ」「大きさ」が1次元的な性質であるのに対し，音色（音質も）は多次元的な性質であることを述べた。音色のように多次元的な性質を測定するためには，その多次元性に対処できるような手法が必要とされる。その手法の一つが，**多次元尺度構成法**である。

多次元尺度構成法は，対象間の距離関係をもとに，空間上での布置を求める

手法である。空間上，距離の近いものほど近くに布置される。ある程度距離関係を正確に表現できれば，次元数が少ない解ほど解釈がしやすい。通常，対象間の関係を直感的に把握できる，3次元程度までの解が好まれる。

多次元尺度構成法を音色評価に適用した場合，刺激音間の距離として，音色の類似性が用いられる。刺激音を対呈示して，二つの音の似ている度合いを被験者に判断させるのである。この場合，一対比較法と同様，聴覚刺激は継時的に呈示される。対象とする刺激音のあらゆる組合せについて**類似性判断**実験を行い，各刺激音対の音色の類似性行列（あるいは非類似性行列）を求め，多次元尺度構成法で分析するのである。与えられた次元の空間上，似ている音は近くに，似ていない音は遠くに布置させられる。

得られた多次元空間（**音色空間**）上での刺激音の布置は，人間が音色をどのように知覚しているのかを反映したものと考えられる。そして，得られた刺激音布置と，各刺激音を規定する物理量の関係から，音色と音を規定する物理量の関係を探るのである。

大串らは，オーケストラで用いられる楽器音のイメージの類似性判断実験を行い，多次元尺度構成法で分析した[13]。**表1.3**は，各被験者の類似性データ（数字が小さいほど列の楽器と行の楽器の音色が似ている）を合計して得た，各楽器のイメージ間の非類似性行列（マトリックス）である。**図1.14**は，この表をもとに多次元尺度構成法で分析して得た2次元解である。各楽器のイメージを平面上の布置で表したものと考えられる。各楽器は，横軸（1軸）方向の

表1.3 楽器音のイメージの非類似性マトリックス

楽器名	バイオリン	ビオラ	チェロ	フルート	オーボエ	クラリネット	サクソフォーン	ファゴット	トランペット	トロンボーン
ビオラ	25									
チェロ	36	23								
フルート	60	70	74							
オーボエ	58	62	63	37						
クラリネット	70	59	55	50	32					
サクソフォーン	79	66	58	68	40	33				
ファゴット	75	60	56	76	45	25	29			
トランペット	130	128	126	85	68	74	77	85		
トロンボーン	128	121	115	90	66	63	67	72	38	
ホルン	122	118	110	98	72	61	60	59	48	28

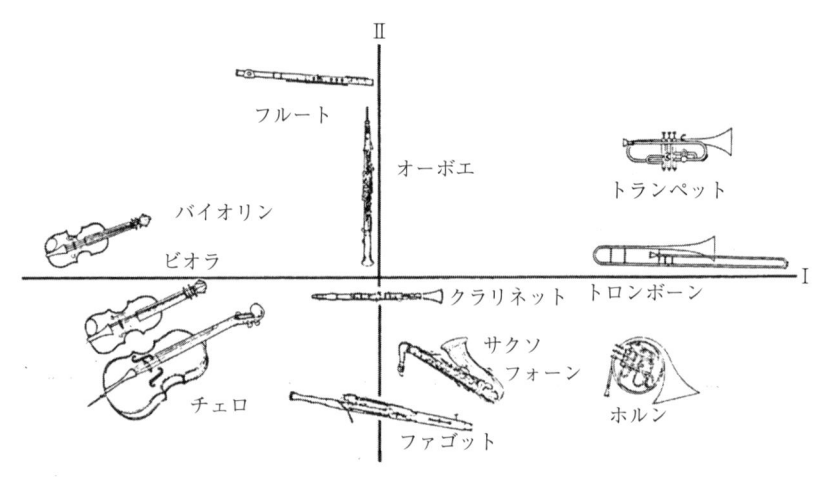

図 1.14 楽器音のイメージの類似性判断を,多次元尺度構成法で分析したもの[16]

左から右に,弦楽器,木管楽器,金管楽器の順に並んでいる。これと直交する縦軸(II軸)方向の下から上には,おおよそ音域の低い音から高い音へと並んでいる。例えば,弦楽器では,チェロ,ビオラ,バイオリンの順に並んでいる。

このような分析により,われわれは楽器の音を,楽器の種類,音域という独立した二つの要素でとらえていることがわかる。

1.3.4 多変量解析

多次元的な性質に対応するもう一つの手法が**多変量解析**である。多変量解析には,**重回帰分析**,**主成分分析**,**因子分析**,**クラスタ分析**など,各種の手法がある。

重回帰分析は,ある変量 (y) をいくつかの変量 ($x_1, x_2, x_3, \cdots$) の線形結合によって予測するもので

$$y = a_1 x_1 + a_2 x_2 + a_3 x_3 + \cdots + b \quad (b \text{ は定数}) \tag{1.2}$$

で表現できると考える。例えば,いくつかの音響特性と音色の関係を求める場合などに適用する手法である。この式への当てはまりのよさを示す指標が「重相関係数」で,-1 から $+1$ までの値をとる。重相関係数が $+1$,-1 に近いほど式への当てはまりがよく,0 に近いほど悪い。重相関係数が 0 の場合は予測

1.3 音色の評価手法

が不可能であることを示し，+1または-1の場合は，完璧に予測できることを示す．

因子分析は，多くの変量を小数の因子に集約する手法である．音色の印象を表す言葉を3ないし4の因子に集約する場合などで，この手法が用いられる．因子は，仮想的な合成変量で，直接に評価尺度と対応するものではないが，各尺度との関わりの強さは**因子負荷**によって示される．一方，刺激音に対して因子得点が得られ，因子空間上での刺激音の布置を表すことができる．主成分分析も，因子分析と同様の手法である．

クラスタ分析は，対象物を量的根拠に基づいて，分類する手法である．クラスタ分析は，多次元尺度構成法と同様，対象間の距離または（非）類似性を求めることが出発点となる．まず，全対象（刺激）を各クラスタと考える．そして，最も類似している対象を一つのクラスタにまとめる．二つの対象が一つのクラスタにまとまったならば，クラスタの数は一つ少なくなる．このクラスタ群に対して，新たな類似性マトリックスが構成できる．

新たに形成されたクラスタと，他のクラスタ（あるいは対象）との類似性に関しては，新たにクラスタを構成する対象と，他のクラスタとの二つの類似性をもとに推測する．二つの値の小さいほうをとる場合，大きいほうをとる場合，その中間（求め方はいくつかある）をとる場合がある．そして，新たに得られた類似性の中で，最も類似しているものを，再び一つのクラスタに統合する．

このような手続きを，全部の対象が一つのクラスタになるまで繰り返し，その過程を樹木の枝分かれのように表現し，階層的に対象を分類する．

表1.3のうち，六つの楽器間のデータを用いてクラスタ分析を試みたのが図1.15である．このような図をデンドログラム（樹状図）という．新たに形成されたクラスタと他の対象との類似性の推測には，**最短距離法**を用いた．最短距離法では，ある対象と新クラスタ内の対象との非類似性のうち，一番小さい値をある対象と新クラスタの類似性とする．表1.4に，非類似性マトリックスの変遷する様子を示す．

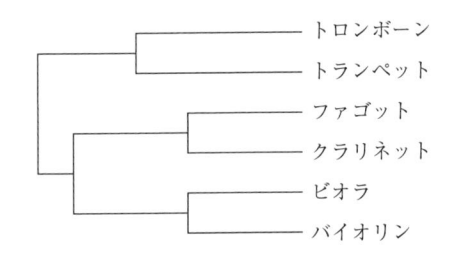

図1.15 六つの楽器の類似性判断をクラスタ分析したもの（最短距離法を用いた）

表1.4 楽器のイメージのクラスタ分析による非類似性マトリックスの変遷
実験で得られた非類似性マトリックス（○内数字は最小値）

	バイオリン	ビオラ	クラリネット	ファゴット	トランペット
ビオラ	(25)				
クラリネット	70	59			
ファゴット	75	60	(25)		
トランペット	130	128	74	74	
トロンボーン	128	121	63	72	38

第2段階での非類似性マトリックス

	バイオリン・ビオラ	クラリネット・ファゴット	トランペット
クラリネット・ファゴット	59		
トランペット	128	74	
トロンボーン	121	63	(38)

第3段階での非類似性マトリックス

	バイオリン・ビオラ	クラリネット・ファゴット
クラリネット・ファゴット	(59)	
トランペット・トロンボーン	121	63

なお，上述の方法は階層的クラスタ分析であるが，クラスタ分析には，階層的構造を仮定しない非階層的クラスタ分析，さらには，クラスタへの帰属を「帰属する」「帰属しない」の二分するのではなく，0から1の数字（メンバーシップ）で示す「ファジィクラスタ分析」といった手法も存在する[17]。

1.3.5　SD法

SD（semantic differential）**法**とは，形容詞尺度を利用して，景観，絵画，音楽など，感性に訴えるものの印象を科学的にとらえる手法である[14]。SD法では，対象の印象をとらえるために多くの形容詞尺度を利用して，5段階または7段階程度の評定尺度を構成する。この評定尺度を利用して，対象の特徴を数値で答えさせる。

SD法は，つぎの三つの仮定にその手法の基礎を置いている。

① 印象は，形容詞による意味空間でとらえられる。
② 両極性の形容詞対（反対語対）が存在する。
③ 両極をなす形容詞の，評定尺度は連続である。

SD法で得たデータは，因子分析などの多変量解析の手法により，少数の因子に集約した後に解釈がなされる。SD法の提唱者のオズグッドは，多くの概念をSD法で分析した結果，「力動性」「活動性」「評価」の三つの因子が共通して得られたとしている。

音色因子は，SD法によって得られたものである。2.1節で紹介するように，さまざまな音と多様な音色を表現する形容詞を用いてSD法による実験が行われた。その結果を因子分析した結果によると，音色を表現する言葉は，3ないし4次元程度の空間上の座標で表せるという結果になった。1.1節で紹介した，美的因子，迫力因子，金属性因子は，このようにして求められたものである。

引用・参考文献

1) H. Helmholtz : On the Sensations of Tone, Dover Publications（1954）
2) R. L. Pratt and P. E. Doak : A subjective rating scale for timbre, Journal of sound and vibration, **45**, pp.317〜328（1976）
3) 宮坂栄一：音色，聴覚ハンドブック第4章，難波精一郎編，pp.139〜188，ナカニシヤ出版（1984）

4) R・N・シェファード：音楽における高さの構造，ダイアナ・ドイチュ編，音楽の心理学（下）第11章，pp.419～475，西村書店（1987）
5) 難波精一郎：音色の測定・評価法とその適用例，応用技術出版（1992）
6) ジャン・クロード・リセ，デービッド・L・ウェッセル：分析と合成による音色の探求，ダイアナ・ドイチュ編，音楽の心理学（上）第2章，pp.29～69，西村書店（1987）
7) 末田尚之，白石君男，加藤寿彦，福與和正，曽田豊二：耳鳴の擬声語表現に影響を及ぼす要因について—数量化理論による解析—，Audiology Japan, **44**, pp.193～199（2001）
8) 藤沢 望，尾畑文野，高田正幸，岩宮眞一郎：2モーラの擬音語からイメージされる音の印象，音響会誌，**62**, pp.774～783（2006）
9) 北村音一：音色の因子と音色の考え方，聴覚研究会資料，pp.82～71（1982）
10) 境 久雄，中山 剛：聴覚と音響心理，p.20，コロナ社（1978）
11) 電子通信学会編：聴覚と音声，p.26，コロナ社（1980）
12) B. C. J. ムーア：聴覚心理学概論，p.107，誠信書房（1994）
13) 大串健吾，福田忠彦，中山 剛：画質と音質の評価技術，昭晃堂（1991）
14) 難波精一郎，桑野園子：音の評価のための心理学的測定法，コロナ社（1998）
15) 日科技連官能検査委員会：新版 官能検査ハンドブック，日科技連出版社（1973）
16) 大串健吾：楽器を聴きわけるサイコロジー，p.13，サイエンス社（1980）
17) 坂和正敏：ファジィ理論の基礎と応用，pp.74～83，森北出版（1989）

第2章
音色・音質を表現する手法

2.1 音色評価尺度—音色・音質評価に使われる形容詞の利用—

1.1節で，音色には，印象的側面および識別的側面の2面があることを述べた。音色の印象的側面とは，「明るい音」「暗い音」「澄んだ音」「濁った音」「迫力のある音」「もの足りない音」「しっとりした音」「乾いた音」のように，さまざまな形容詞を用いて音色の特徴を表現できる性質のことをいう。

音色の印象的側面を利用して，音響機器，楽器，コンサートホールでの演奏音，機械音，環境音などさまざまな音を対象として音色評価を行うことができる（5章参照）。実際の音色評価では，SD法（1.3.5項参照）を用いることが多い。

音色の印象を表す形容詞を数え上げればきりがないが，それぞれがすべて独立した意味の次元を構成しているわけではない。かなり似通った意味内容のものもあれば，二つの言葉の中間的存在といえるような言葉もある。音色評価尺度の分類は「音色評価尺度を整理・体系化する」という目的のために行われる。

その背景には，「音色評価，音質評価を標準化したい」という要求がある。音色評価を標準化することによって，同じレベルで，音響機器，ホール，楽器などの品質を比較することが可能になる。

音色評価を標準化するためには，その評価方法，試聴室，音源等の標準化が必要であるが，評価尺度も標準化する必要がある。そして，「**音色評価尺度を整理，体系化する**」ことは，「**音色の印象的側面の体系的理解**」につながる。

そのためには，**多変量解析手法**の適用が用いられる。

本節では音色評価尺度に関するいくつかの研究例を紹介するが，具体的には，まず，「どのような音色評価尺度を用いるか？」について広範な調査を行い，多変量解析の手法を用いて**音色表現語**の分類を行うという手続きをとる。

2.1.1　音色因子—音色評価尺度の因子分析—

北村らは，音色評価尺度に要求される要件として，つぎの五つの条件を挙げている[1]。これらの五つの条件を満足するような評価尺度（群）を用いることにより，音色評価を標準化することができる。

1）　必要十分な尺度数　　できるだけ尺度数は集約したい。しかし，抜けがあっては困る。量的根拠により，尺度数の折り合いをつけたい。

2）　尺度の意味の公共性　　意味の理解が共通していること。特定のグループにしかわからなかったり，グループにより意味が変化したりしては困る。

3）　尺度の妥当性　　音色そのものを評価していること。音楽の内容や，実験室の居住性を評価していては困る。

4）　尺度の信頼性　　人が変わっても，日が変わっても，同一対象に関して不変である。

5）　間隔尺度　　有意な0点をもつことが望ましい。

また，**刺激音**については，音楽，もの音，音声など，バラエティをもたせることが必要である。さらに，スピーカなどの再生系も各種のものを用いることが望ましい。刺激の範囲を広くすることにより，評定のかたよりを防止することができる。また，刺激の範囲が狭いと，本来独立である性質（因子）間に，従属関係が生じてしまうことがある（金属性因子と迫力因子が一緒になり，一つの因子と解釈されるなど）。

さらに，SD法で用いる両極尺度の構成にも，定量的な配慮が必要である。単極尺度によって印象評価実験を行い，尺度間で評価値の**相関係数**を求め，相関係数が−1に近い形容詞を使って両極尺度を構成することができる。明らか

な反対語の場合には問題がないが,その反対関係が微妙な場合には,こういった配慮が必要である。

北村らの1960年代のSD法を用いた一連の研究によると,多様な音色表現語は,3ないし4因子に集約できた[1]。3因子は,比較的安定して得られた**美的因子,迫力因子,金属性因子**である。4因子目は,ときおり得られた「柔らかさ因子」である。

美的因子は,「きれいな―汚い」「澄んだ―濁った」などの形容詞対に対応する因子である。迫力因子は,「迫力のある―もの足りない」「豊かな―貧弱な」などの形容詞対に対応する。金属性因子は,「深みのある―金属性の」「鋭い―鈍い」といった形容詞対に対応する。柔らかさ因子は,「固い―柔らかい」という形容詞対に対応する。

このような結果を踏まえて,音色評価尺度は10尺度程度に集約でき,集約された10尺度は,音色評価,音質評価実験を行うための必要にして十分な評価尺度であるとしている。例示された10尺度は,「澄んだ―濁った」「豊かな―貧弱な」「明るい―暗い」「固い―柔らかい」「落ち着いた―かん高い」「とけあった―われた」「深みのある―金属性の」「迫力のある―もの足りない」「きれいな―汚い」「鋭い―鈍い」である。

北村らは,1970年代後半にも同様の実験を行い,得られる音色因子としてはほぼ同様であるが,金属性因子は,鮮明因子と派手さ因子に分離しているとの結果を示した[2]。この研究で得られた「美的因子」は,「きれいな―汚い」「ざらざらした―なめらかな」などの尺度に対する負荷が高く,「耳ざわりの有無」を表す因子とも解釈できる。「迫力因子」は,「迫力のある―もの足りない」「太い―細い」などに負荷が高い。「鮮明因子」は「はっきりとした―ぼやけた」「切れ味のよい―歯切れの悪い」などの負荷が高く,「音の透明感」を表す因子とも解釈できる。「派手さ因子」は,「派手な―地味な」「けばけばしい―落ち着いた」などの尺度に対する負荷が高い。

なお,この研究では,1960年代には反対の意味を表す形容詞対として実証されていた「深みのある―金属性の」の尺度が,各形容詞を用いた単極尺度間

の相関係数の絶対値が小さく，反対語対としてはふさわしくないことが示された（金属性因子の代表的尺度を利用する場合には，「鋭い―鈍い」などが妥当であろう）。また，「はっきりした―ぼやけた」は，従来は美的因子に対する負荷が高かったが，この実験では鮮明因子に負荷が高かった。

その後北村らが実施した，さまざまな実験の結果を集約すると，限定された条件下での実験では従来からの3因子が得られることが多いが，広範囲の刺激音を用いたときには，4因子や5因子になる傾向があった。

表2.1に示すのは，純音を刺激とした場合の因子負荷行列である[3]。この実験では，63，125，250，500，1 k，2 k，4 k，8 kHzの純音を50，70，80 dBで呈示し，20対のSD尺度による，音色評価実験を行った。評価尺度を変量とした因子分析により，金属性因子，迫力因子，美的因子の3因子を得た。

さらに，各刺激音に対して因子得点を求め，因子と音響特性との関係を検討

表2.1 純音を刺激とした音色評価実験で得られた各尺度に対する因子負荷

評価尺度	金属性因子	迫力因子	美的因子
鮮やかな―ぼけた	0.898	0.135	0.004
はっきりとした―ぼやけた	0.885	0.045	-0.007
鋭い―鈍い	0.862	0.264	-0.074
明るい―暗い	0.815	0.184	0.100
派手な―地味な	-0.796	0.160	0.213
固い―柔らかい	0.747	0.191	-0.381
落ち着いた―けばけばしい	-0.733	0.128	0.362
とげとげしい―丸みのある	0.673	0.051	-0.472
おとなしい―はげしい	-0.581	0.419	0.445
おだやかな―騒々しい	-0.565	0.311	0.507
弱々しい―力強い	-0.127	0.859	0.255
迫力のある―もの足りない	-0.145	0.834	0.277
豊かな―貧弱な	-0.232	-0.808	0.004
太い―細い	-0.469	-0.713	-0.105
重い―軽い	-0.570	-0.669	-0.212
ざらざらした―なめらかな	0.300	-0.097	-0.761
きれいな―汚い	-0.076	0.375	0.727
きめの細かい―粗い	0.088	0.207	0.695
澄んだ―濁った	0.453	0.387	0.567
かわいた―うるおいのある	0.463	0.143	-0.491

2.1 音色評価尺度—音色・音質評価に使われる形容詞の利用—

している。検討の結果，周波数が低く，音圧レベルが高くなるほど「迫力のある」音色に，周波数が高く，音圧レベルが低くなるほど「もの足りない」音色になるという傾向が認められた。

また，周波数が高く，音圧レベルが高いほど，「鋭い」音色に，周波数が低く，音圧レベルが低いほど，「鈍い」音色になる。

さらに，美的因子に対しては，1 kHz，70 dB の条件で，最も「きれい」になり，周波数の関数としては，山形のカーブを描くことができた。周波数が高くなっても，低くなっても，汚い音色になる。

1960年代に北村が音色評価尺度の研究に取り組んでいた時期に，曽根らは，室内音響分野および電気音響分野への応用を見据えて，同様のアプローチを行っていた[4]。

曽根らの研究では，**美的・叙情的因子，量的・空間的因子，明るさを表す因子，柔らかさを表す因子**の4因子を得ている。「美的・叙情的因子」は「美しい」「快い」「うるおいのある」「澄んだ」「情趣豊かな」「つやがある」「繊細な」「まとまりのある」などの尺度に対する負荷が高い。「量的・空間的因子」は「ひびく」「豊かな」「音量感のある」「迫力のある」「広がりのある」「生き生きした」などの尺度に対する負荷が高い。「明るさを表す因子」は「明るい」「華やかな」「軽やかな」などの尺度に対する負荷が高い。「柔らかさを表す因子」は「柔らかい」「歯切れのよい」などの尺度に対する負荷が高い。

曽根らの因子と北村らの因子を比較すると，「美的・叙情的因子」は「美的因子」，「量的・空間的因子」は「迫力因子」，「明るさを表す因子」は「金属性因子」に対応し，「柔らかさを表す因子」は同様のものと考えられる。

その後，曽根らの研究グループは，平成に入ってから，環境音を刺激音として，「音色を表現する評価語」に加え，「音を聞いた際に人がいだく感情を表現する評価語」と「音のもつ情報に関する評価語」を用いて，SD法による評価実験を行った[5]。その結果，「美的」「明るさ」「量的」という音色の3因子に関しては従来と同様に得られたが，それらとは独立に「音の定位情報に関する因子」「音源情報に関する因子」「音の存在意義に関する因子」「懐古・郷愁因

子」の四つの因子が得られることを示した。

「音の定位情報に関する因子」は，音の到来方向，音源との距離のわかりやすさを表す。「音源情報に関する因子」は聞こえた音が何の音か，「音の存在意義に関する因子」はその音が意味のあるものかどうか，「懐古・郷愁因子」はその音の懐かしさや親しみなどを表す。これらは，音色の認知的側面あるいは識別的側面を反映した因子と見なせる。

音色評価尺度の因子分析を試みた研究例として，人間の声の性質（声質）を対象とした研究もある。木戸と粕谷は，18例の男声を用いて，被験者に25語の声質表現語による印象評価実験を行い，因子分析によって3因子を得ている[6]。三つの因子は，「澄んだ声」「張りのある声」「通りの良い声」「響きのある声」「生き生きした声」「明るい声」などに負荷の高い「明瞭性因子」,「子供っぽい声」「若い感じの声」「女性的な声」（迫力のない側）「ドスのきいた声」「迫力のある声」（迫力のある側）などに負荷の高い「迫力因子」,「がらがら声」「つぶれた声」「だみ声」などに負荷の高い「汚い声質（嗄声）を表す因子」と解釈されている。明瞭性因子は金属性因子，汚い声質を表す因子は美的因子と対応するものと考えられ，声質を表す3因子は北村らの音色3因子と対応する。

2.1.2 音質評価のための7属性（3主属性と4副属性）

時期としては少し遅れることになるが，厨川らも企業（東芝）における音質評価の方法論を得ることを目的として，精力的に評価尺度の研究を行った[7],[8]。

厨川らの研究も，3次元の音質空間を考えたものであるが，3次元を構成する軸を3主属性とするとともに，その間を埋めるものとして四つの副属性を考えた点に特徴がある。

具体的には，厨川らは**図 2.1**に示すような立方体で表現した音質空間を考えている。3次元の座標系を構成する軸が3主属性で，それぞれ「大きさ」「高さ」，**快さ**を表す属性である。4副属性は，この音色空間の原点を中心として，立方体の頂点を結ぶ四つの直線で表現される，**協和性**，**粗滑性**，**明暗性**，**豊痩**

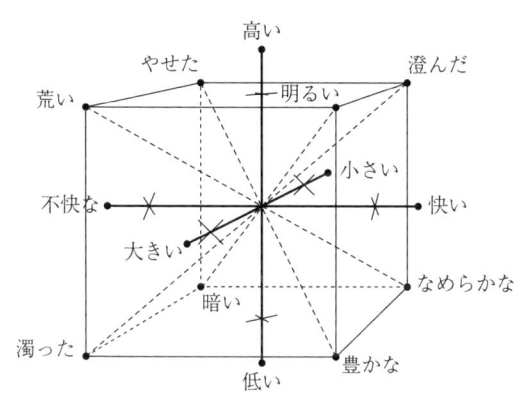

2.1 音色評価尺度—音色・音質評価に使われる形容詞の利用—

図2.1 厨川らが提唱する音質の7属性の空間表現[7]

性と呼ばれる属性である。

主属性のうち，「大きさ」は「大きい―小さい」の印象を表し，音圧レベルと対応する。「高さ」は「高い―低い」の印象を表し，周波数と対応する。「快さ」は「快い―不快な」の印象を表し，周波数との関係で表現すると，1 kHzで最も快い弓形の特性を示す。

副属性のうち，協和性は「澄んだ―濁った」の印象を表し，音の「周波数スペクトル・パターン」と対応するとしている。粗滑性は「なめらかな―荒い」の印象を表し，音の「時間パターン」と対応するとしている。明暗性は「明るい―暗い」の印象を表し，1～3 kHz の帯域のエネルギーが優勢であれば「明るい」印象になる。豊痩性は「豊かな―やせた」の印象を表し，残響が付加されるなどして「豊かさ」が増す傾向が得られていることから，聴覚神経系を上向する情報量と対応すると考えられている。

これらの4副属性の「快い」側の形容詞「澄んだ」「なめらかな」「明るい」「豊かな」は，快さの総合感覚を4分割する印象と解釈されている。

2.1.3 音色表現語の階層構造

上田は，音色の印象を表すさまざまな言葉の間に，**階層構造**が存在することを仮定し，言葉自体に対する評価実験を行い，表現語に対応する音色知覚のメ

2. 音色・音質を表現する手法

カニズムとの関係から，音色表現語の階層構造の存在を示している[9]。

この研究では，音色表現語（50 語）の相対的階層レベルを「具体的—抽象的」「単純—複雑」「客観的—主観的」「困難—容易」の四つの評価尺度で被験者に評価させ，求めた距離を多次元尺度構成法で分析している。その結果，図 2.2 に示すように，力強さ→明るさ→鋭さ→空間性→つや→自然性と一次元上に並ぶ解を得た。この並びは，音色知覚のメカニズムと対応させると，簡単な処理から複雑な処理への階層を表現するものと考えられる。

「力強さ」は，音のエネルギーと対応し，ニューロンの発火率の変化，興奮するニューロンの数といった生理的なメカニズムと関係する。知覚過程としては，比較的簡単な処理と考えられる。

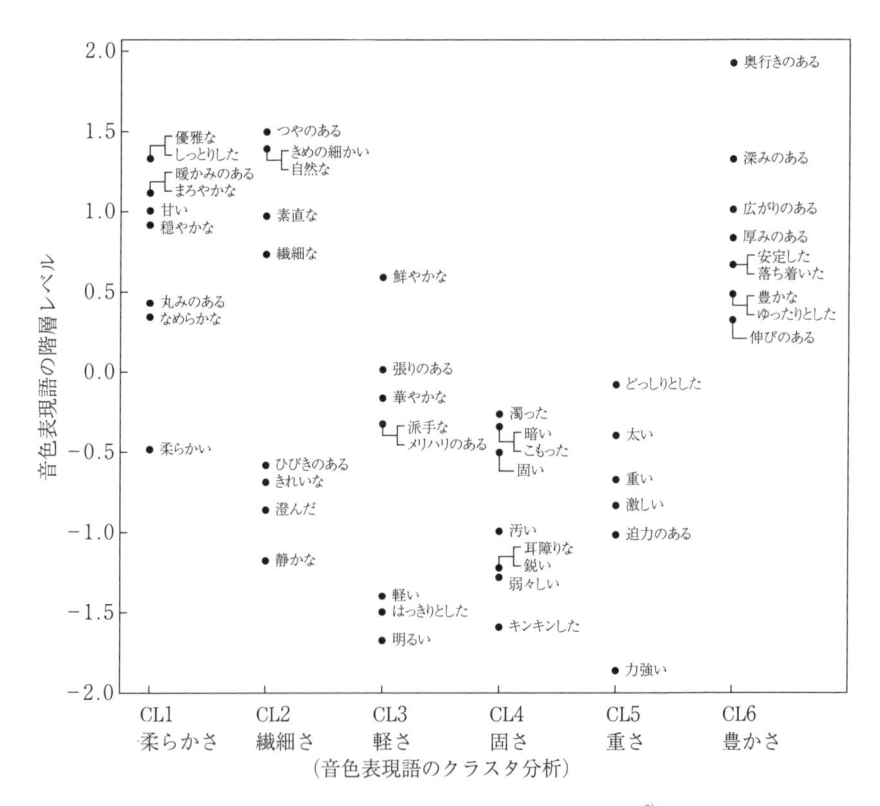

図 2.2 音色表現語の階層構造とクラスタ分析[9]

2.1 音色評価尺度—音色・音質評価に使われる形容詞の利用— 45

「明るさ」は，3〜4kHzの帯域のエネルギーと関係があるとされ，荒い周波数分析を必要とする処理によってもたらされるが，さほど複雑な処理を必要としない側面である。

「鋭さ」も，スペクトル情報（どの周波数帯域が最も優勢であるのか）と時間情報（立上がりの鋭さ）と対応し，時間情報の処理が増える分，少し複雑な処理を必要とする側面である。

「空間性」は，刺激音の時系列分析や両耳間の相関分析を必要とし，複雑な情報処理が必要な側面である。

「自然性」は，ある種の濁り感（成分の非調波性，振幅および周波数の微妙な変動）が関係し，時間情報の精密な分析や振幅，周波数の特徴分析を必要とする複雑な処理を必要とする側面である。

図には，被験者自身が音色表現語を分類したデータをもとにクラスタ分析を行い，音色表現語を六つのグループに分類した結果も合わせて示す。音色表現語は，「柔らかさ」「繊細さ」「軽さ」「固さ」「重さ」「豊かさ」の六つのグループに分類できる。「柔らかさ」「豊かさ」のグループは全般的に階層レベルが高く，「固さ」「重さ」のグループは低い。「繊細さ」「軽さ」のグループでは，階層レベルの高い表現語群と低い表現語群に分かれる。

2.1.4 海外における音色評価尺度に関する研究

アメリカ海軍電気研究所のSolomonは，パッシブソナー（水中探知機）音を対象として，ソーナマン（ソーナ技術者）が用いている音色表現語の分類を試みている[10]。Solomonの研究は，音色評価尺度に関する研究のはしりといえるだろう（音色表現語に関する研究のルーツは，軍事研究であった）。

刺激音としては，ソーナオペレータ訓練用に，軍艦，小船舶，貨物船，潜水艦の音を，五つずつ録音したもの（合計20音）を用いている。被験者は，アメリカ海軍のソーナマンで，彼らの経験年数の中央値は1年であった。音色表現語としては，sonar vocabulary（ソーナマンたちが用いている表現語で，音楽家，心理学者が用いるものと似ている）の50対を用いた。そして，7段階，

両極尺度の SD 尺度を構成した。

　音色評価実験の結果を因子分析することにより，第 8 因子まで抽出し，第 7 因子まで意味付けを試みた。第 7 因子までで，全体の分散の 42％まで説明できる。七つの音色因子とこれに負荷の高い評価尺度（「：」の後）は，以下のとおりである。

① magnitude : heavy-light, large-small, rumbling-whining, wide-narrow, low-high
② aesthetic-evaluative : beautiful-ugly, pleasant-unpleasant, good-bad, pleasing-annoying, smooth-rough
③ clarity : clear-hazy, define-uncertain, even-uneven, concentrated-diffuse, obvious-subtle
④ security : mild-intense, gentle-violet, calming-exciting, safe-dangerous, simple-complex
⑤ relaxation : relaxed-tense, loose-tight, soft-hard, gentle-violet, mild-intense
⑥ familiarity : define-uncertain, familiar-strange, wet-dry, active-passive, steady-fluttering,
⑦ mood : colorful-colorless, rich-thin, happy-sad, deliberate-careless, full-empty

　さらに，Solomon は，各因子に対する評価値と物理量（オクターブバンドレベル）の対応関係を検討している。この研究では，各刺激音の各因子に対する平均評定値（各因子に属する五つの尺度の平均評価値：合計 35 尺度のデータを用いたことになる）とオクターブバンドレベルの順位相関を求め，エネルギーの集中している帯域と因子との対応関係を求めている。その結果，各因子は，以下のような特徴をもつことが明らかになった。

　magnitude（量的因子）の評価値は，150～300 Hz，300～600 Hz，600～1 200 Hz の帯域のレベルと正の相関があり，この帯域のレベルが高いと，heavy な（重い）音色になる。2 400～4 800 Hz，4 800～9 600 Hz の帯域とは負の相関があり，この帯域のレベルが高いと light な（軽い）音色になる。

2.1 音色評価尺度—音色・音質評価に使われる形容詞の利用—

aesthetic-evaluated（美的因子）の評価には，個人差があり，系統的な傾向はない。

clarity（鮮明因子）では，高周波帯域へのエネルギー集中とともに鮮明さが上昇する傾向が見られた。

security（安全性因子）は，耳の感度と似た特性曲線になった。

relaxation（やすらぎ因子）では，600～1 200 Hz の帯域へのエネルギーの集中が音を tight（引き締まった）にする傾向が認められた。

familiarity（親密さ因子）では，低音部（特に，75～150 Hz，300～600 Hz）へのエネルギーの集中が音を strange な印象にする傾向が認められた。

mood（情感因子）では，低音（75～150 Hz）の優勢な音は colorful（鮮やか）な印象に，高音（1 200～2 400 Hz，2 400～4 800 Hz）の優勢な音は colorless（地味）な印象になる傾向が認められた。

旧西ドイツのミュンヘン工科大の von Bismarck は，35 種類の合成音（定常音）を用い，SD 法によって音色評価実験を行った[11]。刺激音には調波複合音と帯域ノイズを用いているが，調波複合音の場合は基本周波数を 200 Hz に，帯域ノイズの場合は最低周波数を 200 Hz にしている。各刺激音に対して，周波数スペクトルの上限周波数，スロープを変化させる，調波複合音の場合は，成分を間引く，母音に対応したホルマント特性（複数の共鳴）を付加するなどして音色を変化させている。大きさは，一定になるように調整されている。

実験には，30 の形容詞対で構成された 7 段階両極尺度が用いられた。被験者は，音楽経験者 8 名と未経験者 8 名である。

尺度を変量として因子分析を行い，2 因子で全体の分散の 70 %を，4 因子で 91 %を説明できることを示した。4 因子は，**表 2.2** に示すように，sharpness（sharp-dull），compactness（compact-scattered），fullness（empty-full），colorfulness（colorless-colorful）と解釈されている。

これらのうち，sharpness（シャープネス，鋭さ因子）は，主要なエネルギーが含まれる周波数帯域と関連がある性質で，周波数スペクトルの上限が上昇，周波数スペクトルのエンベロープの傾きが正方向に増加すると，音色は sharp

表 2.2　von Bismarck の音色評価実験で得られた因子負荷

因子	sharpness	compactness	fullness	colorfulness
hard – soft	0.93	−0.07	−0.26	0.15
sharp – dull	0.92	0.03	−0.32	−0.02
angular – rounded	0.91	−0.08	−0.26	0.25
obtrusive – reserved	0.89	−0.26	−0.21	0.23
unpleasant – pleasant	0.89	−0.14	−0.21	0.34
tense – relaxed	0.88	−0.05	−0.22	0.36
loud – soft	0.87	−0.18	−0.19	0.19
violet – gentle	0.80	−0.49	−0.21	0.21
bright – dark	0.80	0.04	−0.48	−0.23
strong – weak	0.79	−0.45	−0.15	0.14
high – low	0.78	0.05	−0.41	−0.29
rough – smooth	0.76	−0.42	−0.17	0.41
restless – calm	0.75	−0.57	−0.19	0.20
complex – simple	0.71	−0.57	−0.14	0.29
coarse – fine	0.70	−0.55	−0.11	0.38
dirty – clean	0.64	−0.63	−0.16	0.35
compact – scattered	0.14	0.86	0.34	0.23
boring – interesting	−0.21	0.82	−0.08	0.38
narrow – broad	0.43	0.81	−0.19	−0.02
closed – open	0.26	0.77	0.02	0.42
dead – lively	−0.42	0.72	−0.06	0.42
tight – wide	0.63	0.71	−0.02	0.19
ringing – dampened	0.46	0.70	−0.18	−0.43
pure – mixed	−0.60	0.69	0.15	−0.29
thin – thick	0.45	0.54	−0.50	−0.34
empty – full	0.31	0.44	0.76	−0.08
colourless – colourful	−0.42	−0.38	−0.03	0.71
dim – brilliant	−0.51	−0.54	0.17	0.58
solid – hollow	0.46	−0.22	0.47	0.57
heavy – light	−0.37	−0.31	0.54	0.56

に（鋭い印象に）なる．compactness（緻密さ因子）は，調波複合音とノイズを分ける性質で，調波複合音は compact な（緻密な），ノイズは scattered な（まばらな）印象になるという．

　また，音楽経験者群は sharpness と compactness を完全に独立に聞き分けているが，未経験者群では両者の間に負の相関があり，未経験者群は両性質を分離してとらえていないことが示された．

その後，von Bismarck は，シャープネスと周波数スペクトルの関係に関して，さらに詳細な実験を行い，シャープネスモデルを築き上げている[12]。このモデルは，多くの研究者によって支持され，現在，音質評価指標としても用いられている（4章参照）。

なおシャープネスに関連の強い尺度「sharp-dull」は，日本語では「鋭い—鈍い」に対応することから，シャープネスは金属性因子に対応するものと考えられる。

Gabrielsson らは，スピーカ，ヘッドホン，補聴器を用いて，各種の音楽ソース，音声，ノイズなどを刺激音として SD 法を用いた音質評価実験を行った[13]。彼らは8回の実験を行い，それぞれ2〜5次元で解釈できる結果を得た。因子の内容は，同じものもあるが，少し内容がずれているものもあった。その結果をもとに，彼らは評価すべき要因を，clearness（鮮明性），sharpness（鋭さ），brightness-darkness（明暗），fullness-thinness（豊かさ），feeling of space（空間性），nearness（近さ），disturbing sounds（妨害音），loudness（大きさ）の八つであると考えている。

なお，この研究では，音響機器と特性と音色因子の関係について詳細に検討しているが，その部分は5.1節で紹介する。

2.2　音の印象を表す擬音語

擬音語とはさまざまな音を写しとった言葉である[14]。われわれは，日常生活の中で聴取した音を他者へ伝える際に**擬音語**をよく用いる。日本語には，他の言語（例えば英語）に比べて擬音語が豊富に存在するといわれており[15]，俳句や短歌，マンガなどでも頻繁に使用され，重要な表現手段の一つとなっている。擬音語は音をまねて発せられる語であるから，擬音語には音の音響的特徴がある程度反映されていると考えられる。実際に音響学の分野では，擬音語が写した音の特徴がどのようなものであるかを検討する研究が行われている。

比屋根ら[16]は，短時間に減衰する衝突音や破砕音を模擬した**ガンマトーン**による擬似単発音を用い，これらの周波数構造や時間構造の変化に対応する擬

音語の特徴を調べた。その結果，母音は衝突音の中心周波数に対応し，1 kHz 以下の音には /o/, 1～2 kHz の音には /a/, 2 kHz 以上の音には /i/ が適用されることが示された。田中ら[17]は，機械から発せられる異音と擬音語の特徴の関連を検討し，擬音語表現から音の発生要因となる物理現象が推定できると述べている。ここでは単発音とうなり音が対象とされ，急激に減衰する音には閉鎖音が，残響をもつ音には撥音（ン）が用いられると述べている。また，うなり音の早い振幅変動を表現するために**閉鎖音**と**流音**（ラ行，**弾き音**ともいう）の組合せなどが用いられるという。高周波数帯域の音には母音 /i/ が用いられるといった音の周波数と母音の関連や，非調波的な音には濁音が用いられるといったことも指摘されている[18]。類似した検討は高野ら[19]によっても行われている。彼らは，自動車用オルタネータから発生する異音が「ミャー」といった拗音を含む擬音語で表現され，異音の周波数変化が拗音前後の2種類の母音と対応していると述べている。

　岩宮と中川[20]はサイン音に対して擬音語表現を適用し，擬音語の特徴によるサイン音の分類を行い，サイン音の特徴を表す擬音語表現を明らかにした。さらに，擬音語をもとにしたサイン音設計の有効性を指摘している。サイン音の擬音語表現と，その機能イメージおよび音響特性との対応を検討することは，憶えやすく，わかりやすいサイン音のデザインを考えるうえで有効であると考えられる。山内ら[21]は，実際にさまざまな機器で利用されているサイン音を対象として，サイン音の音響特性と「警報」「呼出」などの機能イメージ，および擬音語表現との対応関係を分析している。この研究により，警報感を伴う音は「ピピピピ」などのように表現される繰返しを伴う音，あるいは「ブー」「ビー」などと表現される継続時間が長く倍音の豊富な音であること，操作のフィードバックに適するのは「ピッ」で表現される短い音であることなどが指摘されている。また，繰返しを伴う音の繰返し周期によって，「ピーピーピー」「ピピピ」「ピリリリリ」と擬音語表現が変化し，対応する機能イメージも終了，警報，呼出と系統的に変化することが示された（詳細は5.6節において紹介する）。

これらの研究は，音の音響的特徴と擬音語の特徴を対応付け，擬音語を騒音対策や音のデザインに役立てることを目指したものである。一方，音のさまざまな音響的特徴は聴取者の中で何らかの印象を生じさせる。擬音語表現と音によって生じる聴取印象の間にも関連があることが指摘されている。

いわゆる語音の象徴性については以前より議論されてきた。初期の研究[22),23)]では，各種の母音を含む無意味音節そのもの，あるいはその無意味音節によって名付けられた物の大きさについての比較判断実験が行われ，母音の /a/ は /e/ や /i/ よりも大きいものを象徴するとされた。また，/a/ や /o/ は暗さを，/i/ は明るさを象徴するといった知見も得られている。日本語では，擬音語や擬態語を対象として音象徴に関する検討を行った実験的研究[24)] などがある。しかし，これらの多くは，言語としての形態の変遷や日本語教育における音象徴語の利用法などを検討したものであり[25),26)]，音や状態とそれを表現した音象徴語の対応の根拠についてはあまり議論されていない。田中ら[27)] は，実験的検討にもとづいたものではないが，心地よい印象を生じる音や振動に対する言語表現（擬音語表現を一部含む）について検討し，例えば，雑音など感じの悪い音には濁音（有声子音）が適用されるとした。

さらに，音，聴取印象，擬音語表現の対応関係を系統的に検討する各種の研究が行われている。

2.2.1 純音に対する擬音語表現

大石らは，擬音語の音響学的研究の基礎として，純音を対象として一連の研究を行い，純音の周波数と擬音語表現の関係を検討した。

62.5 Hz，500 Hz，4 kHz の周波数の純音に対して，擬音語で発声させる実験では，62.5 Hz では「ボー」，500 Hz では「プー」，4 kHz では「ピー」が典型的な擬音語表現であることが示された[28)]。ただし，発声された声の基本周波数自体は平常時のものとほとんど変わらず，500 Hz，4 kHz の場合にわずかに上昇する程度であった。

さらに，彼らは，62.5 Hz から 4 kHz までの 1/3 オクターブ刻みで周波数を

変化させた純音を用いて、擬音語表現が切り替わる周波数を求めている[29]。これによると、188 Hz までは「ボー」、188〜870 Hz では「プー」、870 Hz 以上は「ピー」と表現される。この研究では、擬音語表現の年齢による違いも検討されているが、年齢の影響は認められていない。

彼らは、倍音が加わった周期的複合音に関しても検討を行い、純音と複合音の擬音語表現の違いを検討している[30]。複合音では、/b/ あるいは /v/ が語頭につくような濁音表現が用いられる傾向が強い。また、母音部において /i/ や /a/ の発音が増えるのが複合音の特徴となっている。逆に、/o/ の発音は複合音では減少する。/u/ も、基本周波数が低い帯域以外では減少する。

また、男女によっても、擬音語表現に若干の差が見られ、500 Hz の純音で「ホー」「ヒュー」「フー」、4 kHz の純音で「キー」といった表現が女性に多く見られている[31]。

2.2.2 環境音の音色を表す擬音語表現

Takada ら[32] は、より複雑な音響的特徴をもつ 36 個の環境音を刺激として、2 種類の聴取実験を行った。一つは擬音語を用いた自由記述実験である。被験者は呈示された刺激に対する擬音語を回答した。二つめの実験では、13 の尺度を用いた SD 法によって刺激の聴取印象を測定した。

擬音語の回答に関しては、音声学的特徴に着目して擬音語の分析を行った。具体的には、各刺激に対する各被験者の擬音語回答を、調音位置（唇歯、両唇、歯茎、歯茎後部、硬口蓋、軟口蓋、声門）、調音様式（閉鎖音、摩擦音、鼻音、破擦音、接近音、弾き音）[33] 日本語の母音 5 種(/a/, /i/, /u/, /e/, /o/)、有声子音、無声子音、撥音（ン）、促音（ッ）、拗音（キャ、キュ、キョ等）、長音（ー）の計 24 個の音声学的特徴を用い符号化した。さらに、刺激ごとに擬音語回答中に現れた各音声学的特徴の度数を求めた。

SD 法実験で得られた各刺激に対する評定結果に対しては、評定尺度を変量とした因子分析を適用した。結果として、「趣のある―趣のない」「田舎的な―都会的な」といった尺度で負荷が高い情緒因子、「濁った―澄んだ」「明るい―

暗い」などの尺度で負荷が高い明瞭性因子，「地味な—派手な」「強い—弱い」といった尺度で負荷が高い迫力因子の3因子解が得られた。さらに，各因子における各刺激の因子得点を求めた。

擬音語の特徴と聴取印象の関連を検討するために，擬音語中の各音声学的特徴の度数と各因子の因子得点の相関係数を求めた。明瞭性因子と迫力因子について，統計的に意味のある相関が認められた音声学的特徴を表2.3に示す。明瞭性因子と相関があったのは，軟口蓋，歯茎，母音/o/，母音/i/，有声子音であった。また，迫力因子は有声子音との相関が見られた。情緒因子については，擬音語の特徴と聴取印象の間に明確な関連が見出されなかった。

表2.3 明瞭性因子，迫力因子との相関が有意であった音声学的特徴と順位相関係数[32]

	音声学的パラメータ（順位相関係数）
明瞭性因子	軟口蓋（$r_s=0.534$） 歯茎（$r_s=0.472$） 母音/o/（$r_s=0.429$） 母音/i/（$r_s=-0.398$） 有声子音（$r_s=0.554$）
迫力因子	有声子音（$r_s=0.446$）

明瞭性因子と母音/o/の正の相関は，母音/o/が「鈍い」「暗い」「濁った」といった印象を生じる刺激に対する擬音語回答中で頻繁に用いられたことを意味している。多くの被験者が擬音語回答中で母音/o/を用いた刺激は，「水滴がしたたる音」「ドアをノックする音」「木魚のような効果音」「石臼の音」「鐘の音」などである。これらは，「暗い」「鈍い」「濁った」といった印象の音でもある。これらの音では，一般的に低い周波数帯域に主要なエネルギーを有する[11]。母音/o/が用いられた刺激の平均的なスペクトルの重心は1 569 Hzであった。

3名の男性話者が発声した日本語5母音のスペクトル重心を調べてみると，母音/o/のスペクトル重心は5母音の中で最も低い（/a/：1 840 Hz，/i/：

2 853 Hz，/u/：1 824 Hz，/e/：2 185 Hz，/o/：1 179 Hz）。母音 /o/ が用いられた刺激のスペクトル重心と母音 /o/ のスペクトル重心には差があるが，「暗い」「鈍い」といった印象を生じさせる音を表現するために，5母音の中で最もスペクトル重心が低い母音 /o/ が用いられたと考えられる。

　母音 /i/ の度数と明瞭性因子の相関も統計的に意味のあるものであった。擬音語表現に母音 /i/ が用いられた刺激は「虫の鳴き声」「スズメのさえずり」「カメラのシャッター音」「電子レンジの終了音」「風鈴の音」などであった。これらのスペクトル重心の平均は 5 308 Hz である。これらの刺激は「明るい」「鋭い」「澄んだ」といった印象をもたれる。「明るい」「鋭い」といった印象を生じる音は高い周波数帯域に豊富なエネルギーをもつことが多い[11]。明るさや鋭さの印象を伴う，高周波数帯域に主要なエネルギーを有する音を表現するのに，5母音の中でもスペクトル重心が最も高い母音 /i/ が用いられたといえる。

　図 2.3 は擬音語中で母音 /o/ が用いられた「鐘の音」の刺激のスペクトログラムである。図中では黒みをおびた部分ほど音のエネルギーが強いことを示しており，この音では主要なエネルギーが 500 Hz 以下の帯域にあることがわかる。擬音語の回答には「ゴーン」「グワォーン」などがあった。一方，**図 2.4** に擬音語中で母音 /i/ が用いられた「スズメのさえずり」の音のスペクトログラムを示す。2～8 kHz の高周波数帯域にエネルギーが集中していることがわかる。この音に対しては「ピヨ」「ピュイ」などの擬音語回答が見られた。

　明瞭性因子と有声子音の正の相関は，「鈍い」「暗い」「濁った」などの印象を生じる刺激の擬音語回答中で，有声子音が用いられたことを意味する。ま

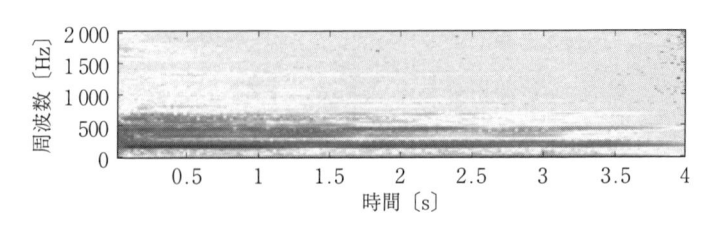

図 2.3　「鐘の音」のスペクトログラム

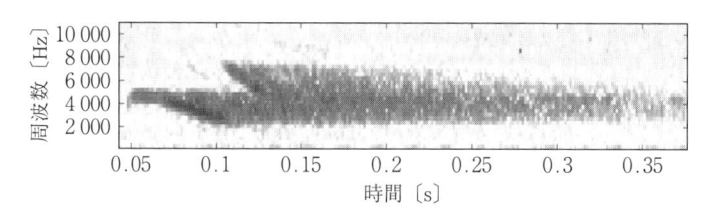

図 2.4 「スズメのさえずり」のスペクトログラム[26]

た，有声子音は迫力因子とも相関が見られ，有声子音が「迫力のある」「力強い」といった印象を生じる音を表現する際にも用いられたことを示している。

有声子音による擬音語表現は，スペクトルにおける主要成分の周波数帯域と関連する。ほぼすべての被験者の擬音語回答中で有声子音が用いられた刺激は，「石臼の音」「鐘の音」「雷鳴」「通過する列車の音」「騒々しい工事現場の音」「ディーゼルエンジン音」「蕎麦を啜る音」「滝の音」などである。これらの刺激では，主要成分が見られる周波数帯域は 140 Hz から 1 100 Hz の間であった。一方，有声子音が用いられなかった刺激は「犬の鳴き声」「電話の呼び出し音」「サイレン」「タイプ音」などであり，これらの主要周波数帯域は 1 213 Hz から 2 892 Hz であった。有声子音を用いて表現された刺激の主要な周波数帯域は，有声子音が用いられなかった刺激の帯域よりも低い。有声子音はおよそ 1 kHz よりも低い周波数帯域に主要なエネルギーを有する音に対して用いられ，無声子音は 1 kHz よりも高い周波数帯域にエネルギーを有する音に対して用いられる。低周波数帯域に主要なエネルギーをもつ音は，一般に「暗さ」や「鈍さ」の印象を生じさせる[11]。したがって，明瞭性因子と有声子音の相関関係は理解できるものである。

3 人の男性話者によって発声された有声子音 /g/ と無声子音 /k/ について，主要な周波数帯域を調べた結果，/g/ では 117～704 Hz，/k/ では 380～4 433 Hz であった。擬音語における有声子音と無声子音の使い分けは，このような特性を反映したものである。

有声子音は迫力因子とも相関が見られた。前述のように，有声子音が用いられた刺激はおよそ 1 kHz より低い周波数帯域に主要な成分を有していた。ソー

ナ音の音色に関する Solomon の研究[10] は，150～300 Hz，300～600 Hz，600～1 200 Hz のオクターブバンドレベルと「強さ」の次元と解釈された因子に有意な相関があることを報告した。この知見から，約 1 kHz より低い周波数帯域にエネルギーをもつ刺激に対して用いられた有声子音と迫力因子の関連を説明できる。

また，有声子音が適用された刺激の中で「雷鳴」「通過する列車の音」「工事現場の音」などは，実際にはかなり大きな音量で聴取することが多い音源でもある。このような音源に対するイメージも，有声子音と迫力因子の相関関係に影響を及ぼした可能性がある。

図 2.5 に，擬音語中で有声子音が多用された「工事現場の音（おもにドリルの音）」のスペクトログラムを示す。この音に対する擬音語例として「ガガガガガガガガガガガ」「ダダダダダダダダ」などがある。

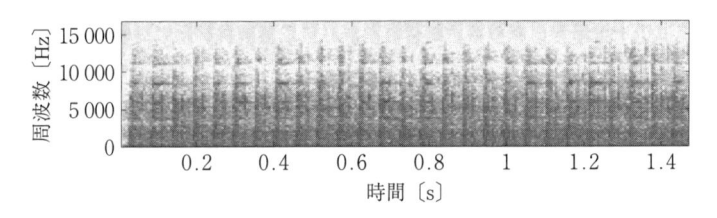

図 2.5 「工事現場の音」のスペクトログラム[26]

表 2.3 は，「鈍い」「暗い」「濁った」といった印象を生じさせる音の擬音語回答の中で，調音位置である軟口蓋，歯茎が用いられたことを示している。断続的に続く短い音や周期的に変動する音に対する擬音語中で，軟口蓋と歯茎が調音様式である閉鎖音や弾き音とともに頻繁に用いられていた。例えば，「カタコト（キーボードを叩く音）」のような，断続音を表現した擬音語中の子音 /k/ や /g/ は，調音位置が軟口蓋，調音様式が閉鎖音である。また，「ブロロロロ（ディーゼルエンジンのアイドリング音）」のような，周期的に変動する音に対する擬音語回答の中の子音 /r/ は，調音位置が歯茎，調音様式が弾き音である。

以上のように，母音（/i/ や /o/），有声子音，調音位置（軟口蓋や歯茎）

といった擬音語の特徴と，環境音によって生じる明瞭性因子や迫力因子といった聴取印象の対応が確認された。

2.2.3 擬音語からイメージされる音の印象

擬音語は，聴取した音を表現する際に用いられるものであるが，一方，われわれの日常では，文字や音声で表現された擬音語をたよりに，元の音をイメージするという場面も多い。特に，書き言葉としての擬音語の場合には，イントネーションやアクセントなどの情報は利用できない。しかし，このような状況においても，われわれは擬音語から音をイメージすることができ，それが何の音か，どのような特徴・印象をもった音かなどを推定することができる。

Fujisawa ら[34)]は，文字表記された擬音語を用いて印象評価実験を行い，擬音語からイメージされる音の印象と擬音語表現の関係について検討した。擬音語辞典[14)]から選んだ「かたかた」「じーじー」「どすん」などの 20 語の擬音語を使用して，平仮名で表記したものを被験者に呈示し，擬音語からイメージされる音の印象を 20 組の音色表現語対を用いた SD 法によって評価させた。得られたデータから被験者にわたる平均評価値を求め，評価尺度を変量とする主成分分析を行い，3 主成分解を得た。

第 1 主成分に対しては「澄んだ―濁った」「きれいな―汚い」，第 2 主成分に対しては「物足りない―迫力のある」「弱々しい―力強い」，第 3 主成分に対しては「とげとげしい―丸みのある」「固い―柔らかい」などの評価尺度の負荷が高かった。第 1 主成分は美的因子，第 2 主成分は迫力因子，第 3 因子は金属性因子に対応するものと考えられる。

つぎに，擬音語からイメージされた音の印象と擬音語の音韻的特徴の関連を明らかにするために，それぞれの主成分における主成分得点と各擬音語の音韻的特徴を数量化したものとの間で相関係数を求めた。擬音語の音韻的特徴の数量化には Takada ら[32)]と同様の手法を用いた。

各主成分との相関が有意であった音韻的特徴と順位相関係数を**表 2.4** に示す。美的主成分では，濁音との間で正の相関が見られた。これは，濁音が多く

表 2.4 各主成分との相関が有意であった音韻的特徴と
順位相関係数[28]

主成分	音韻的特徴	順位相関係数
美的	濁音 半濁音	0.89 −0.61
迫力	接近音	0.58
金属性	母音 /o/ 長音	0.63 −0.49

含まれる擬音語ほど，濁った・汚い印象の音をイメージさせることを意味する。一方，半濁音との間では負の相関が見られた。半濁音を含む擬音語には「ぴーっ」「ぴん」「ぽちゃっ」などがあり，これらは澄んだ・きれいな音をイメージさせる。

迫力主成分では，接近音との間で正の相関が見られた。接近音を含む擬音語には「わんわん」「ぎゃー」があり，これらは，犬の鳴き声や人の叫び声などの比較的大きな音を表現する擬音語である。特に「わ」は，大きな叫び声（「わーわー」），大勢が声をあげる様子（「わいわい」），急に大声を出す様子（「わっ」）[14]などに用いられており，迫力のある音をイメージさせると考えられる。

金属性主成分では，母音 /i/ との間で相関が見られた。これは，母音 /i/ を含む擬音語から，固い印象の音がイメージされていることを意味する。岩宮ら[20]は，母音 /i/ を含む擬音語で表現される音は，他のものよりも基本周波数およびスペクトル重心が高いと述べており，ここでは，そのような音がイメージされたものと考えられる。

擬音語からイメージされる音の印象と擬音語表現の間には，ある程度の関連があることが明らかになったが，それらの関連性を定量的に表す試みも行われている。

藤沢ら[35]は，「ガン」「タッ」「ピー」のような，語尾が撥音・促音・長音の

いずれかとなる2モーラの擬音語を用いて，そこからイメージされる音の印象と擬音語表現の関係について検討し，擬音語表現から印象を予測するモデルを提案している．

上に挙げたような2モーラの擬音語は，すべて「子音+母音+語尾」という形態になっている．ここでは，子音音素26種（濁音・半濁音および拗音が付加されたものを含む），母音音素5種（/a/，/i/，/u/，/e/，/o/），語尾3種（撥音，促音，長音）を組み合わせて2モーラの擬音語126語を作成した．これらには，擬音語として通常使われないような組合せのものは含まれていない．このようにして作成した擬音語を被験者に呈示し，擬音語からイメージした音の印象を15組の音色表現語対を用いたSD法によって評価させた．得られたデータは被験者にわたって平均し，各評価尺度に対する平均評価値を求めた．

つぎに，擬音語の子音の部分から濁音・半濁音および拗音を分離できるものと考え，2モーラの擬音語の音韻的特徴を「子音の行（カ行，サ行など）+濁音・半濁音+拗音+母音+語尾」と表す．さらに，擬音語からイメージされる音の印象は擬音語の音韻的特徴によって決まると仮定し，擬音語の各要素が音の印象に与える影響を数量で表して，それらの線形和として評価尺度の予測値が得られるモデルを考える．ここでは，擬音語の音韻的特徴と印象評価データの関係をつぎのように表す．

$$Y' = X1 + X2 + X3 + X4 + X5 + k \tag{2.1}$$

数量 Y' はある評価尺度における評価値の予測値，説明特性 $X1$ は子音の行，$X2$ は濁音・半濁音，$X3$ は拗音，$X4$ は母音，$X5$ は語尾がそれぞれ印象に与える影響を数量で表したもの，k は定数項である．

林の数量化理論第Ⅰ類[36] に基づき，評価尺度ごとに $X1$〜$X5$ に入るすべての要素に対する数量と定数項を求めた．これにより，ある擬音語に対する印象は，対応する音韻的特徴の数量と定数項を足し合わせることで予測することができる．例えば，「ビュー」という擬音語は「ハ行，濁音あり，拗音あり，/u/，長音」であり，「きれいな―汚い」について，これらの音韻的特徴

2. 音色・音質を表現する手法

に対する数量と定数項を足し合わせると，以下のように予測値が得られる．

$$2.93 = (-0.02) + (-1.45) + (-0.02) + (0.18) \\ + (-0.39) + (4.63) \quad (2.2)$$

このモデルによって求めた予測値と実験で得られた実測値の間の重相関係数は，二つの尺度で0.75，六つの尺度で0.8〜0.9，七つの尺度で0.9以上といずれも高い値になっており，印象予測モデルがかなり有効であることが示された．

さらに，この印象予測モデルの有効性を確かめるために，モデルから求めた予測値と先に述べた擬音語辞典から選んだ擬音語に対する印象評価実験[32]で得られた実測値とを比較した．先の実験では，2モーラ・パターン以外の擬音語も数多く含まれていたが，比較対象となるのは，2モーラの擬音語14語，8個の評価尺度に対する平均評価値である．

図2.6は，横軸にモデルから求めた予測値，縦軸に実験で得られた実測値をとり，すべての擬音語・評価尺度のデータをプロットしたものである．プロットされたデータが$y=x$の対角線に近いほど，予測値と実測値の対応がよいといえる．図では，$y=x\pm0.5$の範囲内に全体の70％，$y=x\pm1.5$の範囲内にすべてのデータが布置している．このことから，印象予測モデルから求めた予測値は，別に行われた実験における2モーラの擬音語に対する印象の実測値ともよく一致しており，このモデルが非常に有効であることが明らかになった．

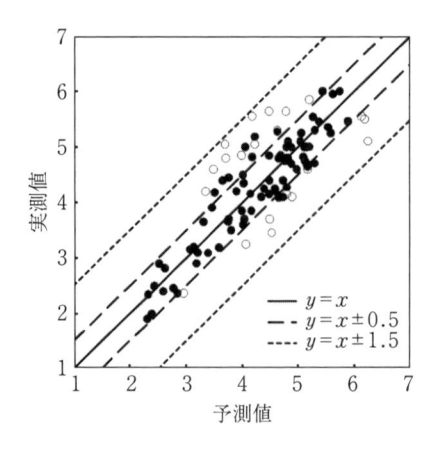

図2.6 2モーラの擬音語に対する印象の予測値と実測値[29]

2.2.4 擬音語の可能性

以上に述べたように,音響的特徴と擬音語の特徴,および音によって生じる聴取印象の3者に対応が見られ,擬音語表現が音によって生じる聴取印象や音響的特徴をとらえるのに有効な手段となり得ることが示された。したがって,擬音語というわれわれに馴染みが深い言葉を利用し,音の特徴やこれに関連する感性情報(音に関連する印象など)を抽出する,他者に伝達するといったことが可能と考えられる。

具体的な応用例として,擬音語を利用した音質評価が挙げられる。例えば,機械メーカには一般のユーザから製品に関するクレームが寄せられる。この際,ユーザは製品から発せられる異音を表現するために「ガチャン」「ギーッ」といった擬音語を用いるであろう。こういったクレームに含まれる擬音語表現から,製品内でどういった不具合が生じているのか,またユーザが製品から発せられる異音をどのように感じているのか,といった情報を抽出できる可能性がある。

これまで,音に対する印象を測定する際には,複数の音色評価語を用いたSD法などを利用するのが一般的であった。しかし,擬音語のような日常的な表現方法を利用すれば,より自然な形態で音に関する感性情報をとらえることができるかもしれない。

引用・参考文献

1) 北村音一:音色と音質の評価,放送技術,pp.731〜737(1975)
2) 北村音一他:昭和50年代の青年に関する音色因子の抽出,日本音響学会聴覚研究会資料,**H-51-11**(1978)
3) 栗山譲二,二井(岩宮)眞一郎,北村音一:純音の音色の因子分析的研究,日本音響学会講演論文集(春季),pp.657〜658(1979)
4) 曽根敏夫,城戸健一,二村忠元:音の評価に使われることばの分析,音響会誌,**18**,pp.320〜326(1962)
5) 安倍幸次,小澤賢司,鈴木陽一,曽根敏夫:視覚情報が環境音知覚に与える影響,音響会誌,**56**,pp.793〜804(2000)

6) 木戸　博，粕谷英樹：通常発話の声質に関連した日常表現語の抽出，音響会誌，**55**，pp.405〜411（2001）
7) 厨川　守，八尋博司，柏木成豪：音質評価のための7属性，音響会誌，**34**，pp.493〜500（1978）
8) 厨川　守，八尋博司，柏木成豪：音の7属性の性格について，音響会誌，**34**，pp.501〜509（1978）
9) 上田和夫：音色の表現語に階層構造は存在するか，音響会誌，**44**，pp.102〜107（1988）（図2.2の引用は，「上田和夫：音色の表現語に階層構造は存在するか，日本音響学会聴覚研究会資料，H-87〜18（1987）」より）
10) L. N. Solomon：Semantic Approach to the Perception of Complex Sounds, and Reserch for Physical Correlates to Psychological Dimensions of Sounds, J. Acoust. Soc. Am., **30**, pp.421〜497 (1958)
11) G. von Bismarck：Timbre of Steady Sounds：A Factorial Investigation of its Verbal Attribute, Acustica, **30**, pp.146〜159 (1972)
12) G. von Bismarck：Sharpness as an attribute of the timbre of steady sounds, Acustica, **30**, pp.159〜172 (1972)
13) A. Gablielsson：Perceived sound quality of sound-reproduction systems, J. Acoust. Soc. Am., **65**, pp.1019〜1033 (1979)
14) 浅野鶴子編：擬音語・擬態語辞典，pp.3〜25，角川書店（1978）
15) 筧　壽雄，田守育啓編：オノマトピア　擬音・擬態語の楽園，pp.101〜125，勁草書房（1993）
16) 比屋根一雄，澤部直太，飯尾　淳：単発音のスペクトル構造とその擬音語表現に関する検討，信学技報，**SP97-125**，pp.65〜72（1998）
17) 田中基八郎，松原謙一郎，佐藤太一：異音の表現における擬音語の検討，機論（C編），**61**，592，pp.156〜161（1995）
18) 田中基八郎，松原謙一郎，佐藤太一：機械の異常音の擬音語表現，音響会誌，**53**，pp.477〜482（1997）
19) 高野　靖，稲葉　亨，佐々木進：自動車オルタネータの音質評価技術の開発，日本音響学会2001年春季研究発表会講演論文集，pp.749〜750（2001）
20) 岩宮眞一郎，中川正規：擬音語を用いたサイン音の分類，サウンドスケープ，**2**，pp.23〜30（2000）
21) 山内勝也，高田正幸，岩宮眞一郎：サイン音の機能イメージと擬音語表現，音響会誌，**59**，4，pp.192〜202（2003）
22) E. Sapir：A study in phonetic symbolism, Journal of Experimental Psychology, **12**, pp.225〜239 (1929)
23) S. S. Newman：Further experiments in phonetic symbolism, American Journal of Psychology, **45**, pp.53〜75 (1933)
24) 村上宣寛：音象徴仮説の検討―音素，SD法，名詞及び動詞の連想語による成

分の抽出と，それらのクラスター化による擬音語・擬態語の分析—，教育心理学研究，**28**，3，pp.10〜18 (1980)
25) 阿刀田稔子，星野和子：日本語教材としての音象徴語，日本語教育，**68**，pp.30〜44 (1989)
26) 玉村文郎：日本語の音象徴語の特徴とその教育，日本語教育，**68**，pp.1〜12 (1989)
27) 田中基八郎，松原謙一郎，佐藤太一：快適な音・振動を表す言語表現，日本機械学会第7回環境工学総合シンポジウム'97講演論文集，pp.96〜99 (1997)
28) 大石弥幸，梶野哲也：純音を表す擬音語—発声音の分析—，日本音響学会2006年春季研究発表会講演論文集，2-3-7 (2006)
29) 大石弥幸，三品善昭，龍田建次：純音を表す擬音語の周波数による変化—年齢の影響—，日本音響学会2008年秋季研究発表会講演論文集，3-7-2 (2008)
30) 大石弥幸，三品善昭，龍田建次：周波数変調音を表す擬音語，日本音響学会2009年秋季研究発表会講演論文集，3-3-5 (2009)
31) 大石弥幸，三品善昭：純音を表す擬音語—性別，年齢による違い—，日本音響学会2006年秋季研究発表会講演論文集，1-5-5 (2006)
32) M. Takada, K. Tanaka and S. Iwamiya：Relationships between auditory impressions and onomatopoeic features for environmental sounds, Acoust. Sci. & Tech., **27**, pp.67〜79 (2006)
33) International Phonetic Association：Handbook of the International Phonetic Association, International Phonetic Association (1999)
34) N. Fujisawa, S. Iwamiya and M. Takada：Auditory Imagery Associated with Japanese Onomatopoeic Representation, J. Physiol. Anthropol. and Appl. Human Sci., **23**, pp.351〜355 (2004)
35) 藤沢　望，尾畑文野，高田正幸，岩宮眞一郎：2モーラの擬音語からイメージされる音の印象，音響会誌，**62**，11，pp.774〜783 (2006)
36) 駒澤　勉：数量化理論とデータ処理，pp.10〜48，朝倉書店 (1982)

第3章
音色・音質を決める音響的特徴

3.1 音色の分類

1.1.2項で述べたとおり，JIS における音色の定義には，備考として「音色は，主として音の波形に依存するが，音圧，音の時間変化にも関係する」と記されている。このように種々の音響的特徴が音色を決めるために関与しているので，本章では**表3.1**に示すように分類して話を進めていく。

表3.1　本章における音色の分類

分類		音の特徴	主に音色を規定する要因	例
基礎的音色	静的音色	スペクトルが時間的に定常	振幅スペクトルの形状（成分音の位相関係も寄与）	・楽器音や母音の定常部 ・広帯域雑音
	準静的音色	スペクトルは時間的に定常	振幅包絡の時間変化パターン	・AM音，ビート ・和音
	動的音色	音の振幅包絡およびスペクトルが時間とともに変化	成分音の振幅の時間変化パターン	・子音の一部 ・楽器音の立上がり/減衰特性
	準動的音色	振幅包絡は時間的に定常であるが，スペクトルが時間とともに変化	スペクトルの時間変化パターン	・FM音 ・ビブラート
総合的音色	複合的音色	上記の4種の音色の複合	（複雑）	・一般的な音 ・音声
	音楽的音色	上記の5種の音色が時間的・空間的に集合	（複雑）	・音楽 ・環境音

3.1 音色の分類

　表3.1では，音色を**基礎的音色**と**総合的音色**に大別している。そのうちの基礎的音色とは，その音色に関係する音の物理的な特徴が明確なものであり，**静的音色，準静的音色，動的音色，準動的音色**の4種に分類される。

　静的音色とは，時間的な変化のない音（定常音）について，周波数スペクトルによって規定される音色である。準静的音色とは，周波数スペクトルは定常的な音について，時間波形の特性に関係して決まる音色である。動的音色とは音の時間的な変化の特性が音色を決定付けるものであり，準動的音色とは振幅包絡は定常な音であってもスペクトルの時間変化に関係して決まる音色である。これらの基礎的音色と物理特性の関係については，次節以降でおのおのについて詳しく述べることとする。

　それに対して，表中に総合的音色として分類した**複合的音色，音楽的音色**については，音色を規定する要因を音の物理的特徴にだけ求めるのはやや困難である。例えば，複合的音色の例として挙げた音声については，音韻を聴き分けることが音色の弁別に相当する。しかし，日本人は /r/ と /l/ の区別ができないといわれるように，物理的な音響的特徴が異なることだけでは音色の相違を説明できない。

　音楽的音色に関して，それを特徴付ける要因を特定することの難しさとしては，例えば，金属板を弾いたときの単一音の音色としては美しさを感じない場合でも，それが時間的に連続したオルゴールの音になると美しさを感じることが挙げられる。また，環境音の一例として，録音された滝の音だけを聞いた場合に比べると，あらかじめ滝の音であることを知らせてから聞いた場合，あるいは滝の映像と同時に聞いた場合には美しさが増すことが知られている[1]。これらの知覚も，音の物理的特徴だけで説明するのは困難である。

　そこで，本章では総合的音色を規定する要因については，これ以上は踏み込まないこととする。なお，音楽における音色の役割については6章を参照されたい。

3.2 静的音色

静的音色とは周波数スペクトルが時間的に定常な音について知覚される音色であり，周波数スペクトルの特徴，すなわち振幅および位相の周波数特性がその音色を規定する。以下では，振幅スペクトルと位相スペクトルに分けて考えていく。

3.2.1 振幅スペクトルと音色の関係

定常的な音は，発振器などにより合成することが容易であるため，その音色について古くから多くの研究がなされてきた。

例えば，1941年に，W. H. Lichte[2)]は第16倍音までを含む複合音を用いて，スペクトル構造の違いによって，brightness（明るさ），roughness（粗さ），そしてfullness（豊かさ）が変化することを示した。スペクトルと音色の関係は定性的な記述に留まるものの，倍音のエネルギー分布が周波数軸上で高周波数側に寄るほど明るく感じられ，第6次以上で次数が連続した倍音が存在して，それらの次数が高いほどより粗く感じられ，そして奇数次倍音が相対的に優勢だと豊かに感じられることが示された。

その後も，2章で述べたように，Solomonがソーナ音の音色を分析するなど，音色とスペクトルの関係が検討されてきた。ただし，音色の評価に用いるために選択された表現語や被験者の音楽経験の有無によって実験結果が影響されることもまた明らかになってきた。

これらを顧みて，von Bismarckがよく統制された実験を行い，4因子を抽出して周波数スペクトルとの関係を論じたことは2.1.4項で述べたとおりである。実験に用いられた刺激音の振幅スペクトルを**図3.1**に示す。抽出した4因子のうち，sharpnessとcompactnessの二つの因子に関して，周波数スペクトルとの対応関係が検討されている。sharpnessは，主要なエネルギーが含ま

3.2 静的音色   67

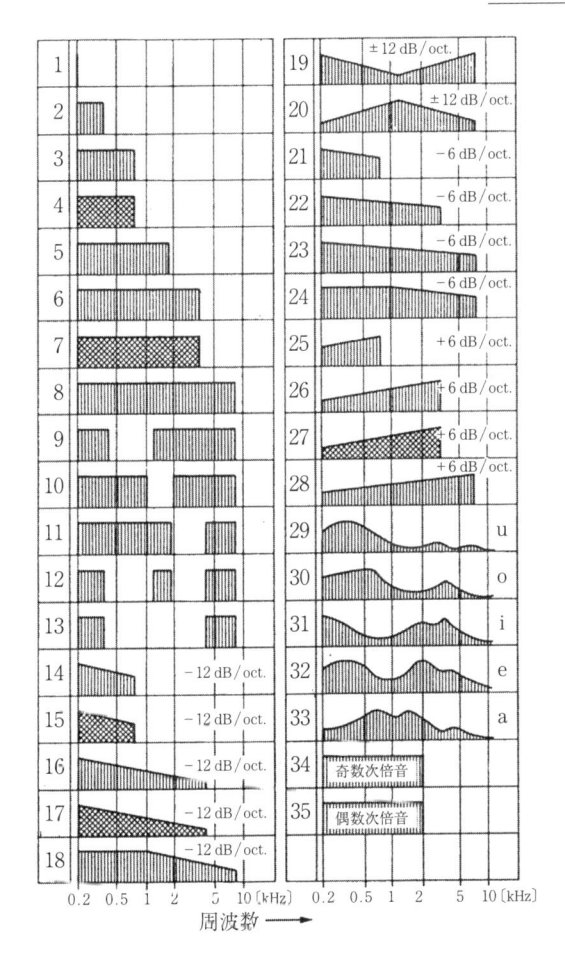

oct. はオクターブであり，例えば -12 dB/oct. は 1 オクターブで 12 dB だけ振幅が減衰する傾斜であることを意味する．縦線で示されたスペクトルは基本周波数が 200 Hz の調波複合音であり，斜線で示されたスペクトルは雑音である．

図 3.1 von Bismarck の実験に用いられた 35 種類の刺激音の振幅スペクトル[3]

れる周波数帯域と関連がある性質で，周波数スペクトル刺激音の上限が上昇，周波数スペクトルのエンベロープの傾きが正方向に増加すると，音色は sharp（鋭い印象）になる．図と対応させると，この因子は，刺激音 1 より 8 が，21，22 よりも 25，26 がより sharp な印象になることを示す因子である．compactness は，調波複合音とノイズを分ける性質で，調波複合音は compact（緻密）な，ノイズは scattered（まばら）な印象になるという．図と対応させると，縦線で示された刺激音と斜線で示された刺激音を区別する因子ということができる．

その他に，振幅スペクトルと音色の関係を検討したものとして A. de Bruijn[4] の研究がある。この研究では，図 3.2 に振幅スペクトルを示す 36 種類の刺激音について，7 名の被験者が音色の類似度を測定した。その結果を多次元尺度構成法により分析し，2 次元の知覚空間を得た。その空間の縦軸は，振幅スペクトルの傾斜に関係することが示されている。一方横軸は，Stevens[5] が提唱した手法によって算出したラウドネスに対応することが示されている。

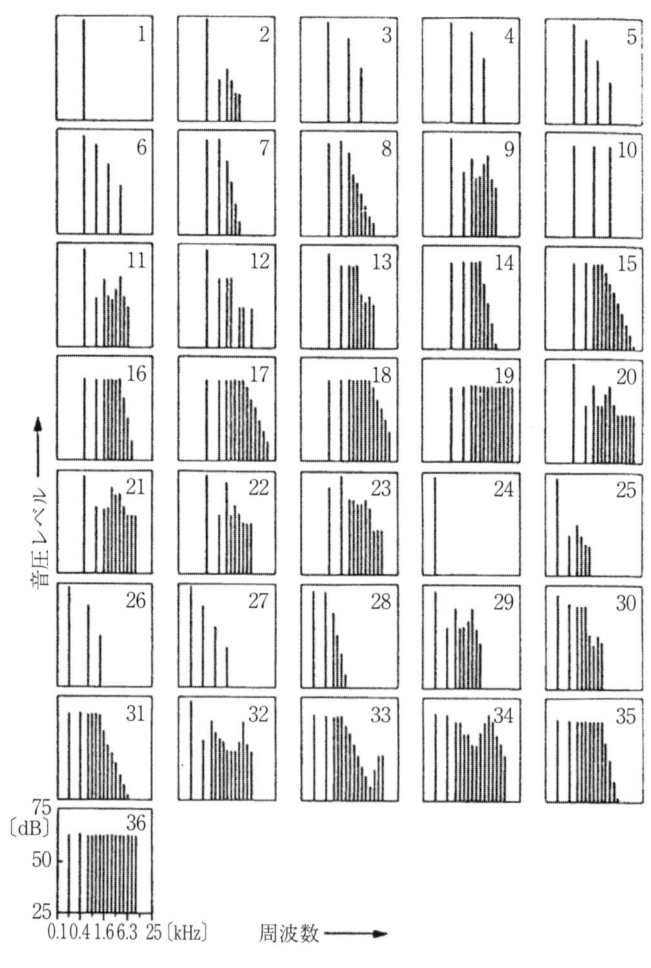

図 3.2　A. de Bruijn の実験に用いられた 36 種類の刺激音の振幅スペクトル[4]

3.2 静的音色

このように，この研究では振幅スペクトルの特徴の相違が十分に音色の相違に現れているとはいえない。包括的な音色知覚を論じるためには，刺激音選定が重要であること，そしてその難しさがうかがえる。

なお，横軸に対応する可能性のある別の尺度として，1/3 オクターブバンド音圧レベルに関して基本音の音圧レベルを基準とし，さらにマスキング効果を考慮に入れて倍音成分の音圧レベルを評価した harmonic-index（HI）なるものを提唱している。ただし，その論文中で経験的（empirical）と述べているとおり，HI の算出手順には根拠が明確でない部分がある。

振幅スペクトルの傾斜が定常音の音色知覚にとって重要であることは A. Preis[6] によっても示されている。この研究では，基本音の振幅を a としたときに，第 n 倍音の振幅が a/n^b のように減衰するスペクトルを基準としている。そして，種々のスペクトル包絡を有する音の音色をべき指数 b によって近似的に表すことを試みている。ただし，振幅スペクトルの傾斜だけで多次元の音色知覚をすべて表現するのは困難である。

振幅スペクトルの傾斜を固定した場合の定常音の音色については，大串[7] が検討している。刺激音として基本音の周波数を 300 Hz 一定とし，成分音の数は 3 に限定した条件のもと，基本音から第 16 倍音までのいずれか 3 成分を含む 22 種類の複合音を用意した。音色の類似度データを多次元尺度構成法により分析して 2 次元空間を得た。そして，その横軸は 3 成分周波数の対数平均値に対応し，縦軸は隣接成分周波数比の平均値に対応していると解釈した。

以上のとおり，音の物理的なスペクトルと音色の対応を検討する種々の研究が行われてきた。ただし，振幅スペクトルからその音色を予想することは，4 章に示すとおり代表的な音質指標について可能になっているのに留まり，多次元的な音色を完全に予想することは今日でも困難である。

3.2.2　位相スペクトルと音色の関係

位相スペクトルが話題となるのは複合音の音色である。まず最も簡単な複合音である 2 成分複合音を取り上げる。1.2.5 項において触れたとおり，基本音

と第2倍音からなる複合音について位相差 θ の異なる2音は音色が異なることが知られている[8),9),10)]。

J. L. Hall and M. R. Schroeder[10)] は,基本音の周波数を 100 Hz,基本音と第2倍音の振幅比を 2：1 とした場合について,$\pi/3$ ずつ位相が異なる6種類の音を用意した。それらの時間波形を図 3.3 に示す。その中から三つの刺激を被験者に提示し,最も似ている組と最も似ていない組を選定させる実験（**三つ組み法**）を行った。すべての刺激の組合せについての実験結果を,多次元尺度構成法によって分析して2次元空間を得た。

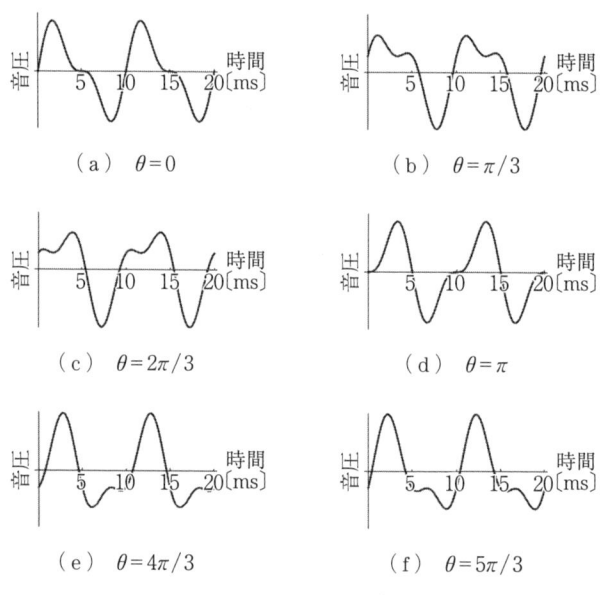

（a） $\theta=0$

（b） $\theta=\pi/3$

（c） $\theta=2\pi/3$

（d） $\theta=\pi$

（e） $\theta=4\pi/3$

（f） $\theta=5\pi/3$

図 3.3 J. L. Hall と M. R. Schoroeder[10)] の実験に用いられた $\pi/3$ ずつ位相が異なる2成分音の時間波形

その空間を図 3.4 に示すように,6種類の刺激は円上にほぼ等間隔に布置された。ある位相差において時間波形が特異な形を示すわけではないのと同様に,特別な音色となる位相差もないことが示された。振幅比を 1：1,4：1 とした場合,および基本周波数を 200 Hz や 400 Hz とした場合についても行われ,同様な結果が得られている。

```
            II軸
    (c)       │
              │  (b)
              │
              │
   (d)        │
──────────────┼─────── I軸
              │ (a)
              │
              │
              │
   (e)        │ (f)
              │
```

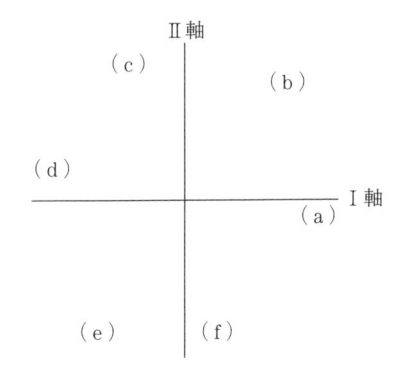

(a)から(f)は図3.3における
波形に対応している

図 3.4 図3.3に示した6種の2成分音について導かれた2次元空間[10]

一方，K. Ozawa ら[11]は，基本周波数を 500 Hz と 2 kHz とした各場合について，振幅比をさらに大きくした条件で実験を実施したところ，振幅比が極端に大きな場合は1次元的な布置となることを示した。これは，特別な位相差があることを意味しており，それは第2倍音のラウドネスが最大または最小となる位相であると考察している。ただし，それらの位相は被験者ごとに異なり，これは聴覚系の特性に個人差があることを反映している。

また，基本周波数が 2 kHz の場合には，振幅比を小さくした条件では音色の相違が小さくなることが観測された。波形情報は聴覚系内では神経細胞の発火のタイミング（**位相同期**）として伝えられるが，この場合の第2倍音の周波数である 4 kHz では位相同期が弱いため，波形の情報が十分に伝えられなくなることが原因であると考察している。

以上をまとめると，位相スペクトルの相違は，波形の相違として音色の知覚に関与していると考えられる。ただし，聴覚系の非線形性のために，位相差に伴って成分音のラウドネスが変わることがあり，それはあたかも振幅スペクトルの変化として音色の変化に寄与する場合もあると考えられる。

なお，2成分音についての位相差の変化による音色の変化は，弁別できるという程度のものであり，その変化を形容詞で表現できるようなものではない。

複合音を構成する成分数が多くなると，成分音間の位相差による波形の変化は顕著になるが，それでも音色の変化は比較的小さい。例えば，R. Plomp and H. J. M. Steeneken[12]は第10倍音まで含む複合音について，第 n 倍音の振幅を

$1/n$ として,成分音の位相を以下のように変えて複合音を作成した.

$$f_1(t) = \sin(2\pi f_0 t) + \frac{1}{2}\sin(2\pi \cdot 2f_0 t) + \frac{1}{3}\sin(2\pi \cdot 3f_0 t) + \cdots + \frac{1}{10}\sin(2\pi \cdot 10f_0 t) \tag{3.1}$$

$$f_2(t) = \cos(2\pi f_0 t) + \frac{1}{2}\cos(2\pi \cdot 2f_0 t) + \frac{1}{3}\cos(2\pi \cdot 3f_0 t) + \cdots + \frac{1}{10}\cos(2\pi \cdot 10f_0 t) \tag{3.2}$$

$$f_3(t) = \sin(2\pi f_0 t) + \frac{1}{2}\cos(2\pi \cdot 2f_0 t) + \frac{1}{3}\sin(2\pi \cdot 3f_0 t) + \cdots + \frac{1}{10}\cos(2\pi \cdot 10f_0 t) \tag{3.3}$$

$$f_4(t) = \cos(2\pi f_0 t) + \frac{1}{2}\sin(2\pi \cdot 2f_0 t) + \frac{1}{3}\cos(2\pi \cdot 3f_0 t) + \cdots + \frac{1}{10}\sin(2\pi \cdot 10f_0 t) \tag{3.4}$$

これらの波形は図 3.5 に示すとおり波形としては明確な違いがあるが,音色の変化は意外と小さい(この実験に参加した 9 名の被験者のうち 1 名は音色の違いをまったく感じなかったと報告されているほどである)。ただし,音色の類似度データを多次元尺度構成した結果からは,$f_1(t)$ と $f_2(t)$,また $f_3(t)$ と $f_4(t)$ がグループを構成し,両グループの間の音色の違いが比較的大きいこ

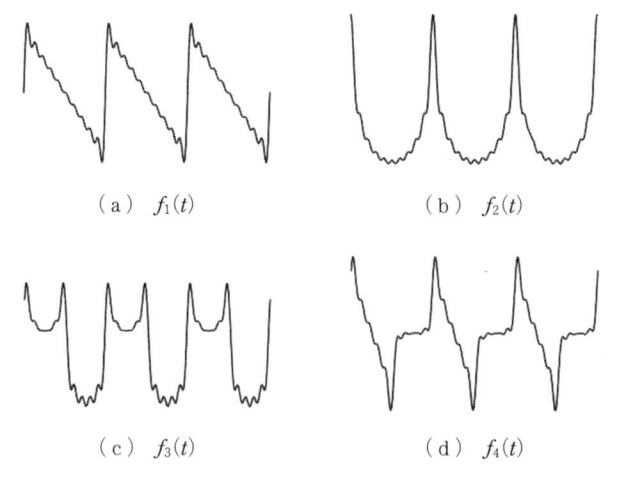

(a) $f_1(t)$

(b) $f_2(t)$

(c) $f_3(t)$

(d) $f_4(t)$

各波形は式 (3.1) ~式 (3.4) に対応している

図 3.5 成分音の位相関係が異なる 10 成分複合音の時間波形

とが示された。

なお，式 (3.1)〜式 (3.4) において，第 n 倍音の振幅もすべて1にしてみると，波形の相違はより顕著になり音色の弁別も容易になる。このように，位相スペクトルが複合音の音色に及ぼす影響は，振幅スペクトルの特性に依存するため，簡単に推測することは困難である。

本項では，2成分音と多成分音のみを取り上げたが，ほかにも3成分音の位相スペクトルと音色との関係も調べられている[13]〜[16]。特に J. L. Goldstein[14] は，3成分音のうち1成分の位相が 90°異なる2音を用意し，それらの音色が区別できなくなる成分音の周波数間隔を調べる実験を，3成分の中心周波数や音圧レベルをさまざまに変えて行った。その結果から，成分音間の位相が音色に影響しなくなる条件は，成分音の周波数間隔が聴覚フィルタの通過帯域幅を超えることであることを示唆した。

3.2.3 周波数スペクトルの相違と音色の類似度の関係

前項に記したとおり，位相スペクトルの変化による音色の変化は相対的に小さいので，振幅スペクトルの相違と音色の類似度の関係がもっぱら検討されてきた。

Plomp は，9種類の楽器で演奏された基本周波数 349 Hz の単音のうち1周期だけを繰り返すことで合成した刺激音について，被験者に音色の類似度を評価させた[17]。また，式 (3.1) で表されるような合成音を基準として，コンサートホールの座席位置の違いを模擬した周波数特性の相違を与えた 10 種類の音について，音色の類似度を評価させた[18]。どちらの結果についても，多次元尺度構成法により分析して3次元空間を得た。そして，その音色知覚空間における刺激音 i と j の距離（すなわち音色の非類似度）と，以下の式で与えられる振幅スペクトルの距離の関係を検討した。

$$D_{ij} = \sqrt[r]{\sum_{k=1}^{m} \left| L_{ik} - L_{jk} \right|^r} \tag{3.5}$$

ここで，L_{ik} は刺激音 i を $m=15$ の 1/3 オクターブ帯域フィルタで分析したと

きに，k 番目の帯域における音圧レベルである．定数 r は空間モデルを表し，$r=1$ の場合は**市街地距離（マンハッタン距離）**，$r=2$ の場合は**ユークリッド距離**と呼ばれる．

Plompらは，r の値を変えて音色の非類似度との関係を比べた．最適な関係となるのは，対象とする音によって $r=1\sim3$ の範囲で異なるが，コンサートホールの座席位置の違いを模擬した複合音についての音色知覚空間を**図 3.6**に示すように，$r=2$ で十分に音色と対応がよいようである．

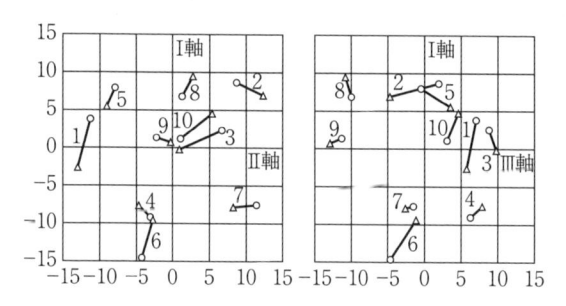

図 3.6 コンサートホール内の異なる座席位置の周波数特性を模擬した10種の調波複合音に関してスペクトルの距離（○）と音色の非類似度（△）について多次元尺度構成法により求めた3次元空間[18]

駒村ら[19]も同様な手法により，振幅スペクトルと聴感がよく対応することを示している．一方，難波[20]は部分音の中にはホルマント周波数など音色の特徴付けに大きく貢献するものもあることから，さらなる検討を行う必要性を指摘している．また大串[21]は，式 (3.5) において和を計算する際に，高域の2～3帯域に大きめの重みを付ければ音色との対応がよくなることを示している．

なお，D. M. Green らの研究グループは，被験者が周波数スペクトルのわずかな変化を検知する能力を広範な条件について調べている[22]．典型的な結果として，等振幅の多数成分音を対数周波数軸上に等間隔に配置した刺激音を用いた場合には，ある成分の振幅が他の成分に比べて相対的に 1～2 dB というわずかな量だけ変化すれば検知できることを示している．このとき，振幅に変化のない成分音数が多いほうが検知が容易になることから，被験者は単一の成分の

振幅に着目しているのではなく，スペクトルの形（プロフィール）の変化すなわち音色の変化に着目していることが示唆される。それゆえ，Green らは，被験者が行うこのような分析を**プロフィール分析**と呼んでいる。

3.2.4 聴覚系内スペクトル表現と音色の関係

前項では，音の振幅スペクトルと音色の対応が検討されていることを述べた。しかし，音のスペクトルが決まると音色が一意に定まることは，必ずしも音の物理的なスペクトルと音色が直接対応することを意味するものではない。なぜならば，音色が知覚されるのは脳の機能であるので，その前段までの聴覚系も一種の音響伝送系と考えるべきである。そこで，聴覚系内におけるスペクトル表現[16),23)]と音色との対応関係を考えるのが妥当であろう。

じつは上記の研究でも，すでに聴覚系の特性が反映されていたのである。1.2.10 項で述べたとおり，聴覚系の特性は臨界帯域あるいは聴覚フィルタと呼ばれる帯域通過フィルタが並んでいるとモデル化できる。その通過帯域幅が 1/3 オクターブで近似できることから，Plomp らは広帯域な音について，1/3 オクターブ帯域レベルに関するスペクトルを議論の対象にしていたのであった。

さて，1.2.9 項において述べたとおり，聴覚系内では，音は神経の発火として脳へと伝えられる。そこで，音の振幅に聴覚神経系の興奮量を対応させた，聴覚系内におけるスペクトル表現を考えることができる。例えば，横軸を臨界帯域の番号として，縦軸を各臨界帯域の興奮量としたチャートは**興奮パターン**と呼ばれている（音のラウドネスを算出するための Zwicker のモデルとして，4.2.1 項で詳細に紹介する）。この興奮パターンを聴覚系内スペクトルと見なして，音色との対応が考察されてきた。

K. Benedini[24)] は，二つの刺激音 i と j の非類似度は，以下の式で表されるように興奮パターンの距離 d_{ij} に対応していることを示した。

$$d_{ij} = \sum_{k=1}^{24} \left| N_{ik} - N_{jk} \right| \tag{3.6}$$

ここで，k は臨界帯域の番号であり，N_{ik} は刺激 i の k 番目の臨界帯域におけ

る興奮量から算出したラウドネスである。式 (3.6) によると，音色の非類似度は臨界帯域ごとのラウドネスに関する市街地距離に対応していることとなり，Plompが1/3オクターブ帯域スペクトルに対して示した**ユークリッド距離**と異なることは興味深い。

しかし，Benedini[25]では，基本音から第6倍音までのうちいくつかの成分音を抜き去ることによって作られた刺激音については，音色の非類似度は式 (3.6) では表現できないことを示している。このことから，聴覚系内のスペクトル表現をさらに検討する必要があることが示唆される。

最終的には音は主観量としてとらえられるので，振幅に対応するものとして，成分音のラウドネスを考えることも可能であろう。このように定義した主観スペクトルが，音の音色によく対応する場合があることが示されている[26]。

3.3 準静的音色

周波数スペクトルが定常であっても，時間波形の特性が音色の知覚に大きく寄与する場合がある。そのような音色を本章では**準静的音色**と呼んでいる。その一例が，1.2.7項で紹介したうなりの知覚である。本節では，振幅変調音の音色と，複合音の**協和性**という二つの話題を取り上げる。

3.3.1 正弦波により振幅変調された正弦波の音色

周波数がf_c〔Hz〕，f_c-f_p〔Hz〕，f_c+f_p〔Hz〕という三つの正弦波を，振幅比を$2:1:1$として重ね合わせた時間波形$f(t)$は式 (3.7) で与えられる（$f_c \gg f_p$とする）。

$$f(t) = 2\sin(2\pi f_c t) + \sin\{2\pi(f_c-f_p)t\} + \sin\{2\pi(f_c+f_p)t\} \quad (3.7)$$

$$= 2\{1 + \cos(2\pi f_p t)\}\sin(2\pi f_c t) \quad (3.8)$$

式 (3.8) のように変形した式を見ると，これは周波数がf_c〔Hz〕の正弦波の振幅包絡が周波数f_p〔Hz〕で正弦波的に振動する**振幅変調**（amplitude modulation, **AM**) 音であることがわかる。すなわち，スペクトルが定常であっても，時間的な変化が音色知覚に関係する音がある。

上記の AM 音について，例えば $f_c = 1\,000\,\text{Hz}$ に固定し，f_p の値を変えてみる。f_p が 10 Hz より低い周波数の場合には，1 000 Hz の正弦波が聞こえ，そのラウドネスが変化するように感じられる。また，f_p が数 10 Hz 程度の場合には**変動感**（fluctuation strength，フラクチュエーションストレングス）が感じられるが，さらに f_p が高くなると変動感は弱くなり AM 音に特有の音色が感じられる。変動感については，4.2 節において詳述する。

また，周波数が異なる 3 種の正弦波を，同一周波数の正弦波で振幅変調し，それらを加算することで合成した複合音の音色について調べた結果から，振幅変動の周波数が 4 Hz 以下であれば各 AM 音の振幅変動に追従した音色の変化があるが，それが 8 Hz 以上になると振幅包絡の相関に対応する音色弁別のみが行われることが知られている[27]。

3.3.2　複雑な波形により振幅変調された正弦波の音色

R. D. Patterson[28),29)] は 400～4 800 Hz の正弦波について，図 3.7 に示すように**半減期**（half life, hl）が異なる減衰波形により変調した AM 音（damped 波）

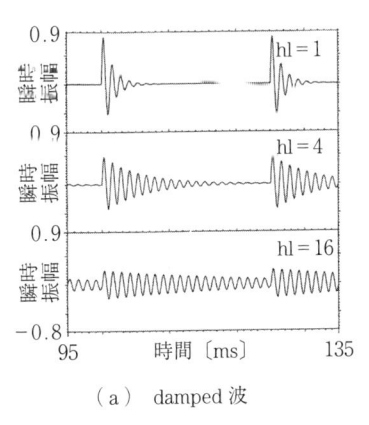

(a) damped 波 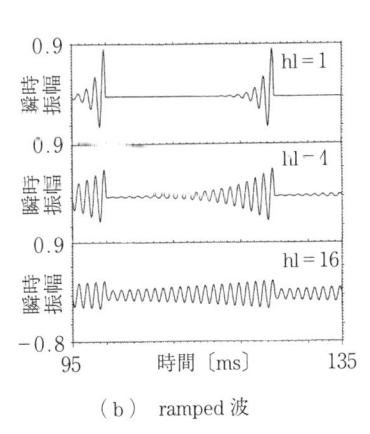　　　　　　　　　(b) ramped 波

変調されている正弦波の周波数は 800 Hz で，振幅変調の繰返し周期は 25 ms

図 3.7　半減期が 1，4 あるいは 16 ms の時間波形[28)]

を用意した。また,それを時間軸上で反転させた音(ramped 波)も用意して,被験者にどちらがより正弦波に似た音色であるかを尋ねたところ,ramped 波のほうが正弦波に似ているという回答が有意に多いという結果を得た。

時間軸上で反転させた二つの音については,長時間振幅スペクトルは同一であるため,そのような実験結果は物理的な振幅スペクトルの相違によっては説明できない。また,聴覚系内のスペクトル表現として聴覚フィルタ群からの出力の周波数特性を観測すると,damped 波のほうが正弦波に近いものであった。すなわち,スペクトルの特徴では実験結果を説明することは困難である。

そこで,聴覚フィルタ群からの出力波形を**神経活性度パターン**に変換した後に,聴覚系の時間積分機能を考慮して求めた時系列である聴覚イメージを観測

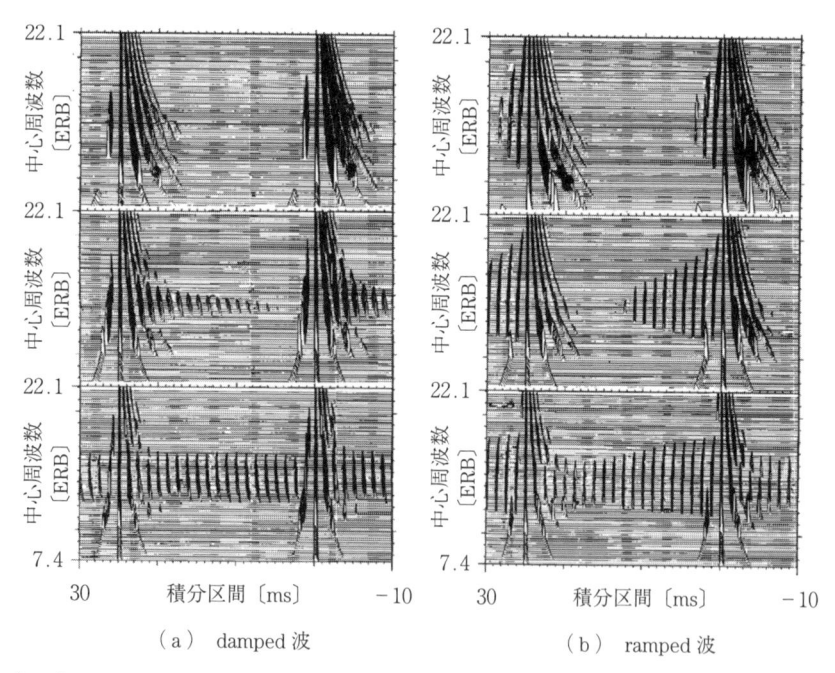

(a) damped 波

(b) ramped 波

各パネルは図 3.7 に示す刺激波形に対応している。変調されている正弦波の周波数は 800 Hz であり,その逆数である 1.25 ms 間隔のピークが観測できる。ERB は equivalent rectangular bandwidth の略で,臨界帯域幅と同様に聴覚フィルタの幅を表す。

図 3.8 聴知覚に対応する音の表現である聴覚イメージ[29]

すると，図 3.8 に示すように damped 波と ramped 波の聴覚イメージは単に時間軸上で反転したものではないことがわかる。また，ramped 波のほうが正弦波に同期した繰返し傾向が強く見られ，被験者の回答と一致している。このように，準静的音色の知覚には，聴覚系内の生理学的信号処理における時間的な非対称性が関わっている[30]。

なお，雑音を振幅変調した場合についても，時間反転によって顕著な音色の相違が報告されている[31]。また，K. Kumagai ら[32] は，系統的に形状を変化させた三角波によって変調した AM 音について，多次元尺度構成法によって音色知覚空間を導いた。その結果に基づいて，振幅包絡における立上がり部分の変化が，立下がり部分の変化よりも音色としては顕著な変化として知覚されるという聴覚系内処理の時間的非対称性を論じている。

3.3.3 複合音の協和性

2.1.2 項において，音質評価のための 4 副属性の一つとして，「澄んだ―濁った」の印象を表す協和性を紹介した。また，1.2.7 項では，和音の協和，不協和の基礎になっているのは，うなりの知覚であることを述べた。ここでは，定常複合音について協和度を計算する理論について述べる。

R. Plomp and W. J. M. Levelt[33] は，同時に提示した二つの純音について知覚される協和度を，その 2 純音の周波数差の関数として図 3.9 のように図式化した。図では周波数差は臨界帯域幅を単位として表している。

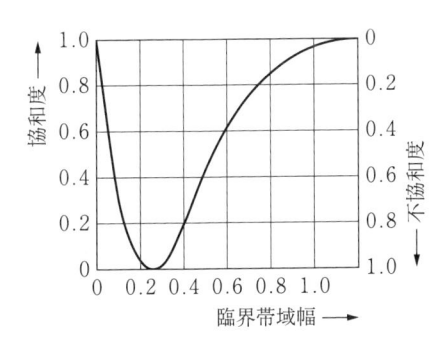

図 3.9 2 純音の周波数差による協和度の変化[33]

二つの複合音についての協和度は，基本音だけではなく，倍音どうしの間の**協和度**も関係して求められる．まず隣接する倍音どうしの**不協和度**を図の右側の軸を利用して求め，それらを合計した値が複合音どうしの不協和度になると仮定する．この手順に従い，6成分複合音について不協和度を求めた結果を**図3.10**に示す．経験的に知られているとおり，二つの基本周波数が簡単な整数比の場合に協和度が高くなっている．

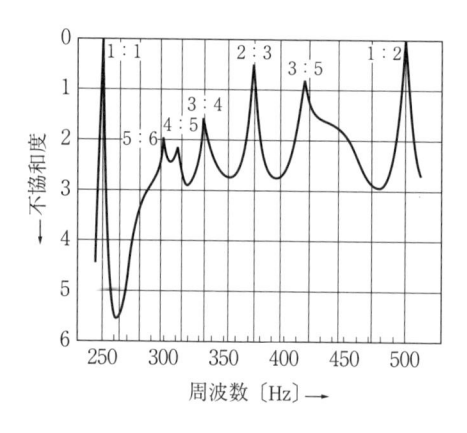

図3.10 二つの6成分複合音について，一方の基本周波数を250 Hzとした場合に，他方の基本周波数の変化による協和度（計算値）の変化[33]

その後，A. Kameoka and M. Kuriyagawa は，純音どうしの協和度を調べるための，広範な実験を実施した[34]．さらに，複合音どうしについての不協和度の計算を，単に倍音どうしの不協和度の和と仮定するのではなく，**べき法則**（心理的強度は物理的強度のべき乗に比例するという近似的経験則）を利用して精密に行う手法を提案した[35]．その手法では，まず倍音どうしの間の不協和度という心理的強度について，それに対応する不協和強度という仮想的な物理量を，べき法則（べき指数は0.25）を利用して求める．そして，すべての倍音どうしについて求めた不協和強度の和に対して，べき法則を適用することで，全体的な不協和度を計算している．この手順に従い，8成分複合音について不協和度を求めた結果を**図3.11**に示すように，計算結果は実測値とよく一致している．

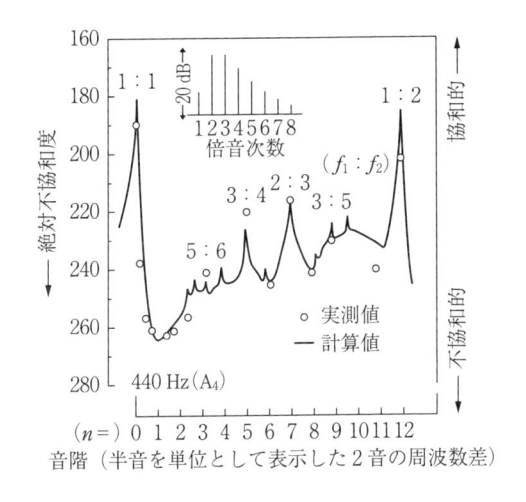

図 3.11 図中に振幅スペクトルを示す二つの 8 成分複合音について、基本周波数の相違による協和度の変化[35]

3.4 動 的 音 色

　音に時間的な変化のある部分が音色を特徴付ける場合がある。このような音色を本節では**動的音色**と呼ぶ。その代表として楽器音や音声（特に子音）が挙げられるが、音声に関しては専門書[36]もあるので本節の末尾で簡単に触れるに留め、ここでは楽器音をおもに取り上げることとする。

3.4.1　楽器音の聴き分け

　7 名の楽器演奏経験者が、バイオリン、フルート、トランペットなど 11 種の楽器の音色に関して回答した、三つの実験について報告がなされている[37]。そのうちの一つの実験は 1.3.3 項において簡単に触れたとおり、すべての楽器の組合せについて記憶・イメージに基づいて音色の類似度を 5 段階で評価したものである。その評価結果を多次元尺度構成法で分析して得た 2 次元空間の布置は、図 1.14 に示したとおり、I 軸は楽器の種類に、また II 軸は各楽器の演奏音域に対応するものであった。

　つぎに、各楽器の演奏音のうち波形の 1 周期分を抜き出して、約 300 周期分になるよう繰り返して接続した定常音を用意した。これらを実際に聞き比べて

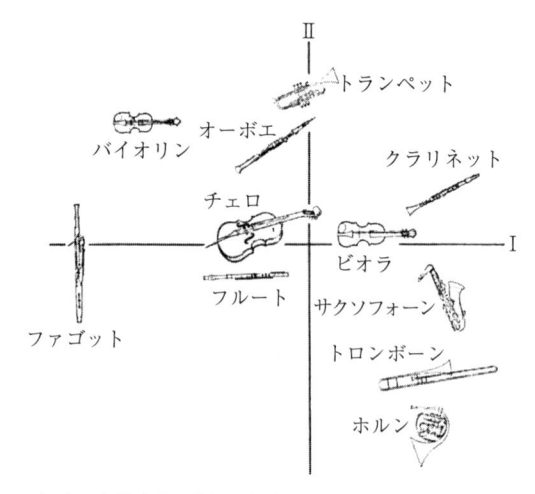

82   3. 音色・音質を決める音響的特徴

(a) 楽器音(A_4音)の波形を繰り返して接続した音について

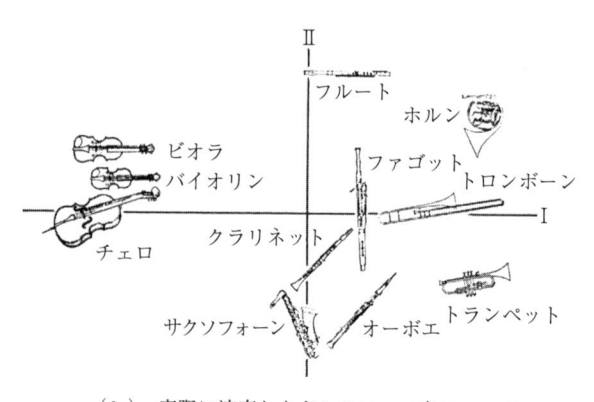

(b) 実際に演奏したドレミファソ音について

図 3.12　音色の類似度の測定結果に基づく楽器の音色知覚空間[37]

　音色の類似度を評価した結果から導いた布置を図 3.12（a）に示すように，弦，木管，金管という楽器の種類さえ明らかではない。このことから，楽器音の定常部の周波数スペクトルが，必ずしも楽器音の音色を決めているわけではないことがわかる。

　最後に，各楽器でハ長調ドレミファソ（ド音：262 Hz）を演奏した音を用いて同様な実験を行った結果を図（b）に示す。Ⅰ軸に沿っての楽器の種別は図

1.14 のとおりであり，音の立上がり，立下がり部分が楽器の音色を強く特徴付けていることが示唆される。ただし，Ⅱ軸については，演奏音域を同一にしているため図1.14とは異なる。

以上のように，楽器音の音色を規定する要因として時間的な特徴が重要であることは，J. R. Miller ら[38]の実験1でも示されている。図 3.13 に示すような 3種の振幅スペクトル（図（a）），3種の振幅の時間包絡波形（図（b）），そして 3種の基本周波数（200 Hz，400 Hz，800 Hz）の組合せによる 27 種の刺激音を用意した。これらの各組合せについて音色の類似度を評価した結果を多次元尺度構成法により分析し，3次元空間の布置を求めた。Ⅰ軸は基本周波数に，またⅡおよびⅢ軸は時間包絡に関するものであり，スペクトルの相違による音色の相違は相対的に小さいことが示された。

（a）振幅スペクトル

（b）振幅の時間包絡波形

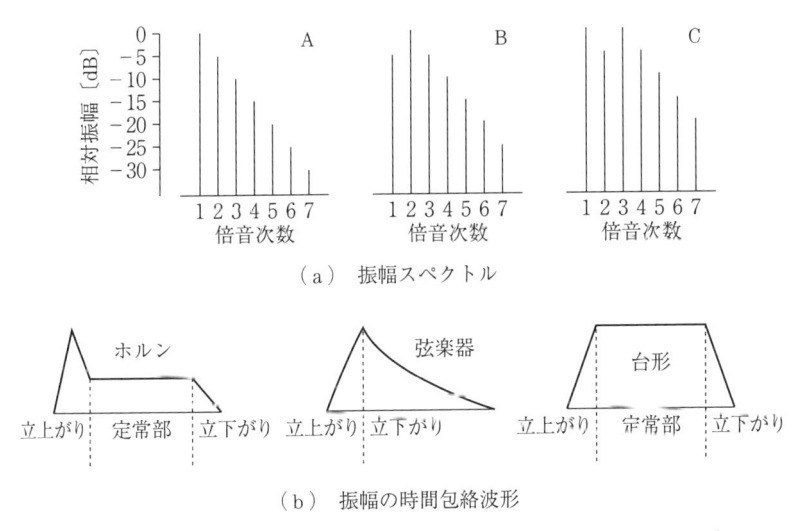

図 3.13　Miller らの実験に刺激音として用いられた簡略化した楽器音[38]

ただし，必ずしも時間的な特徴が支配的というわけではない。同じ論文[38]の実験2では，3種の振幅包絡，3種の成分音数（第3，5，7倍音まで），そして各倍音について3種の立上がり特性の組合せによる 27 種の刺激音を用意して同様な実験を行った。その結果，3次元空間のうち2次元までが成分音数に

関係するものであり，スペクトルの影響が優勢であった．

3.4.2 成分音の過渡特性の分析/合成

図3.13には楽器音の振幅の時間包絡波形が模式的に描かれているが，実際の楽器音では倍音ごとの振幅特性，特に過渡的な特性はかなり複雑である．山口と安藤[39]は種々の楽器音について短時間スペクトルを測定しているが，その一例として図3.14にチェロについて倍音の振幅およびピッチの時間変動を示す．倍音によって立上がりの様子が異なることに加え，振幅変動も大きいことがわかる．

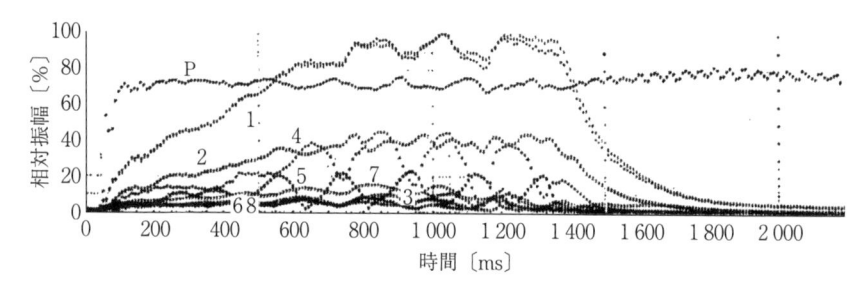

1〜8は基本音〜第8次倍音の振幅，およびPはピッチの時間変化を表す[39]
図3.14 チェロ A_3 音の過渡特性

なお，**ディジタル信号処理**が身近な技術となった今日では音の過渡特性を観測するのは比較的容易であるが，楽器音の分析はいわゆる**アナログ信号処理**の時代から行われてきた[40),41]．その後，ディジタル信号処理の時代になってからは，多く分析がなされるようになった．そのうち1980年までの研究については，分析技法の発展とともに，種々の楽器について倍音ごとの振幅の時間変動が観測された成果が，山口と安藤[42]によってまとめられている．例えば，離散的フーリエ変換に基づいた**フェーズボコーダ**（**phase vocoder**）によるトランペット音，ピッチに同期した時間窓を利用した**短時間スペクトル分析法**によるバイオリン音，そして**最尤推定法**によるピアノ音などの観測結果が示されている．

さらには，分析結果に基づいて楽音の合成もなされるようになった．次項に

3.4 動的音色

は，物理量と音色の関係を定性的に扱った初期の研究を紹介するが，その後も合成音を用いて楽器音の知覚要因を探る研究がなされている[43),44)]。これら最近の研究では，音色に関わる物理量として，立上がり時間については対数値，スペクトルの重心については線形周波数軸上での位置など，定量的な関係付けが試みられている。また，他にもスペクトルの時間的な変化や偶数次倍音の振幅減衰などの要因も挙げられている。ただし，すべての知覚要因について定量的な検討がなされているわけではなく，今後の継続的研究の必要性が示されている。

3.4.3 楽器音の音色に及ぼす過渡特性の影響

変動音の分析/合成の技術を用いて，部分音の過渡的特性が楽器音の音色に及ぼす影響が1970年代から検討されてきた。例えば，J. M. Grey and J. A. Moorer[45)]は，オーボエ，バスーン（ファゴット），クラリネット，トランペット，チェロなど16種の楽器音ごと独立に，原音と4種の合成音の音色を聞き比べる実験を行った。

4種の合成音とは，近似の程度を徐々に粗くしたものであり，(1)再合成音：**ヘテロダインフィルタ法**により再合成した音（図3.15(a)），(2)**直線近似音**：さらに振幅包絡を直線近似して再合成した音（図(b)），(3)立上がり除去音：(2)から立上がり部分における振幅の小さな音を除いた音，(4)周

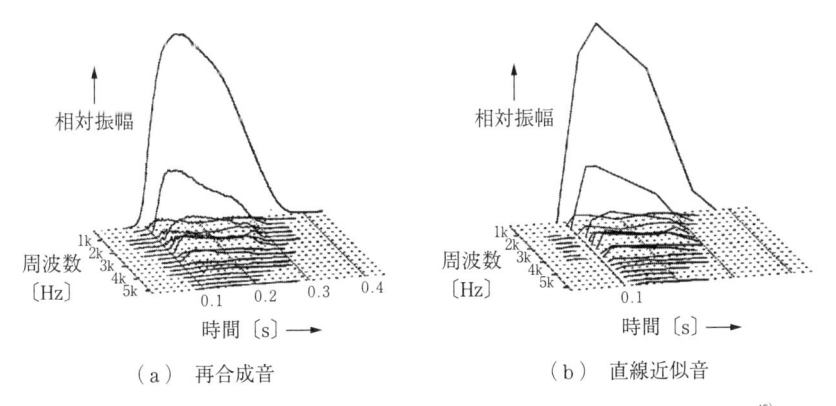

(a) 再合成音　　　　　　　　(b) 直線近似音

図3.15　Greyらの実験に用いられた刺激音における各倍音の振幅の時間変化[45)]

波数固定音:(2)から成分音の周波数変動を除いた音である。

それらの音色はよく似ており,単音の比較では聴き分けが困難な場合もあるほどであった。それでも,実験結果に多次元尺度構成法を適用して得た2次元空間では,Ⅰ軸に沿って原音に対する近似の程度に対応する布置が見られたことから,部分音の振幅包絡や周波数における変動はともに音色に寄与していることが示唆される。また,Ⅱ軸に沿って立上がり除去音が離れて布置されたことから,立上がり部分の小振幅成分が音色知覚に影響を及ぼすことがわかる。

また,Grey[46]は,それら16種の楽器音についての直線近似音の間で音色の類似度を測定した。その結果に多次元尺度構成法を適用して図3.16に示す3次元空間を得た。Ⅰ軸はスペクトルにおけるエネルギー分布に,Ⅱ軸はスペクトルの変動に加えて過渡部における高次倍音の同期性に,そしてⅢ軸は立上がり部分における小振幅で高周波の成分音の存在の有無に対応していると解釈している。

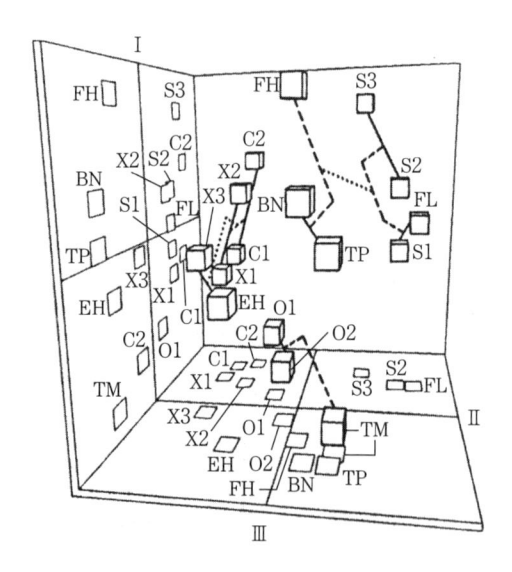

O1, O2=オーボエ;C1, C2=クラリネット;X1, X2, X3=サクソフォーン;EH=イングリッシュホルン;FH=フレンチホルン;S1, S2, S3=弦楽器;TP=トランペット;TM=トロンボーン;FL=フルート;BN=バスーン(ファゴット)

図3.16 16種の楽器音についての音色知覚空間[46]

以上に見てきたように,特に**立上がり**部分の特性が音色知覚に大きな影響を及ぼす。このように音の立上がりが強調されることは,末梢の一次聴神経から,大脳の聴覚皮質に至るまでの聴覚経路における神経細胞の応答において観測

されている[47]。そして，神経発火パターンと音色知覚の対応が考えられている[48]。

ところで，Grey[49]は，3種の楽器音について再合成音と直線近似音を用意し，それらの弁別実験を，単音どうしの比較，単音あるいは多音による音楽パターン中での切り換えという三つの文脈条件のもとで行った。文脈が弁別のよしあしに与える影響は楽器の種類によって異なり，これは刺激音の物理的特徴で説明できる部分もあった。ただし，文脈によって被験者の音色判断の観点が異なることも示唆されていることから，音楽的音色としての知覚も関与している可能性があると考えられる。

3.4.4 動的音色の視覚的表現

ここまでに楽器音の物理的な特徴と音色の関係について述べてきたが，音の動的な特徴をスペクトルの時間変化から読み取ることは難しい。H. F. Pollardら[50]は，光の3原色に倣(なら)って，音色を3刺激値で表現することを考えた。そのために，物理スペクトルの代わりに，3.2.4項でも話題としたZwickerの興奮パターンを用いている。

まず楽器音について5 msごとの短区間スペクトルを求め，興奮パターンに変換した。そして第i倍音から第n倍音までを一つのグループとしたとき，そのグループのラウドネスをN_i^nと表現した。それらは興奮パターンを分割することによって求めているので，複合音全体のラウドネスNは以下の式で与えられる。

$$N = N_1 + N_2^4 + N_5^n \tag{3.9}$$

ここで，N_1は基本音のラウドネスである。そして，そのNで正規化した$x = N_5^n/N$，$y = N_2^4/N$，$z = N_1/N$を音色の3刺激値とすることを考えた。

その定義から$x+y+z=1$であるためxとyを示せば十分であり，表示には**図3.17**（a）のような三角形の図面を用いる。この図面を用いて3種の楽器の立上がり特性を可視化した結果を図（b）に示す。前述のGrey[46]に対応させて考えると，図中の点はエネルギー分布の重心に関係しており，また小振幅な高周波成分の存在は開始時点において大きなx値をとることで示されている。

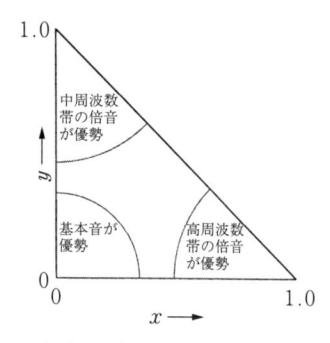

(a) 3刺激値のうち x, y を表示する画面

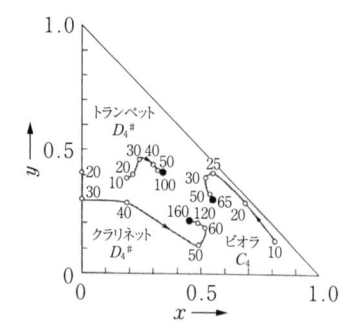

(b) ビオラ，トランペット，クラリネットの音の立上がり特性．数値は音の開始後の経過時間〔ms〕を表す．

図3.17 H. F. Pollardらによる動的音色の視覚的表現[50]

なお，この手法ではデータ点数が多くなると図が煩雑になることを避けるため，R. S. Sequera[51]は3刺激値を3原色RGBのバランスに置換して，ある時間区間における音色を色相として表現するように拡張した．これにより，長時間の音楽データについて，時間軸に沿った細かな色の推移として音色の推移を表現できるし，また曲全体にわたる高・中・低域のバランスを単一の色として表現することもできる．

3.4.5 子音の聴き分け

子音の中でも定常的な性質をもつ鼻子音（/m/, /n/, /ŋ/）や摩擦子音（/s/, /f/ など）の聴き分けには，発声時における口腔の形状によって決まる**ホルマント**（振幅スペクトルにおける優勢な周波数）の相違が寄与している．これは，本章の分類からすれば，母音の聴き分けと同様な静的音色の弁別に相当する．それに対して，一般的に子音の聴き分けには音声波形の時間的な特性が大きく関係している．

例えば，無声破擦子音 /tʃ/ と摩擦子音 /ʃ/ の弁別には，摩擦持続時間と立上がりの音圧増加率という二つの特徴量が関係している[52]．/ʃɑ/, /ʃi/, /ʃu/ を元にして，それらの特徴量が系統的に変化するように加工した音声につい

て，/ʃ/ と知覚される割合を測定した結果を**図 3.18** に示す．この図から，摩擦持続時間が短く，あるいは立上がり音圧変化が急峻になると，/tʃ/ と知覚する割合が増加することがわかる．

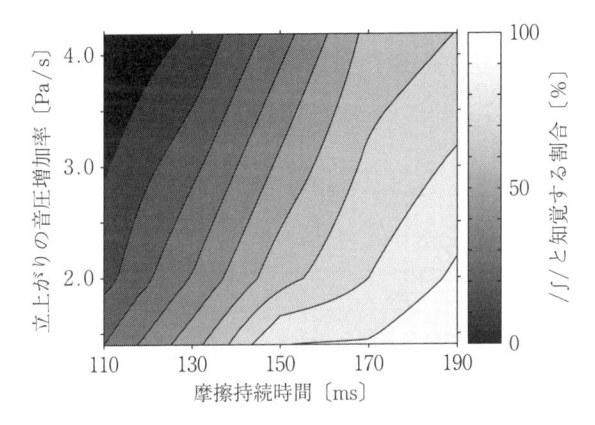

図 3.18 無声破擦子音 /tʃ/ と摩擦子音 /ʃ/ の弁別において，刺激音の摩擦持続時間と立上がりの音圧増加率の組合せによって /ʃ/ と知覚される割合の変化[52]

また，/b/ と /p/ など閉鎖子音における有声性の有無の聴き分けには，それに継続する母音の声帯振動開始時刻（voice onset time, VOT）が関係している．例えば，同じ閉鎖音に対して VOT を変化させた加工音については，VOT が 11 ms 以下の場合には /d/ と知覚され，22 ms 以上の場合には /t/ と知覚されることが示されている[36]．

なお，閉鎖子音 /p/, /t/, /k/ の聴き分けについては，以下のような報告がある[53]．破裂音を模した短い雑音と，それに後続する母音を模した 2 ホルマント音によって構成される合成音に関して，母音開始部におけるホルマント周波数を変化させて聴取すると，物理的には同一の**破裂音**であるにもかかわらず /p/, /t/, あるいは /k/ のどれかに聞こえる．このように，音声知覚に関しては，聴取している音の物理的特徴だけでは説明できず，聴取者自身が発声の知識を有するといったこと（**運動理論**）の寄与も考える必要がある[36]．

3.5 準動的音色

振幅包絡が定常的でありラウドネスには時間的変化がない複合音でも，**周波数変調**（frequency modulation，**FM**）などによってスペクトルに時間的変化がある場合に話題となる音色である．楽器・声楽における**ビブラート**が顕著な例である．

3.5.1 FM音の知覚

音楽におけるビブラートのほかに，連続発生した音声のわたり部分にもFM成分が含まれることもあり，FM音に関する知覚は古くから研究されてきた．津村[54]は，聴覚は振幅変化よりも周波数変化に対する知覚が鋭敏で，かつ重要な情報要素を含んでいると述べている．

まず，典型的なFM音を例に挙げる．周波数が f_c [Hz] の正弦波を，f_p [Hz] の正弦波によって周波数変調した時間波形 $f(t)$ は以下の式で与えられる（$f_c \gg f_p$ とする）．

$$f(t) = \sin\{2\pi f_c t + m \sin(2\pi f_p t)\} \tag{3.10}$$

ここで m は，周波数変化の範囲を与える定数であり変調指数と呼ばれている．FM音の波形の例を**図3.19**に示す．

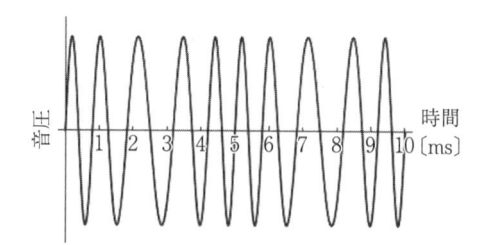

図3.19 FM音の時間波形の例（式(3.10)において $f_c = 1\,000$ Hz，$f_p = 200$ Hz，$m = 1.5$ の場合）

このFM音のスペクトルは，f_c を中心に f_p の整数倍だけ離れた周波数に成分をもち，またきわめて広いという特徴がある．ただし，変調が浅い（$m<0.5$）場合には，式 (3.10) は以下の式のように近似できる．

$$f(t) \approx \sin(2\pi f_c t) - \frac{m}{2}\sin\{2\pi(f_c - f_p)t\} + \frac{m}{2}\sin\{2\pi(f_c + f_p)t\} \tag{3.11}$$

この式から，AM音の式 (3.7) との基本的な違いは，$f_c - f_p$〔Hz〕成分の位相が反転していることだけであることが分かる．

さて，このように定常的なFM音については，周波数変化の検知限が1930年代から測定されてきた[55]．ただし，現実的な音に含まれるような，過渡的な周波数変化についての検知限の測定がなされたのは1960年代以降である．

例えば，津村[54] は，継続時間が 20～300 ms の単音について，継続時間が長くなると検知限は単調に減少する傾向があることを示した．また，その知覚を説明するための簡単な機能モデルを示した．その後，周波数変化の検知の手掛かりは，FM音の最高および最低周波数に対応する二つの部分のピッチの差であることが示されている[56]．

一方，一連の音を一つのまとまりとしてとらえる音脈化に関連して，周波数変化が直線的な音について知覚の様相が調べられてきた．そして，相川ら[57] は，周波数変化を追跡する知覚特性は，早い応答と遅い応答の2種類の2次系モデルにより表せることを示した．

このようなFM音の知覚過程については，変調指数が大きい場合には，興奮パターンの時間的変動としても知覚できるはずである．ただし，**蝸牛神経核**には，周波数変調音に強い応答を示す細胞があるなど，その検出に特化した知覚過程があることが知られている[47]．

3.5.2 ビブラートと音色の関係

ビブラートは，楽器音や音声に見られる，部分音の周波数および振幅の周期的な変動である．ただし，周波数の変動がすべての倍音で同様であるのに対し

て，振幅の変動は倍音によって様子が異なるために振幅スペクトルの変動と見なすことも可能である[58]。振幅変動については**トレモロ**として独立に議論されることもあり，ビブラートと単にいった場合には周波数変動が研究対象となる場合が多い。

周波数変動が音色に及ぼす研究は1930年代からなされており，一般的によいビブラートとは変化範囲が声楽で半音，楽器音で1/4音，毎秒変化回数が6～8回/秒，変化形態がなめらかなものであると，まとめられている[59]。

一方で，バイオリン音に関して，ビブラートの分析結果に基づいて，周波数変動のみ，振幅変動のみといった合成音を用意して音色を評価した結果からは，周波数変動の影響はわずかで，振幅変動の影響のほうが大きいことが示唆されている[60]。

引用・参考文献

1) K. Abe, K. Ozawa, Y. Suzuki and T. Sone：Comparison of the effects of verbal versus visual information about sound sources on the perception of environmental sounds, Acta Acustica united with Acustica, **92**, 1, pp. 51～60 (2006)
2) W. H. Lichte：Attributes of complex tones, J. Experimental Psychology, **28**, 6, pp. 455～479 (1941)
3) G. von Bismarck：Timbre of steady sounds：A factorial investigation of its verbal attributes, Acustica, **30**, pp. 146～159 (1972)
4) A. de Bruijn：Timbre-classification of complex tones (The relation between subjective and physical parameters), Acustica, **40**, pp. 108～113 (1978)
5) S. S. Stevens：Procedure for calculating loudness：Mark VI, J. Acoust. Soc. Am., **33**, 11, pp. 1577～1585 (1961)
6) A. Preis：An attempt to describe the parameter determining the timbre of steady-state harmonic complex tones, Acustica **55**, 1, pp. 1～13 (1984)
7) 大串健吾：複合音の音色を支配する物理的・心理的要因について，音響会誌, **36**, 5, pp. 253～259 (1980)
8) J. H. Craig and L. A. Jeffress：Effect of phase on the quality of a two-component tone, J. Acoust. Soc. Am., **34**, 11, pp. 1752～1760 (1962)
9) C. A. Raiford and E. D. Schubert：Recognition of phase changes in octave complexes, J. Acoust. Soc. Am., **50**, 2B, pp. 559～567 (1971)

10) J. L. Hall and M. R. Schroeder : Monaural phase effects for two-tone signals, J. Acoust. Soc. Am., **51**, 6B, pp. 1882〜1884 (1972)
11) K. Ozawa, Y. Suzuki and T. Sone : Monaural phase effects on timbre of two-tone signals, J. Acoust. Soc. Am., **93**, 2, pp. 1007〜1011 (1993)
12) R. Plomp and H. J. M. Steeneken : Effect of phase on the timbre of complex tones, J. Acoust. Soc. Am., **46**, 2B, pp. 409〜421 (1969)
13) R. C. Mathes and R. L. Miller : Phase effects in monaural perception, J. Acoust. Soc. Am., **19**, 5, pp. 780〜797 (1947)
14) J. L. Goldstein : Auditory spectral filtering and monaural phase perception, J. Acoust. Soc. Am., **41**, 2, pp. 458〜479 (1967)
15) 舘 暲, 磯部 孝：調和音の音色に及ぼす部分音の位相の影響, 日本ME学会雑誌, **11**, 2, pp. 108〜116 (1973)
16) T. J. F. Buunen, J. M. Festen, F. A. Bilsen and G. van den Brink : Phase effects in a three-component signal, J. Acoust. Soc. Am., **55**, 2, pp. 297〜303 (1974)
17) R. Plomp : Aspects of Tone Sensation, Academic Press (1976)
18) R. Plomp and H. J. M. Steeneken : Place dependence of timbre in reverberant sound field, Acustica, **28**, pp. 50〜59 (1973)
19) 駒村光弥, 鶴田一男, 吉田 賢：スピーカの音質と物理特性の関係, 音響会誌, **33**, 3, pp. 103〜115 (1977)
20) 難波精一郎：音色の測定・評価法とその適用例―環境研究上極めて重要なテーマを科学的に解説した―, 産業科学システムズ (1992)
21) 大串健吾：多周波複合音の音色を支配する物理的要因について, 日本音響学会講演論文集, p. 695 (1980)
22) D. M. Green : Profile Analysis, Auditory Intensity Discrimination, Oxford University Press (1988)
23) T. Hirahara : Internal speech spectrum representation by spatio-temporal masking pattern, J. Acoust. Soc. Jpn (E), **12**, 2, pp. 57〜68 (1991)
24) K. Benedini : Klangfarbenunterschiede zwlshen ticfpaßgefilterten harmonischen Klängen (Timbre difference between lowpass-filtered harmonic complex tones), Acustica, **44**, pp. 129〜134 (1980)
25) K. Benedini : Messung der Klangfarbenunterschiede zwischen schmalbandigen harmonischen Klängen (Measurement of timbre difference between complex tones), Acustica, **44**, pp. 188〜193 (1980)
26) 小澤賢司, 鈴木陽一, 曽根敏夫, 香野俊一, 千葉俊一, 相馬次郎：マスクトスペクトルの保存条件に基づくラウドネス回路の特性設計に関する考察, 音響会誌, **46**, 9, pp. 736〜746 (1990)
27) S. Iwamiya : The effect of amplitude envelopes of each amplitude modulated wave on the timbre of compound tones consisting of three amplitude modulated

waves, J. Acoust. Soc. Jpn. (E), **16**, 1, pp. 21〜27 (1995)
28) R. D. Patterson : The sound of a sinusoid : Spectral models, J. Acoust. Soc. Am., **96**, 3, pp. 1409〜1418 (1994)
29) R. D. Patterson : The sound of a sinusoid : Time-interval models, J. Acoust. Soc. Am., **96**, 3, pp. 1419〜1428 (1994)
30) T. Irino and R. D. Patterson : Temporal asymmetry in the auditory system, J. Acoust. Soc. Am., **99**, 4, pp. 2316〜2331 (1996)
31) M. A. Akeroyd and R. D. Patterson : Discrimination of wideband noises modulated by a temporally asymmetric function, J. Acoust. Soc. Am., **98**, 5, pp. 2466〜2474 (1995)
32) K. Kumagi, K. Ozawa, Y. Suzuki and T. Sone : Perception of the quality of sound amplitude-modulated with triangular waves, Interdisciplinary Information Sciences, **7**, 2, pp. 227〜236 (2001)
33) R. Plomp and W. J. M. Levelt : Tonal consonance and critical bandwidth, J. Acoust. Soc. Am., **38**, 4, pp. 548〜560 (1965)
34) A. Kameoka and M. Kuriyagawa : Consonance theory Part I : Consonance of dyads, J. Acoust. Soc. Am., **45**, 6, pp. 1451〜1459 (1969)
35) A. Kameoka and M. Kuriyagawa : Consonance theory Part II : Consonance of complex tones and its calculation method, J. Acoust. Soc. Am., **45**, 6, pp. 1460〜1469 (1969)
36) ジャック・ライアルズ著, 今富摂子, 荒井隆行, 菅原 勉 監訳, 新谷敬人, 北川裕子, 石原 健 訳:音声知覚の基礎, 海文堂 (2003)
37) 大串健吾:楽器を聴きわけるサイコロジー, pp. 10〜15, サイエンス社 (1980)
38) J. R. Miller and E. C. Carterette : Perceptual space for musical structures, J. Acoust. Soc. Am., **58**, 3, pp. 711〜720 (1975)
39) 山口公典, 安藤繁雄:短時間スペクトル分析法の自然楽器音への適用, 音響会誌, **6**, pp. 291〜299 (1977)
40) H. Fletcher, E. D. Blackham and R. Stratton : Quality of piano tones, J. Acoust. Soc. Am., **6**, pp. 749〜761 (1962)
41) 安藤由典:楽器の音響学, p. 206, 音楽の友社 (1971)
42) 山口公典, 安藤繁雄:楽音の分析, 音響会誌, **37**, 11, pp. 551〜557 (1981)
43) S. McAdams, S. Winsberg, S. Donnadieu, G. De Soete and J. Krimphoff : Perceptual scaling of synthesized musical timbres : Common dimensions, specificities, and latent subject classes, Psychological Research, **58**, 3, pp. 177〜192 (1995)
44) A. Caclin, S. McAdams, B. K. Smith and S. Winsberg : Acoustic correlates of timbre space dimensions : A confirmatory study using synthetic tones, J. Acoust. Soc. Am., **118**, 1, pp. 471〜482 (2005)

45) J. M. Grey and J. A. Moorer : Perceptual evaluations of synthesized musical instrument tones, J. Acoust. Soc. Am., **62**, 2, pp. 454〜462 (1977)
46) J. M. Grey : Multidimensional perceptual scaling of musical timbres, J. Acoust. Soc. Am., **61**, 5, pp. 1270〜1277 (1977)
47) J. O. Pickles 著，谷口郁雄監訳：聴覚生理学，二瓶社 (1995)
48) R. Lyon and S. Shamma : Auditory representations of timbre and pitch, in H. L. Hawkins, T. A. McMullen, A. N. Popper, R. R. Fay (Eds.) : Auditory Computation, Springer-Verlag (1996)
49) J. M. Grey : Timbre discrimination in musical patterns, J. Acoust. Soc. Am., **64**, 2, pp. 467〜472 (1978)
50) H. F. Pollard and E. V. Jansson : A tristimulus method for the specification of musical timbre, Acustica, **51**, pp. 162〜171 (1982)
51) R. S. Sequera : Timbrescape : a musical timbre and structure visualization method using tristimulus data, Proc. 9th Int. Conf. on Music Perception and Cognition, pp. 352〜356 (2006)
52) S. Mitani, T. Kitama and Y. Sato : Voiceless affricate/fricative distinction by frication duration and amplitude rise slope, J. Acoust. Soc. Am., **120**, 3, pp. 1600〜1607 (2006)
53) F. S. Cooper, P. C. Delattre, A. M. Liberman, J. M. Borst and L. J. Gerstman : Some experiments on the perception of synthetic speech sounds, J. Acoust. Soc. Am., **24**, 6, pp. 597〜606 (1952)
54) 津村尚志：短音の周波数変化の検知限，音響会誌，**32**，6，pp. 377〜386 (1976)
55) E. G. Shower and R. Biddulph : Differential pitch sensitivity of the ear, J. Acoust. Soc. Am., **3**, 2A, pp. 275〜287 (1931)
56) 津村尚志，寺西立年：過渡的周波数変化の検知の手掛かりについて，音響会誌，**44**，6，pp. 440〜445 (1988)
57) 相川清明，津崎実，河原英紀，東倉洋一：周波数変化音追跡の動特性，音響会誌，**52**，10，pp. 741〜751 (1996)
58) H. Fletcher and L. C. Sanders : Quality of violin vibrato tones, J. Acoust. Soc. Am., **41**, 6, pp. 1534〜1544 (1967)
59) 二井真一郎，有田和枝，北村音壹：ビブラート音の快さ：基本音 440 Hz の場合，音響会誌，**33**，8，pp. 417〜425 (1977)
60) M. Mellody and G. H. Wakefield : The time-frequency characteristics of violin vibrato : Modal distribution analysis and synthesis, J. Acoust. Soc. Am., **107**, 1, pp. 598〜611 (2000)

第4章 音質評価指標

4.1 音質評価指標とは

　音を聴取したとき，人間の中ではさまざまな感覚が生じる。一方，音を物理的側面から見ると，周波数，音圧といった物理量で規定できる。これまで音響心理学の分野では，人間の感覚を数値化した心理量と音の物理量を結び付ける研究が数多く行われてきた[1]。これらの研究は，多くの場合，人間の中で生じる音に対するさまざまな感覚（心理量）と物理量の間に線形な関係が成り立たないことを示している。つまり，音に対する感覚と音を規定する物理量を単純に対応付けることはできない。そのため，これまでに，心理量と音の物理量の関連を検討した研究や，聴覚の情報処理過程を解明しようとする研究の成果をもとに，音の大きさ，鋭さ，粗さといった各種の音に対する感覚（心理量）を物理量から算出する手法が提案されてきた。

　ところで，騒音を何らかの指標に対応付けて評価する場合，**騒音レベルや等価騒音レベル**（L_{Aeq}）などの物理量が用いられる。特に等価騒音レベルは騒音に関する環境基準にも採用されている[2]。これらの物理量は，騒音に対する主観的なうるささなどとおおむね対応し，騒音に対する心理的反応を見積もるのに有効とみなされている[3]。一方，同じ騒音レベルの二つの音を聴き比べたときにその印象がまったく異なることがある。この場合，音の量的な評価だけでは不十分で，音の聴取印象の多面的な評価，すなわち質的な評価が必要になってくる。

前述のように，騒音のうるささは等価騒音レベルなどの物理量と対応付けられる。この対応がよければ，音に対する人間の心理的反応を物理量から予測したり，規制や対策のための基準値を物理量で定めたりすることができる。同様に，音の質的な評価でとらえられるさまざまな聴取印象についても，物理量と対応付けられれば何かと便利である。しかし，前述のように，音の量的な評価に用いられる物理量（等価騒音レベルなど）だけでは不十分である。そこで，音の大きさ，鋭さ，粗さといったさまざまな感覚と対応する各種の指標が用いられている。これらは，音の質的な評価に用いられることから，**音質評価指標**と称されている。詳しくは後述するが，代表的なものとして，音の大きさに対応する**ラウドネス**，鋭さに対応する**シャープネス**，粗さに対応する**ラフネス**（roughness），音の変動感の強さに対応する**フラクチュエーションストレングス**などがある。

音質評価は1980年代の中頃から自動車の車内音や車外音の対策に用いられ，その後自動車以外のさまざまな機械製品でも適用されるようになった。現在では音質評価指標を計算できる解析システム（音質評価システム）が開発され，機械メーカや研究機関で活用されている。

4.2　各種の音質評価指標

4.2.1　ラウドネス

ラウドネスは音の大きさの感覚に対応する尺度である。音の大きさは第一に音の強さに依存し，その他にも，音の周波数，帯域幅，持続時間，マスキングなどの影響を受ける[4),5)]。

図4.1に音の**等ラウドネス曲線**[6)]を示す。各曲線は，主観的な大きさが等しいさまざまな周波数の純音の音圧レベルを結んだものである。同じ音圧レベルでも，周波数によって音の大きさが異なることが読み取れる。各曲線に付記されている数値は**ラウドネスレベル**と呼ばれ，FletcherとMunson[7)]によって定義された。いかなる音の大きさも，同じ大きさの1 kHzの純音の音圧レベルで

4. 音質評価指標

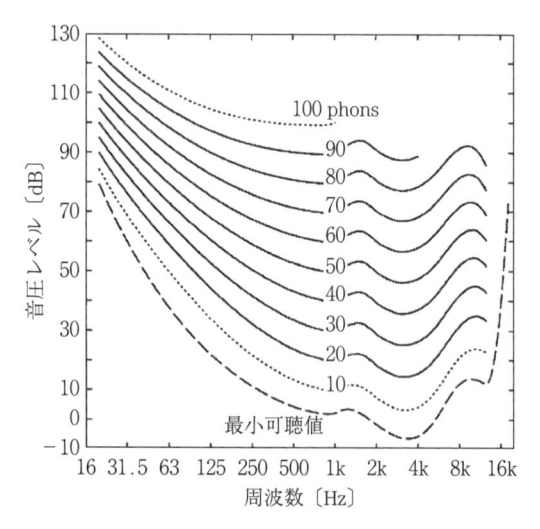

図4.1 等ラウドネス曲線[6]

表され，単位は phon（フォン）とされる。その後，Robinson と Dadson の曲線[8]が国際規格（ISO 226 : 1987）[9]になり，広く用いられてきたが，最近の測定によって見直され，特に 500 Hz 以下の低周波数帯域では曲線が大幅に修正された[6]。図は修正後の等ラウドネス曲線であり，2003 年に改訂された同規格で採用されている。

ラウドネスレベルは順序尺度（ordinal scale）である。つまり，この尺度で表される音の大きさには加算や比率計算などの演算が適用できない。例えば，phon の値が 2 倍になったとしても，対応する主観的な音の大きさは 2 倍にはならない。

これに対して Stevens[10]は比例尺度（ratio scale）に基づいた音の大きさの尺度を構成した。音の大きさの単位を sone（ソーン）とし，40 dB の 1 kHz の純音の大きさを 1 sone と定義した。さらに，音の大きさと物理量の関係について，音の大きさが音の強さとともに増加し，その関係がべき法則に従うことを見出した（$L = kI^n$，L は音の大きさ，I は音の強さ，n は音の大きさ固有のべき数，k は定数）。例えば，1 kHz の純音ではレベルが 10 dB 増加すると音の大きさは 2 倍になる。40 dB の 1 kHz の純音は 1 sone と定義されているので，

50 dB の 1 kHz の純音は 2 sone となる。これは音の大きさに関するべき数が 0.3 程度であることを意味する。**図 4.2** に，1 kHz の純音の大きさ（$N_{1\,\mathrm{kHz}}$）を音圧レベル（$L_{1\,\mathrm{kHz}}$）と対応付けたラウドネス関数を示す。1 kHz の純音のラウドネス関数は，等ラウドネス曲線を利用して，他の周波数の音のラウドネス関数に書き換えることができる。図には，すべての臨界帯域（critical band）内の音のエネルギーが等しい広帯域雑音（uniform-exciting noise）のラウドネス関数も示されている。臨界帯域とは，人間の聴覚機構に備わる帯域通過フィルタ（聴覚フィルタ）の帯域幅である[11]。この広帯域雑音の場合はべき数が 0.23 となる。

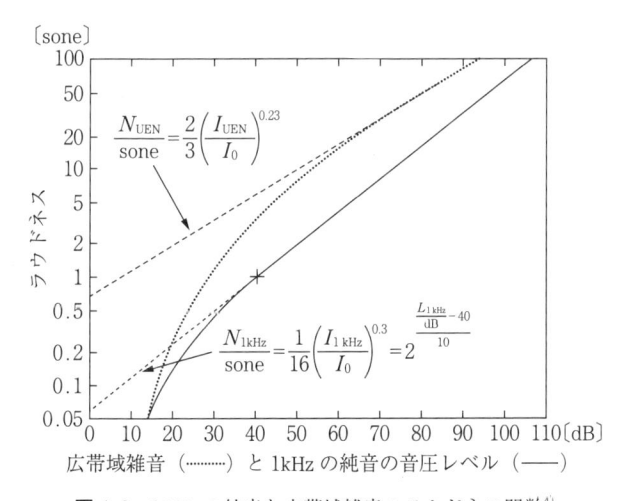

$$\frac{N_{\mathrm{UEN}}}{\mathrm{sone}} = \frac{2}{3}\left(\frac{I_{\mathrm{UEN}}}{I_0}\right)^{0.23}$$

$$\frac{N_{1\mathrm{kHz}}}{\mathrm{sone}} = \frac{1}{16}\left(\frac{I_{1\,\mathrm{kHz}}}{I_0}\right)^{0.3} = 2^{\frac{\frac{L_{1\,\mathrm{kHz}}}{\mathrm{dB}}-40}{10}}$$

図 4.2 1 kHz の純音と広帯域雑音のラウドネス関数[4]

音の帯域幅と主観的な大きさの関係は，広帯域にわたってエネルギーを有する複合音の大きさを考えるうえで重要である。**図 4.3** は，1 kHz を中心とした 4 成分からなる複合音の最低および最高周波数成分の間隔（ΔF）と，この複合音と大きさが等しい 1 kHz の純音の音圧レベルの関係を示している[12]。この複合音の総エネルギーは一定に保たれている。いずれの複合音のレベルでも，ΔF を広げていくと，200 Hz よりもやや狭いところから，同じ大きさに聴こえる純音の音圧レベルが増加している。つまり，ΔF がおよそ 200 Hz を超えた

100   4. 音質評価指標

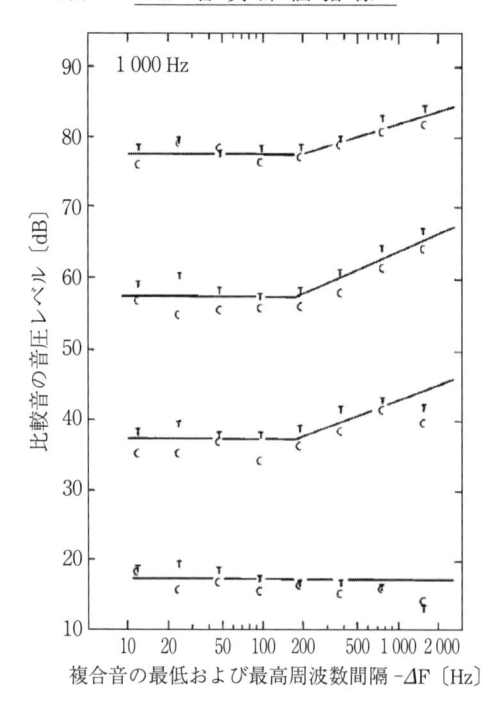

図4.3 1 kHzを中心とした4成分の複合音の最低および最高周波数成分の間隔（ΔF）と，大きさが等しい比較音（1 kHz純音）の音圧レベルの関係[12]

複合音の大きさは，総エネルギーに変化がないにもかかわらず，増加していることになる。この帯域幅は1 kHzを中心とした臨界帯域幅に相当する。このことから，音の帯域幅が複数の臨界帯域にかかる場合，これらの臨界帯域にわたる音の大きさの加算が成り立つことが示唆される。エネルギーが一定に保たれた帯域通過雑音の帯域幅を広げていく実験などからも，同様の知見が得られる。

音の大きさはマスキングの影響も受ける。図4.4は，1オクターブバンド幅（700～1 400 Hz）の帯域通過雑音下における，1 kHzの純音のレベルとその大きさの関係を示している[13]。いずれの雑音レベル条件（実線（c）～（e）はそれぞれ15，35，55 dB）でも，べき関数（実線（a））とはだいぶ異なっている。純音のレベルがマスキング下の閾値に近いところでは，レベルの増加とともに大きさが急激に増加し，やがてべき関数に近づく傾向が見られる。マスカの有無によってラウドネス関数の勾配は大きく異なる。

スペクトル上での部分的なマスキングも音の大きさに影響する。図4.5に，

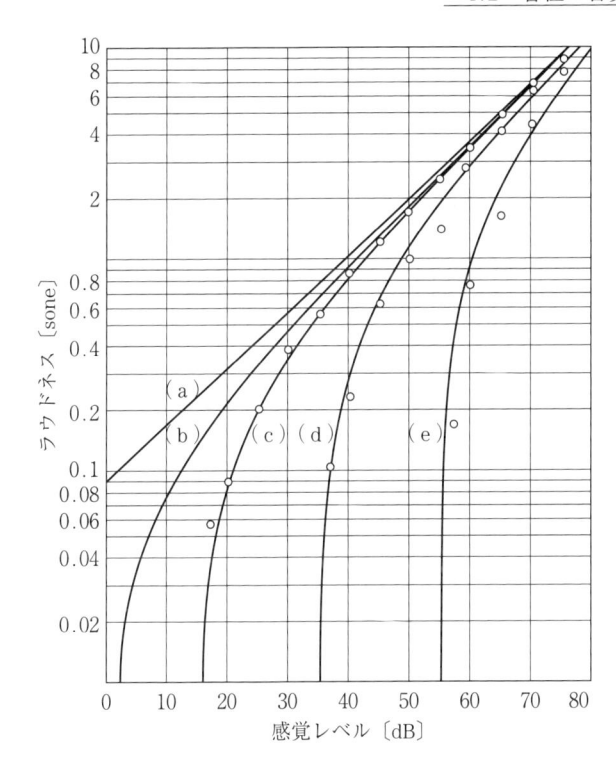

4.2 各種の音質評価指標

図 4.4 マスキング下における 1 kHz の純音のレベルと大きさの関係[13]

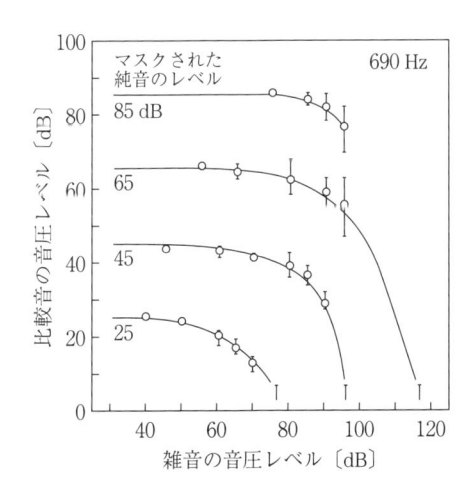

(a) べき関数, (b) 生理的雑音下, (c)〜(e) 閾値レベルが 15, 35, 55 dB の 1 オクターブバンド幅の帯域通過雑音下の大きさを表す

図 4.5 980 Hz を中心とした臨界帯域幅の狭帯域雑音の音圧レベルと, この雑音にマスクされた 690 Hz の純音と同じ大きさの比較音の音圧レベルの関係[14]

980 Hzを中心とする臨界帯域幅の狭帯域雑音によってマスクされた690 Hzの純音の大きさを示す[14]。図では，マスクされた690 Hzの純音と同じ大きさの比較音のレベルを，雑音の音圧レベルの関数として表している。雑音の音圧レベルの増加とともに純音の大きさが減少している。音の大きさは周波数の離れた音によるマスキングの影響を受けることがわかる。

以上のような，主観的な音の大きさと音の強さの関係や，音の大きさに影響する諸要因を考慮したラウドネスの計算モデルが，Stevens[15),16)]やZwicker[4)]によって提案された。これらのモデルは，国際規格 ISO 532 : 1975 となっている[17)]。

Stevensのモデル[15),16)]は，ある音の隣接する周波数帯域に別の音が加わると，マスキングにより二つの音がたがいの音の大きさを抑制し，最終的な音全体の大きさは，個々の音の大きさの単純な合計よりも小さくなるであろうという考えに基づいている。

このモデルでは，1オクターブバンド，あるいは1/3オクターブバンドごとに音圧レベルを計測し，ラウドネス関数に基づいて帯域ごとのラウドネスに変換する。その後，以下の式により音全体のラウドネスが算出される。

$$S_t = S_m + F\left(\sum S - S_m\right) \quad [\text{sone}] \tag{4.1}$$

ここで，S_tは音全体のラウドネス，Sは各帯域のラウドネス，S_mは全帯域の中の最大ラウドネスである。Fは，各帯域の抑制効果考慮後のラウドネスと考慮前のラウドネスの比であり（$F = (S-R)/S$，Rはラウドネスの減少量），1オクターブバンドの場合は0.3，1/3オクターブバンドの場合は0.15とされる。

このStevensのモデルはISO 532（A法）として標準化されており，この中で各オクターブバンドレベルからラウドネスを求めるチャートが用意されている（**図 4.6**）。

Zwickerのモデル[4)]では，前述の臨界帯域の概念，マスキング，音場‐聴覚システム間の伝達特性などが考慮される。まず，音の物理的なスペクトルが，聴覚内でのスペクトル表現に相当する興奮パターンに変換される。この興奮パ

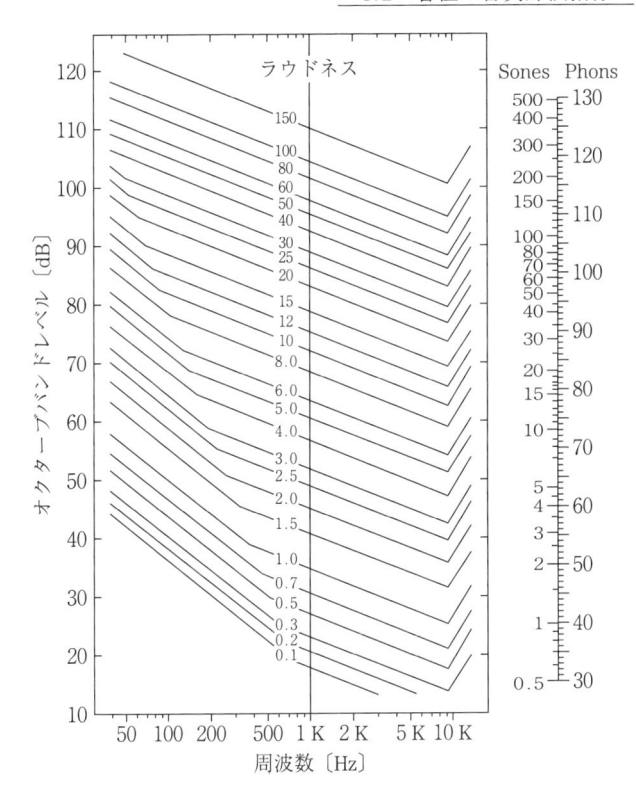

ISOからの許可に基づきISO 532 : 1975より転載。この規格は日本規格協会[URL：http://www.jsa.or.jp]およびISO中央事務局[URL：http://www.iso.org]のWEBサイトから取得可能。著作権はISOに帰属。

図 4.6 ISO 532（A法）で用いられるラウドネスの算出チャート[17]

ターンは，臨界帯域レベルに，聴覚の周波数選択性を表す低域側と高域側へ下降するスロープを付加し，臨界帯域の関数として描かれる。この興奮パターンの各臨界帯域における興奮レベルから，ラウドネス関数に基づいて各臨界帯域のラウドネス（これを specific loudness という）を求める。ここでは便宜的に，16 kHz までの可聴周波数帯域を重なり合わない 24 個の臨界帯域に分割している[18]。この 24 個の臨界帯域にわたってラウドネスを積算し，音全体のラウドネスが算出される（式 (4.2)）。

4. 音質評価指標

$$N = \int_0^{24\text{Bark}} N'(z)\,dz \quad [\text{sone}] \tag{4.2}$$

ここで，$N'(z)$ は臨界帯域ごとのラウドネス，z は臨界帯域番号である。

Zwicker のモデルは ISO 532（B 法）として標準化されている。標準化された算出法では，まず帯域幅が臨界帯域幅に近い 1/3 オクターブバンドで音が分析される。ただし，1/3 オクターブバンド幅が臨界帯域幅よりも狭い 280 Hz 以下の周波数帯域では，90 Hz 以下，90〜180 Hz，180〜280 Hz の三つの帯域に統合される。実際のラウドネスの算出には，図 4.7 に示すチャートを用いる。音に対する 1/3 オクターブバンド分析を経て，各帯域で 1/3 オクターブバンドレベルに対応するラウドネスを求め，これに聴覚における興奮パターンを模擬した高域側へのスロープを付加する。その結果得られた，チャート上で囲まれた全面積（図 4.7 の太線で囲まれた部分）が音全体のラウドネスに相当する。Zwicker のモデルはその計算プログラムが公開され[19]，広く用いられている。

以上の ISO 532 に基づくラウドネスは定常的な音を対象とし，変動音には適

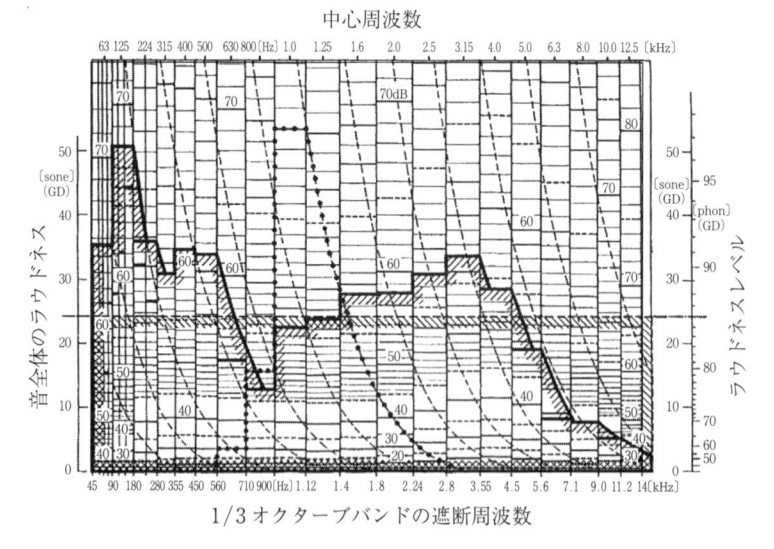

図 4.7　ISO 532（B 法）で用いられるラウドネスの算出チャート[4]

用できない。この点を改良した規格が現在策定中である[20]。

4.2.2 シャープネス

シャープネスは，音の鋭さやかん高さの感覚に対応する尺度である。

von Bismarck によると[21]，純音ではその周波数が，狭帯域雑音ではその中心周波数が高くなるほど主観的な鋭さが増加する。さらに，広帯域雑音や調波複合音の場合には，上限周波数や下限周波数，スペクトルの傾きも音の鋭さに影響する。例えば，低域側遮断周波数を 200 Hz に固定した帯域雑音では高域側遮断周波数が高くなるほど，高域側遮断周波数を 10 kHz に固定した帯域雑音では低域側遮断周波数が高くなるほど鋭さが増加する（添付音源参照）。スペクトルの傾きとの関係では，上昇勾配（＋6 dB/oct.），平坦（0 dB/oct.），下降勾配（−6 dB/oct.）の順に鋭さの感覚が強い（添付音源参照）。これらの事実から，鋭さの感覚は，音のエネルギーが集中するスペクトル上での場所と，その場所におけるエネルギーの大きさに依存することがわかる。すなわち，音のエネルギーが高域側に偏るほど音の鋭さは増す。von Bismarck が提案したシャープネスのモデルには，この周波数に依存した感覚特性が反映されている。

音の鋭さの感覚は大きさ（ラウドネス）とともに増加するが，その影響はそれほど大きくない。例えば，広帯域雑音の鋭さは，大きさが 2 倍に増加しても（6.5 sone→13 sone），20～30 %の増加に止まる。音圧レベルとの関係でいえば，音圧レベルが低い場合（50 dB 以下），鋭さは音圧レベルの影響をほぼ受けないといえる。

von Bismarck によるシャープネスのモデルは，スペクトル重心の算出法に類似しているが，ベースとなるのは臨界帯域ごとのラウドネスである。臨界帯域ごとのラウドネスに，高周波数になるほど値が大きくなる鋭さの感覚特性を反映した重みをかけ，全帯域にわたって積算する。これを音全体のラウドネスで除し，シャープネスの値が求まる（式 (4.3)）。

$$S = c\frac{\int_0^{24\mathrm{Bark}} N'(z)\,g(z)\,dz}{\int_0^{24\mathrm{Bark}} N'(z)\,dz} \tag{4.3}$$

ここで，$N'(z)$ は臨界帯域ごとのラウドネス，z は臨界帯域番号，c は定数である。$g(z)$ はシャープネスの重みであり，等ラウドネスの臨界帯域幅の狭帯域雑音に対する主観的な鋭さに対応している。

Zwicker は，音圧レベルが 60 dB で，1 kHz を中心周波数とする臨界帯域幅の狭帯域雑音のシャープネスを 1 **acum** と定義し，式 (4.4) のようなモデルを提案した[22]。

$$S = 0.11\frac{\int_0^{24\mathrm{Bark}} N'(z)\,g'(z)\,z\,dz}{\int_0^{24\mathrm{Bark}} N'(z)\,dz}\ \mathrm{[acum]} \tag{4.4}$$

ここで，$N'(z)$ は臨界帯域ごとのラウドネス，$g'(z)$ はシャープネスの重み（**図 4.8**），z は臨界帯域番号である。

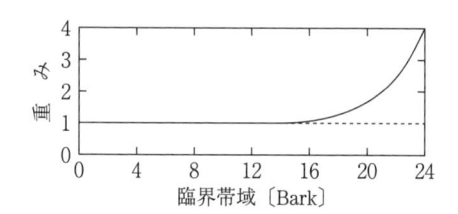

図 4.8 シャープネスの重み $g'(z)$[22]

一方, Aures も式 (4.5) のような von Bismarck の修正モデルを提案している[23]。

$$S = c\frac{\int_0^{24\mathrm{Bark}} N'(z)\,g''(z)\,dz}{\ln\left(\dfrac{N+20}{20}\right)}\ \mathrm{[acum]} \tag{4.5}$$

4.2.3 ラフネス

ラフネスは音の粗さの感覚に対応する尺度であり，単位は **asper** である。粗さの感覚は，音の振幅エンベロープの変動や周波数の変動によって生じる。

Terhardt[24),25)] は，正弦的に振幅変調された純音に対する粗さの感覚と，変調度，変調周波数，レベル，搬送波周波数などの物理量の関係を検討した。その結果，音圧波形のエンベロープの落差が大きいほど，すなわち変調度（m）が1に近いほど主観的な粗さが大きくなり，粗さの感覚が変調度の自乗に比例することを見出した。

さらに，粗さの感覚と変調周波数（f_{mod}）との関係から，臨界帯域とのかかわりが示唆された。搬送波周波数（f_c）が1 kHz以下の振幅変調音に対する主観的な粗さは，変調周波数が搬送波周波数を中心とする臨界帯域幅の1/2に等しいときに最大となる。変調周波数がそれ以上に大きくなると主観的な粗さは減少し，最終的に変調周波数が臨界帯域幅を超えると消失する。つまり，1 kHz以下の周波数帯域では，粗さの感覚が聴覚の**周波数選択性**の影響を受けるといえる。一方，搬送波周波数が2 kHz以上になると（これらの周波数を中心とする臨界帯域幅は300 Hzより広くなる），粗さは変調周波数がおよそ75 Hzのときに最大となる。さらに変調周波数が大きくなると，変調周波数が臨界帯域の1/2に達していなくても粗さが減少し，250 Hz付近で消失する。この傾向は，2 kHz以上の搬送波周波数の条件でほぼ一貫して見られる。このことから，2 kHz以上の周波数帯域では，粗さの感覚が臨界帯域とは関係なく，おもに**聴覚の時間分解能**の影響を受けていると考えられる。一般的には，粗さの感覚を生じる変調周波数はおよそ15〜300 Hzであり，70 Hz付近で粗さが最大となる[26)]（添付音源参照）。

主観的な粗さに対する音圧レベルの影響はそれほど大きくなく，20 dBの増加に対して主観的な粗さが2倍になる。

Terhardt[25)] は，こういった主観的な粗さと物理量との関連から，以下のようなモデルを導いた。

$$R = A(f_{\mathrm{mod}}, f_c) m^2 2^{\frac{L-40}{20}} \ \mathrm{[asper]} \tag{4.6}$$

ここで，f_{mod} は変調周波数，f_c は搬送波周波数，m は変調度，L は音圧レベルである。A は搬送波周波数ごとに変調周波数と粗さの関係を表した係数であ

る(図4.9)。ここでは,変調周波数70Hz,変調度1で振幅変調された,40dBの1kHz純音のラフネスを1 asperと定めている。

変調度などの物理量に基づいたTerhardtのモデルに対して,Fastlは聴覚における**時間マスキングパターン**に基づいたラフネスのモデルを提案した[26]。音の変動に応じて,聴覚系における時間マスキング効果を加味した興奮レベルも変動する。図4.10に,正弦的に変動する音に対する聴覚の時間マスキングパターンの模式図を示す。粗さの感覚は,時間変動する興奮レベルの山と谷の差(ΔL)に依存する。このΔLは,変調周波数(f_{mod})が低いほど大きくなるが,前述のように,低すぎると粗さの感覚を生じない。逆に,変動がより速い(変調周波数が高い)ほうが粗さの感覚を生じさせるが,時間マスキング効果によりΔLが小さくなる。

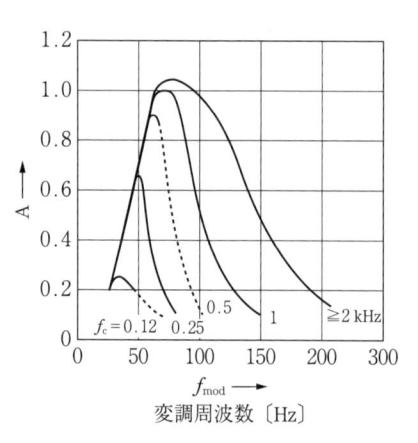

図4.9 振幅変調音の変調周波数(f_{mod})と粗さの関係(f_cは搬送波周波数)[25]

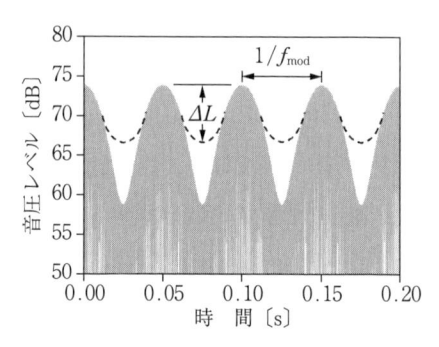

図4.10 正弦的に変動する音に対する時間マスキングパターン(破線)の模式図(ΔLは時間マスキングパターンの山と谷の差,f_{mod}は変調周波数)

これらの知見に基づき,$R \sim f_{\mathrm{mod}} \Delta L$のようなラフネスのモデルを仮定できる。さらに,搬送波周波数成分の低域側と高域側に延びるマスキングパターン(スロープ)の影響を考慮するために,臨界帯域ごとにΔLを求める。式(4.7)にラフネスの算出式を示す。臨界帯域ごとにΔLを求め,すべての臨界帯域

にわたって合計したものを音全体の ΔL としている．

$$R = 0.3 f_{\mathrm{mod}} \int_0^{24\mathrm{Bark}} \Delta L(z) dz \quad \text{〔asper〕} \tag{4.7}$$

ここで f_{mod} は変調周波数，ΔL は臨界帯域ごとの興奮レベルの山と谷の差，z は臨界帯域番号である．音圧レベルが 60 dB，搬送波周波数が 1 kHz，変調周波数が 70 Hz，変調度が 1 の振幅変調音のラフネスが 1 asper と定義されている．

Aures[27)] の提案したモデルも，Fastl のモデルと同様に，臨界帯域ごとのラフネス r_i' を算出し，24 個の臨界帯域にわたって積算する（式 (4.8)）．

$$\left. \begin{aligned} R &= c \sum_{i=1}^n r_i' \Delta z \frac{(\rho_{(i-1),i} + \rho_{i,(i+1)})}{2} \quad \text{〔asper〕} \\ r_i' &= cg(z_i) m_i^2 \quad \text{〔asper〕} \end{aligned} \right\} \tag{4.8}$$

各臨界帯域のラフネス r_i' は変調度 (m_i) のべき関数である．m_i は臨界帯域幅で分割された波形の振幅エンベロープから求まる．さらに r_i' には，粗さと搬送波周波数の関係を反映した重み $g(z_i)$ が考慮される．

式 (4.8) のモデルでは，隣接する臨界帯域間のエンベロープ波形の相関係数 ($\rho_{i,j}$) がかけられている．これにより，無変調の狭帯域雑音や広帯域雑音などに対しても適正な指標値が得られる（白色雑音の場合には $R \approx 0$ asper）．

4.2.4 フラクチュエーションストレングス

フラクチュエーションストレングスは，**音の変動強度**（変動感の強さ）の尺度である．変動感も，前述の粗さの感覚と同様に，音の振幅エンベロープの変動や周波数の変動によって生じる．粗さが速い変動によって生じる感覚であるのに対して，変動感はゆっくりとした変動によって生じる感覚である．

Terhardt[25)] は，粗さの感覚とともに，振幅変調音に対する主観的な変動強度についても物理量との関係を検討した．変動強度と変調度 (m) や音圧レベルの間には粗さの場合と同様の関係が見出され，基本的なモデルも同じである（$F \sim m^2 2^{\frac{L-40}{20}}$）．ただし，変動強度と変調周波数 ($f_{\mathrm{mod}}$) の関係は粗さの場合と異なっていた．変動強度は，変調周波数 5 Hz のときに最大で，遮断周波数を

13 Hz としたローパスフィルタに近い特性を示す。粗さの感覚は変調周波数がおよそ 15 Hz 以上のときに生じるが，変動感はそれよりも遅い変動によって生じる。これらの知見から，式 (4.9) のようなフラクチュエーションストレングスのモデルが提案された。変調周波数 5 Hz，変調度 1 で振幅変調された，40 dB の 1 kHz 純音のフラクチュエーションストレングスを 1 vib と定義している。

$$F = \frac{m^2 2^{\frac{L-40}{20}}}{1+\left(\frac{f_{\mathrm{mod}}}{13}\right)^2} \ [\mathrm{vib}] \tag{4.9}$$

前述の Terhardt の実験では純音の振幅変調音が用いられ，検討された変調周波数の下限は 5 Hz であった。これに対して Fastl[28] は，雑音を含む各種の変調音を用い，より低い変調周波数まで主観的な変動強度との関係を調べた。**図 4.11** に，振幅変調された広帯域雑音の変調周波数と変動強度の関係を示す[29]。変動強度は，変調周波数 4 Hz 付近をピークとする凸型の特性を示している。図 4.9 と比較すると，変動感が粗さの感覚に変化する境界の変調周波数

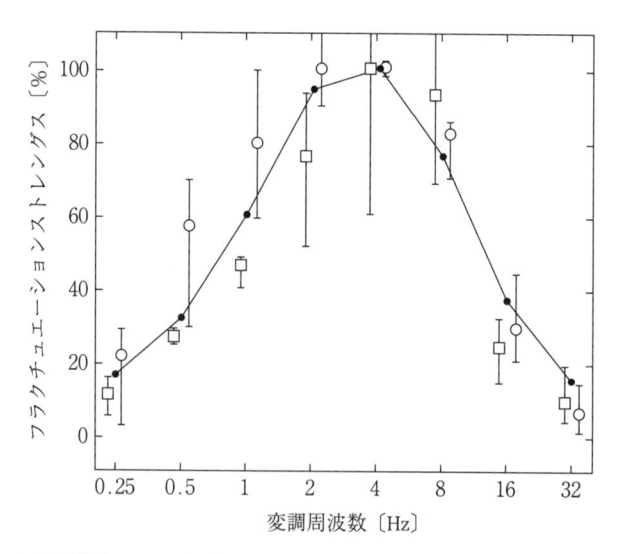

変調周波数が 4 Hz (○) と 0.5 Hz (□) の振幅変調雑音を標準刺激とした ME 法実験の結果と，モデルから得られた変動強度 (実線)

図 4.11 正弦的に振幅変調された広帯域雑音の変調周波数と変動強度の関係[29]

は 20 Hz 付近である（添付音源参照）．

　Fastl[28),29)] は，変動強度についても時間マスキングパターンに基づいたモデルを検討した．ラフネスと同様，時間変動する興奮レベルの山と谷の差（ΔL）に比例する．主観的な変動強度に対応するフラクチュエーションストレングスのモデルを式 (4.10) に示す．ラフネスのモデルと同様に，臨界帯域ごとに興奮レベルの時間変動から ΔL を求め，すべての臨界帯域にわたって積算したものを音全体の ΔL として用いる．

$$F = \frac{0.008 \int_0^{24\text{Bark}} \Delta L(z)\,dz}{\dfrac{f_{\text{mod}}}{4} + \dfrac{4}{f_{\text{mod}}}} \quad [\text{vacil}] \tag{4.10}$$

ここで，f_{mod} は音の変調周波数，ΔL は臨界帯域ごとの興奮レベルの山と谷の差，z は臨界帯域番号である．音圧レベルが 60 dB，搬送波周波数が 1 kHz，変調周波数が 4 Hz，変調度が 1 の振幅変調音のフラクチュエーションストレングスが 1 vacil と定義された．

　式 (4.10) のモデルでは，分母に $f_{\text{mod}}/4$ と $4/f_{\text{mod}}$ の項が含まれている．$f_{\text{mod}}/4$ は聴覚の時間的積分機能を意味する．ゆっくりとした変動のときには音の変動の各ピークが分離して聴こえるが（つまり音の変動が知覚される），変動が速くなってくると各ピークが分離して聴こえなくなり，ついには変動が知覚できなくなる．一方，$4/f_{\text{mod}}$ は聴覚における記憶効果を意味する．音の変動が非常に遅い場合，究極的には音の変動を知覚できなくなる．つまり，変調周波数が 4 Hz より低くても，あるいは高くても，これらのいずれかの効果が強まり，主観的な変動強度を弱める方向に働くことを表現している．

4.2.5　トーン・トゥ・ノイズレシオ，プロミネンスレシオ

　トーン・トゥ・ノイズレシオ（tone-to-noise ratio）と**プロミネンスレシオ**（prominence ratio）は，どちらも周波数スペクトル上で突出したエネルギーをもつ狭帯域の音（**離散周波数音**とも呼ばれる）の強さを評価する指標である．トーン・トゥ・ノイズレシオは国際規格 ISO 7779[30)] に，プロミネンスレシオ

はアメリカ合衆国規格 ANSI S1.13[31] に，それぞれの定義や評価法が述べられている。

トーン・トゥ・ノイズレシオの算出は，FFT アナライザなどから求まるパワースペクトルがベースとなる。ターゲットとなる狭帯域音の周波数を中心とした臨界帯域において，狭帯域音の音圧レベル（L_t）とそれ以外のノイズ成分の音圧レベル（L_n）の差（$\Delta L = L_t - L_n$）がトーン・トゥ・ノイズレシオである。単位は dB である。この ΔL が 6 dB 以上のとき，その音は「顕著な離散周波数音」とされる。

プロミネンスレシオは，トーン・トゥ・ノイズレシオと本質的に同じ意味をもつ指標であるが，スペクトル形状によっては，実質的な突出度よりも過小あるいは過大評価されるというトーン・トゥ・ノイズレシオのもつ問題を解消している。例えば，図 4.12 のように，スペクトル上の大きなディップ内にある狭帯域音をトーン・トゥ・ノイズレシオで評価すると，実質的な突出量よりも過大評価になる。ターゲットとなる狭帯域音の周波数を中心とした臨界帯域内のエネルギー（X_M）と，低域側および高域側に隣接する臨界帯域内のエネルギー（X_L および X_U）の平均の比の対数に 10 を乗じた値（ΔL_p）を求める（式(4.11)）。単位は dB である。ターゲットとなる狭帯域音の周波数が 1 kHz 以上の場合，この ΔL_p が 9 dB 以上のときに「顕著な離散周波数音」とされる。

$$\Delta L_p = 10 \log_{10} \frac{X_M}{(X_L + X_U) \times 0.5} \quad [\text{dB}] \tag{4.11}$$

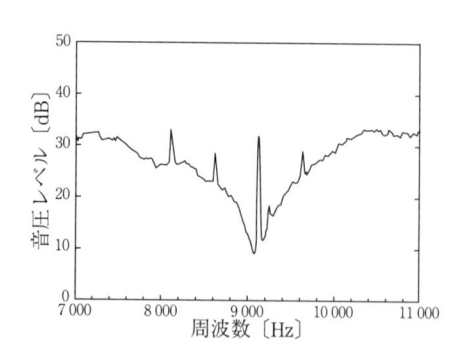

図 4.12 トーン・トゥ・ノイズレシオが過大評価される音のスペクトルの例

高速回転機構を有する機械（例えば掃除機や複写機）では，稼動音のスペクトル上に純音性の突出成分が現れ，音質劣化の原因になることがある。このような音響的特徴を評価するための指標としてトーン・トゥ・ノイズレシオやプロミネンスレシオが利用される。

4.2.6 感覚的快さ

前述の指標を用い，音に対する**感覚的快さ**（sensory euphony, sensory pleasantness）を評価する。以下のようなモデルが提案されている[23]。

$$W = e^{-0.55R} e^{-0.113S} (1.24 - e^{-2.2K}) e^{-(0.023N)^2} \qquad (4.12)$$

ここで，R，S，K，Nは，それぞれラフネス，シャープネス，トナリティ，ラウドネスの指標値である。トナリティは，音の純音成分や狭帯域成分の印象の強さに対応する指標であり，対象となる成分のスペクトル上でのマスキング閾からのレベル超過量，周波数，狭帯域の成分であればその帯域幅に依存する[23],[32]。

このモデルは，ラフネス，シャープネス，トナリティ，ラウドネスの各要素感覚が音の快さに影響を与え，これらを統合することによって総合的な評価が成り立つことを表現している。これらの各要素感覚のうち，ラフネス，シャープネス，ラウドネスが大きくなると快さは減少する。逆に，トナリティが大きくなると快さは増す。

4.3 音質評価システムの実際

以上に述べた各種の音質評価指標の計算プログラムがソフトウェアとしてパーソナルコンピュータに実装され，音質評価システムとして国内外の計測機器メーカから販売されている。その一例を図 **4.13** に示す。このような音質評価システムの普及の背景には，ディジタル信号処理技術の発展，演算処理の高速化，パーソナルコンピュータの低価格化などがある。

4. 音質評価指標

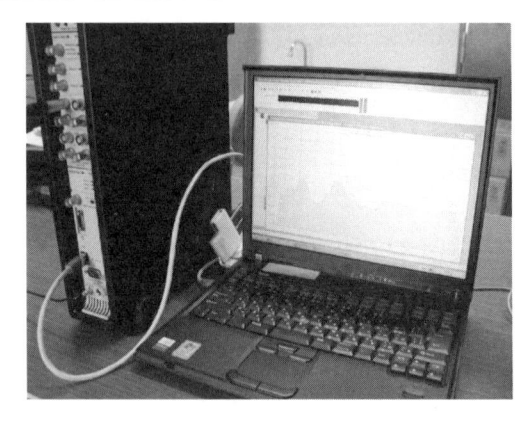

図 4.13 音質評価システムの一例

 オーディオインタフェースを備えたパーソナルコンピュータを用いれば，マイクロホン，マイクロホンアンプを介して得られたアナログの音響信号が，A-D 変換後，ディジタルでシステムのハードディスクに記録され，ただちに解析が可能である。

 音質評価システムの機能としては，フィルタリングをはじめとするディジタル信号処理に加え，波形編集，信号生成，音質評価指標の計算を含む音響解析などがある。音響解析には，音質評価指標の計算の他に，周波数分析（FFT，$1/N$ オクターブバンド分析を含む），音圧レベルおよび周波数加重音圧レベルなどの各種音響物理指標の計算，音響物理指標および音質評価指標の時系列分析などの機能が含まれる。さらにシステムによっては，回転機構をもつ機械（例えば自動車のエンジンなど）の回転体の回転数に対して各種音響指標を計算する回転次数比分析やトラッキング分析の機能がオプションで用意されている場合もある。オプションの機能はシステムによって異なる。

 表 4.1 に，市販されているおもなシステムで計算できる音質評価指標を比較した。どのシステムでも，ラウドネス，シャープネス，ラフネス，フラクチュエーションストレングスの計算が可能であり，これらは基本的な指標といえよう。

 こういった音質評価システム（あるいはソフトウェア）の種類は以前に比べ

表4.1 音質評価システムで計算可能な音質評価指標

A社	B社	C社
ラウドネス	ラウドネス	ラウドネス
シャープネス	シャープネス	シャープネス
ラフネス	ラフネス	ラフネス
フラクチュエーションストレングス	フラクチュエーションストレングス	フラクチュエーションストレングス
トナリティ	トーン・トゥ・ノイズレシオ	トナリティ
トーン・トゥ・ノイズレシオ	プロミネンスレシオ	明瞭度指数

て増えている。しかし一方では，同じ音に対して同種の音質評価指標を算出しても，システムにより指標値が異なるという問題も生じている[33),34)]。これは，ソフトウェアにより採用している計算アルゴリズムが異なっていることが一因と考えられる。この問題は，計算アルゴリズムの統一化，あるいは標準化によって解決できるものと考える。ラウドネスはすでに ISO 532 により標準化されているが，ラウドネス以外の指標についてもその標準化が望まれる。

現在多くの機械製品では，稼動音の性能表示に騒音レベルや音響パワーレベルなどの音響物理指標が用いられている。実際の聴取印象との対応の精度など，実際に利用するにあたって慎重を要する点もあるが，各種の音質評価指標が標準化されれば，機械製品の音の質的側面についても性能表示が可能となるであろう。

4.4 音質シミュレーション

機械メーカにおける製品の音に対する従来の取組みは，製品を実際に作ってみて，発生する音を評価し，問題があれば対策するというプロセスが主流であった。しかし近年，開発期間の短縮やコスト削減を迫られ，製品完成前の時点で音に関する問題を把握する必要性が生じている。そのため，これから開発される，あるいは騒音対策される製品の音を仮想的に合成し，その音質を把握する音質シミュレーションの重要性が増している。音質評価指標の指標値と実

際の聴取印象が対応することが前提となるが，音質評価システムなどを利用して合成音に対する指標値を算出し，官能検査なしに音質を把握できれば理想的であろう。ここでは，各種の機械製品で試みられている音質シミュレーションの事例を紹介する。

前田[35]は，エンジンの発音メカニズムに基づいた二輪車のエンジン音合成法を開発した。スロットル開度に対応する入力に応じて，エンジンの爆発音のタイミングを変化させるのがこの合成法の原理である。まず単気筒のエンジン音を合成し，複数の単気筒の音を時間軸上でずらしながら重ね合わせることで，エンジンの気筒数や気筒配列の違いを考慮でき，さまざまなエンジンの音を合成することができる。さらに，運転操作入力で音の合成をコントロールできるようにして，車両シミュレータが開発された。

岡本ら[36]の自動車排気音を合成した事例では，不快さの原因とされるエンジン回転次数成分（エンジン回転数に同期した周波数成分）の音圧レベルを変化させた音を合成し，音質評価実験を行った。100次までの次数成分のうち，**ハーフ次成分**（回転数の0.5倍，1.5倍，…などの周波数成分）や奇数次成分（回転数の3倍，5倍，…などの周波数成分）が排気音の粗さや濁り感に影響を与えることが明らかになった。さらにユーザの好みに合った排気音を検討している。なお，エンジン回転次数成分に関連した分析/合成技術は，前述（4.3節参照）の音質評価システムでも提供されている。

二輪車と同様に，自動車でも機構や構造を考慮に入れた合成技術が確立されつつある。自動車の各種音源から車内の聴取者までの音の伝達経路を考慮したうえで，エンジン音，路面からの音（路面とタイヤの衝突により発生するランダムノイズ，ロードノイズとも呼ばれる），風切り音（ボデー表面に形成される空気の渦による流体騒音）などの要素音を足し合わせて車内音を生成する[37],[38]。スロットル開度，車速，エンジン回転数などの変化に対応した各要素音の実時間合成や，構造変更に伴う構造的・音響的伝達特性の変化などを考慮した車内音の合成も可能である。

以上のような合成技術を用い，仮想的に車内音を再現することができ，実機

を製作せずとも音質の把握が可能となる。

　最近では，音質に対する関心が電気製品などの分野にも広がっている。多喜らによるミシンを対象とした事例[39]では，稼動音のラウドネスを分析し，ラウドネスが大きい周波数帯域の音がどの機構から発せられているかを検討した。この例では，ラウドネスが最も大きい周波数成分が主軸スプロケットとベルトの噛み合い周波数に対応していた。このように，機構に結びついた音を純音などに置き換え，ミシンの稼働音を模擬した合成音を作成する。合成音に対して構造変更を想定したフィルタリング加工を行い，再度ラウドネス分析することにより，構造変更後の音のラウドネスを予測できる。図 4.14 に構造変更後のラウドネスのシミュレーション結果を示す。主軸を直接駆動してベルトを排除すると，問題となっていた主軸スプロケットとベルトの噛み合い周波数成分のラウドネスを大幅に低減できることをシミュレーションによって予測できる。その効果は実機においても検証された。さらに，ラウドネス，シャープネス，ラフネスなどの音質評価指標と聴取印象が対応することを事前に確認し，

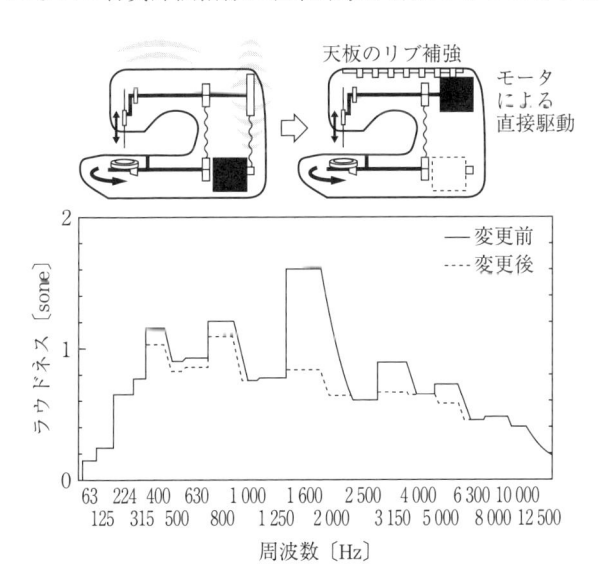

図 4.14　ミシンを構造変更した場合の稼働音のラウドネスシミュレーション結果[39]

改善後の音質がこれらの指標で設定した目標に達していることがわかった。

Klemenz[40]は，電車の発車時の車内音を模擬した合成音を用い，音質評価を行った。その主たる構成要素は車両駆動用電動機の音とギア音である。電動機の音の周波数は電動機に入力される交流電圧のスイッチング周波数や電動機の回転周波数に対応し，ギア音の周波数は結合されるギアの歯数に対応する。ギアの歯数をさまざまに変化させた音を合成し，ラウドネス，シャープネス，ラフネスなどの音質評価指標を計算したところ，歯数によりラフネスが大きく変化した。また合成音に対する音質評価から，その主観的な不快さには電動機の音の成分とギア音の成分の干渉による不協和（粗さや濁り感）が関係していると考えられた。

簡単な例ではあるが，Takadaらは掃除機の稼動音を対象とした音質シミュレーションを行い，音質改善による経済効果の推定を試みた[41]（詳しくは5.5.7項参照）。稼動音の騒音レベルを保ちつつ，3段階のシャープネスのacum値になるように稼動音を加工した。具体的には，スペクトル上の9 kHz付近などに見られた離散周波数音のエネルギーをフィルタリング加工により減衰した。このような稼動音の音質改善による経済効果を評価したところ，シャープネスの0.25 acumの変化に対して，製品の価格の約12％と推定された。

以上のように，最近では音質改善や音のデザインに，合成音によるシミュレーションを用いた事例が多く見られる。合成音の構成要素が実機の機構と結び付いていれば，構造変更後の音を容易に合成し，音質を予測することができる。また，自動車のように構造上多数の音源を有する機械では，音質の劣化の原因となっている音を削減すると，今まで隠れていた音が目立つようになり，かえって耳障りな音になることもある。このような状況を回避するうえでも，シミュレーションは有効である。

引用・参考文献

1) 例 え ば，S. S. Stevens：On the psychophysical law, Psychological Review, **64**, pp.153〜181（1957）
2) 環境省：騒音に係る環境基準について，http://www.env.go.jp/kijun/oto1-1.html（1998）
3) 例えば，降旗建治，柳沢武三郎：住民反応に基づいた自動車騒音の評価尺度の再構成とその有用性―長野市近郷を例として―，音響会誌，**44**，pp.108〜115（1988）
4) H. Fastl and E. Zwicker：Psychoacoustics：Facts and models, third edition, Springer, pp.203〜238（2006）
5) B. C. J. Moore：An introduction to the psychology of hearing, fifth edition, Academic press, pp.49〜88（2003）
6) Y. Suzuki and H. Takeshima：Equal-loudness level contours for pure tones, J. Acoust. Soc. Am., **116**, pp.918〜933（2004）
7) H. Fletcher and W. A. Munson：Loudness, its definition, measurement and calculation, J. Acoust. Soc. Am., **5**, pp.82〜108（1933）
8) D. W. Robinson and R. S. Dadson：A re-determination of the equal-loudness relations for pure tones, British J. Appl. Phys., **7**, pp.166〜181（1956）
9) International Organization for Standardization：Acoustics – Normal equal-loudness contours ［ISO 226］（1987）
10) S. S. Stevens：The measurement of loudness, J. Acoust. Soc. Am., **27**, pp.815〜829（1955）
11) H. Fletcher：Auditory patterns, Reviews of modern physics, **12**, pp.47〜65（1940）
12) E. Zwicker, G. Flottorp, and S. S. Stevens：Critical band width in loudness summation, J. Acoust. Soc. Am., **29**, pp.548〜557（1957）
13) J. P. A. Lochner and J. F. Burger：Form of the loudness function in the presence of masking noise, J. Acoust. Soc. Am., **33**, pp.1705〜1707（1961）
14) B. Scharf：Partial masking, Acustica, **14**, pp.16〜23（1964）
15) S. S. Stevens：Calculation of the loudness of complex noise, J. Acoust. Soc. Am., **28**, pp.807〜832（1956）
16) S. S. Stevens：Procedure for calculating loudness：Mark VI, J. Acoust. Soc. Am., **33**, pp.1577〜1585（1961）
17) International Organization for Standardization：Acoustics – Method for calculating loudness level ［ISO 532］（1975）
18) H. Fastl and E. Zwicker：Psychoacoustics：Facts and models, third edition,

Springer, pp.149〜173 (2006)
19) E. Zwicker, H. Fastl, U. Widmann, K. Kurakata, S. Kuwano and S. Namba：Program for calculating loudness according to DIN 45631 (ISO 532B), J. Acoust. Soc. Jpn. (E), **12**, pp.39〜42 (1991)
20) 橘　秀樹，鈴木陽一，山田一郎，吉村純一，大久保朝直，倉片憲治，佐藤　洋，鵜木祐史，君塚郁夫，白橋良宏，高梨彰男，田中　学：ISO/TC43・ISO/TC43/SC1・ISO/TC43/SC2 総会―音響に関する国際規格の審議状況：2008 Borås 会議―，音響会誌，**64**, pp.729〜733 (2008)
21) G. von Bismarck：Sharpness as an attribute of the timbre of steady sounds, Acustica, **30**, pp.159〜172 (1974)
22) H. Fastl and E. Zwicker：Psychoacoustics：Facts and models, third edition, Springer, pp.239〜246 (2006)
23) von W. Aures：Berechnungsverfahren für den sensorischen Wohlklang beliebiger Schallsignale (A model for calculating the sensory euphony of various sounds), Acustica, **59**, pp.130〜141 (1985)
24) von E. Terhardt：Über die durch amplitudenmodulierte Sinustöne hervorgerufene Hörempfindung (The auditory sensation produced by amplitude modulated tones), Acustica, **20**, pp.210〜214 (1968)
25) von E. Terhardt：Über akustische Rauhigkeit und Schwankungsstärke (Acoustic roughness and fluctuation strength), Acustica, **20**, pp.215〜224 (1968)
26) H. Fastl and E. Zwicker：Psychoacoustics：Facts and models, third edition, Springer, pp.257〜264 (2006)
27) von W. Aures：Ein Berechnungsverfahren der Rauhigkeit (A procedure for calculating auditory roughness), Acustica, **58**, pp.268〜281 (1985)
28) H. Fastl and E. Zwicker：Psychoacoustics：Facts and models, third edition, Springer, pp.247〜256 (2006)
29) H. Fastl：Fluctuation strength and temporal masking patterns of amplitude-modulated broadband noise, Hearing Research, **8**, pp.59〜69 (1982)
30) International Organization for Standardization：Acoustics – Measurement of airborne noise emitted by information technology and telecommunications equipment [ISO 7779], second edition (1999)
31) American National Standards Institute：Measurement of sound pressure levels in air [ANSI S1.13] (2005)
32) E. Terhardt, G. Stoll and M. Seewann：Algorithm for extraction of pitch and pitch salience from complex tonal signals, J. Acoust. Soc. Am., **71**, pp.679〜688 (1982)
33) H. Fastl：Comparison of loudness analysis system, Proc. of Inter-Noise, 97, pp.981〜986 (1997)
34) S. H. Shin：Comparative study of the commercial software for sound quality

analysis, Acoust. Sci. & Tech., **29**, pp.221〜228 (2008)
35) 前田 修：音質評価のためのエンジン音合成技術，日本機械学会第 11 回環境工学総合シンポジウム 2001 講演論文集，pp.49〜52 (2001)
36) 岡本宜久，古郡 了：電子合成自動車音による音質評価，自動車技術，**45**，12，pp.29〜36 (1991)
37) M. Adams and P. Van de Ponseele：Virtual car sound synthesis for vehicle engineering，日本機械学会第 11 回設計工学・システム部門講演会講演論文集，pp.254〜258 (2001)
38) K. Janssens, A. Vecchio, P. Mas, H. Van der Auweraer and P. Van de Ponseele：Sound quality evaluation of structural design modifications in a virtual car sound environment, Proc. of the Inst. of Acoust., **26**, pt.2 (2004)
39) 多喜健司，大久保信行，戸井武司，大川成樹：ミシンの音質評価に基づく音質改善手法の開発，日本音響学会 2002 年春季研究発表会講演論文集，pp.753〜754 (2002)
40) M. Klemenz：Sound synthesis of starting electric railbound vehicles and the influence of consonance on sound quality, Acta Acustica united with Acustica, **91**, pp.779〜788 (2005)
41) M. Takada, S. Arase, K. Tanaka and S. Iwamiya：Economic valuation of the sound quality of noise emitted from vacuum cleaners and hairdryers by conjoint analysis, Noise Control Engineering Journal, **57**, pp.263〜278 (2009)

第5章
音色・音質評価のさまざまな対象

5.1 音響機器の音質

5.1.1 音響機器の音質を決める心理的要因と音響特性との関係

　音響機器は，演奏会に行くことなく，音楽を楽しむことを可能にした。フォノグラフやグラモフォンの時代には，音が記録できること自体が驚きであったが，音響機器の発展により音質が向上してくるに従って，音質に対する要求も高まってきた。そのために，**音響機器の音質評価研究も盛んに行われてきた**。2.1節で紹介した北村ら，曽根ら，厨川らの音色（音質）評価尺度に関する研究も，信頼のおける音響機器の音質評価実験を実施するためのものであった。

　2.1.4項で紹介したように，Gabrielssonは，スピーカ，ヘッドホン，補聴器を用いて，各種の音楽ソース，音声，ノイズなどを刺激音として音質評価実験を行った[1]。被験者は，オーディオマニア，音楽家，一般の音楽ファンなどである。10段階の単極尺度評価から因子負荷行列と因子得点を求め，音色因子の抽出と物理特性との関係を解明した。

　彼は8回の実験を行い，それぞれ2～5次元で解釈できる結果を得た。因子の内容は，同じものもあるが，少し内容がずれている場合もあった。その結果を元に，評価すべき要因を，clearness, sharpness, brightness-darkness, fullness-thinness, feeling of space, nearness, disturbing sounds, loudnessの八つであると考え，音響機器の特性と各要因の関係を検討している。

　clearness/distinctness（あるいはclarity）は，「鮮明性」と考えられる。

clearな（明瞭な）印象を得るためには，広い周波数範囲，平坦な周波数特性をもち，非直線ひずみが低い必要がある。その逆のdiffuseな（ぼやけた）印象は，周波数範囲が狭く，共鳴による鋭いピークを有し，ひずみが大きいときに生じる。

sharpness/hardness-softness（鋭さ/固さ—柔らかさ）は，von Bismarckが提唱するsharpnessと同様の性質と考えられる（4.2.2項参照）。sharpな（鋭い）印象は，高域強調，高域の鋭いピーク（特に2〜4 kHz），ひずみによって得られる。聴取レベルが高いときにも，鋭い印象になる。逆に，softな（柔らかい）印象は低域強調，低い聴取レベルによって生じる。

brightness-darkness（明暗）は，sharpnessと同様の性質を示すものであるが，異なる傾向を示すこともある。

fullness-thinness（豊かさ）も，周波数特性および聴取レベルと関係する。fullな（豊かな）印象は，広い周波数帯で生じる。特に，低域強調を伴うとき，より豊かになる。thinな（やせた）印象は狭帯域の周波数特性で生じ，特に高域にピークがあるとやせた印象になる傾向が強い。また，聴取レベルが高いと豊かな印象に，聴取レベルが低いとやせた印象になる。

feeling of spaceあるいはspaciousness（空間性）も主要な音色因子と考えられる。Gabrielssonの実験では，無指向性のスピーカが空間性をもたらすことを示している。

nearnessあるいはnear-distant（近さ）は，再生装置によって近く感じたり，遠く感じたりする性質である。nearnessは音の強さと対応付けられ，音の強さが増大するほど近く，小さくなるほど遠く感じられる。

disturbing soundsあるいはvarious extraneous sounds（妨害音）は，ノイズ成分の有無，強さと対応する性質である。一般に高域を強調すれば，うるさい（noisy）印象になる。

loudnessは「音の大きさ」のことで，刺激間でloudnessに差があると，それに応じた印象の違いが生じる。

Gabrielssonの研究成果は，IECレポート268-13（1985）「SOUND SYSTEM

EQUIPMENT Part 13：Listening tests on loudspeakers」に取り入れられている。

5.1.2　立体音響の音質評価―ステレオ再生の効果―

　吉田らは，「ステレオ」草創期に，**立体音響**の音質の特徴（ステレオの音が1チャネル（ch）で再生されるモノフォニックの音とどこがどれだけ違うのか）を，科学的な手法に基づいて，明らかにした[2),3),4)]。サーストンの一対比較法を使うことにより，音質の違いを表す距離尺度を構成し，この尺度上での差をもとにステレオ再生とモノフォニック再生の違いを論じた。

　刺激音として，残響時間2秒程度のライブな部屋で2chのマイクロホン（20cm間隔に設置）で音声を録音しそれをそのまま再生した2ch信号，1chのマイクロホンで録音した信号を二つのスピーカに分離して再生した1ch信号，さらに2chの録音信号を，3，4，5，8，13 dBのレベル差でミキシングした（一方の信号に他方の信号を混ぜ合わせた）信号を用いた。被験者は無響室でこれらを聴取した。

　音質評定尺度は，生き生きとした（vividness），鮮明性（clearness），多数音源の分離，雑音と信号の分離，不快な残響感，臨場感，遠近感（音源の距離）であった。

　スピーカによる再生での評価実験の結果を**図 5.1**に示す。この図によると，2chのほうが1chより生き生きとした印象になる，雑音と信号の分離がよい，2chでは不快な残響感が1chよりも減少するなどの傾向が認められる。いずれも2chのほうが1chよりも音質が優れていることを示す結果となった。

　ヘッドホンでの聴取条件でも，雑音と信号との分離，鮮明性，臨場感，遠近感（音像の距離），移動感，音の大きさ，迫力（powerfulness），生き生きとした，豊かさ（richness），快さ（pleasantness），広がり（音像のexpanse），音声の聴取を妨害する不快な反響感に関する印象評価実験を実施した。その結果，澄んだ感じ，迫力，豊かさ，快さ，広がりで，顕著な差が認められ，スピーカ再生の場合と同様に，いずれも2ch再生の優位性を示す傾向が認められた。

5.1 音響機器の音質

心理尺度（Thurstone scale）

生き生きとした

鮮明性

多数音源の分離

雑音と信号との分離

音声の聴取を妨害する不快な残響感

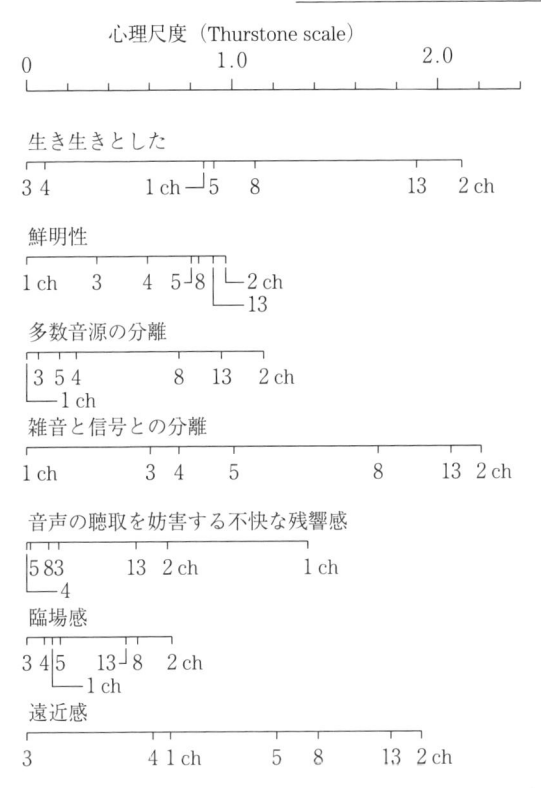

臨場感

遠近感

数字は，2 ch の信号を混ぜ合わせた信号におけるレベル差を表す
図 5.1 2 ch 再生と 1 ch 再生の音質の違い[4]

吉田らは，さらに評価尺度を因子分析することにより，立体音響による効果を示す因子として，方向性（空間配置）因子と背景因子の二つの要因に集約できることを示した。

方向因子は，特定の音を選択聴取できる性質である。この因子は，音源の分離，臨場感，vividness，clearness などの性質をおびている。立体音響が目指した音源分布の再現は，方向性の再現にほかならない。その方向性の再現という一見平凡なことを実現した結果，音源の分離をよくし，広がり感・臨場感をもたらし，音を生き生きと再現し，clear な音質にする効果をもたらしたのである。さらに，立体音響が，**高忠実度**（Hi-Fi）再生の最終目的である，豊かさ，快さまで大きく改善したことは，期待以上の効果といえる。

もう一つの背景因子は，不快な残響，音声の聴取を妨害する反射音などの，反響成分を抑圧する性質である。立体再生が，よけいな反響を抑圧する効果をもつのである。日常経験では，多少残響があっても気にならないが，モノフォニックの録音では驚くほど残響が気になる。立体音響方式は，実音場での状況を再現したのである。

5.1.3 総合的な音質評価

音響機器の音質を評価するうえで，製造する側においても，ユーザ（聴取者）においても，最終的に求めるのは「いい音である」という総合的な評価である。再生音の「豊かさ」「明るさ」「きれいさ」といった要素感覚的な性質を単に積み上げただけでは，総合的な音質評価には結び付かない。しかし，中山らにより，こうした要素感覚的な要因の線形結合として**総合的な音質**が決定されるという音質評価モデルが提案されている[5]。提案されたモデルを，**図5.2**に示す。

このモデルでは，2段階の処理により，音質が評価されるとしている。第1段階で，音響機器の音響特性と対応する多次元的な要素感覚過程 D_i を考える。第2段階は総合情緒過程といわれ，総合的な音質 R は $R=\Sigma w_i D_i$ の式で表現できる要素感覚の線形結合（足し算）で予測できるとしている。ここで，w_i は個人の要求によって決まる重みである。

Gabrielsson も，音質の総合評価は各要素（因子）の線形結合によると考えている[6]。総合的な音質に影響を及ぼす主要因は，clarity（明瞭さ），fullness（豊かさ），spaciousness（空間性，広がり）であるとしている。

Klippel も，スピーカを対象として，音質の総合的評価（pleasantness, preference）を，discoloration（色付けのなさ），brightness（明るさ），feeling of space（空間性），low bass emphasis（聴低域強調），bass clearness（低域強調），treble stressing（高域強調）の線形結合として表すことを考えている[7]。これらの個々の要素感覚の尺度値は，sharpness のモデルと同じように（4.2節参照），Zwicker の興奮パターンに適当な重み付けを施すことにより算出し

5.1 音響機器の音質

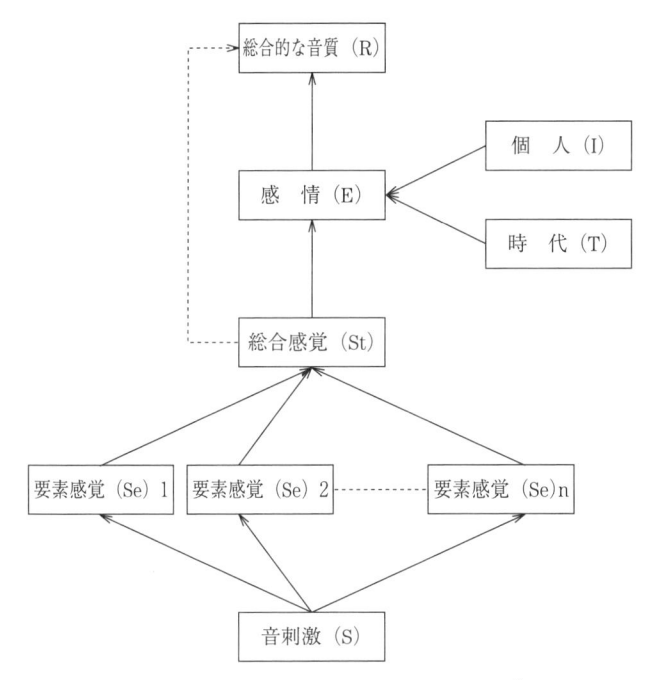

```
                    総合的な音質 (R)
                         ↑
                    感 情 (E) ← 個 人 (I)
                         ↑   ← 時 代 (T)
                    総合感覚 (St)
                   ↗    ↑    ↖
         要素感覚(Se)1  要素感覚(Se)2 …… 要素感覚(Se)n
                   ↖    ↑    ↗
                      音刺激 (S)
```

図 5.2 中山らが提案する音質評価モデル[5]

ている.

中山らのモデルにも組み込まれているように,音質の総合的な評価には,個人差の要因が無視できない.

近藤らは,さまざまな周波数に谷形の特性をもつ周波数特性を有する再生系をシミュレートし,再生音の好みの評価実験を行い,多くの被験者は7.2 kHz以上の帯域に谷形特性がある再生音を好む傾向を示した[8].ただし,個人差も認められた.被験者ごとの傾向を詳細に検討すると,低域に谷形特性がある再生系を好むグループと,高域に谷形特性がある再生系を好むグループに分類できる.

両グループの再生音に対する好みの傾向を図5.3に示す.人数的には,2：1で低域の谷形特性を好む被験者が多い.再生音圧レベルが低い場合には個人差は小さいが,音圧レベルが高いと個人差は顕著になる.

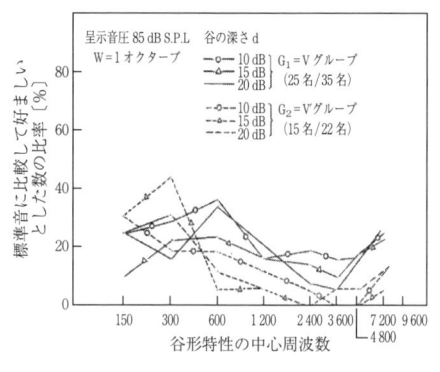

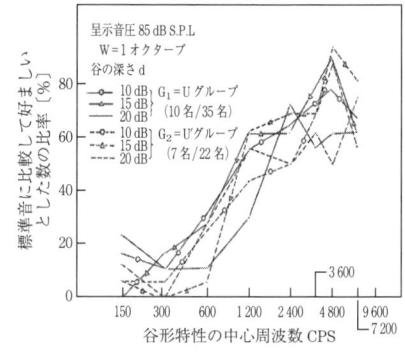

128   5. 音色・音質評価のさまざまな対象

(a) 低域に谷形特性がある再生系を好むグループの傾向

(b) 高域に谷形特性がある再生系を好むグループの傾向

図5.3 再生音の好みと谷形特性の中心周波数の関係[8]

好まれる再生系の音質は「明快な」「バランスのとれた」「柔らかい」「円味のある」「深みのある」で,嫌われる音質は「もがもがした」「きんきんした」「粗い」「平面的な」「おとなしい」であった。

駒村らは,スピーカを対象として再生音の好みの評価実験を行い,個人差の検討も行っているが,一般的には平坦な周波数特性をもつスピーカが好まれる傾向を得ている[9]。

5.1.4 再生音の音質に及ぼす視覚情報の影響

音響機器により音楽のみを再生して楽しむ場合には問題にならないが,テレビやDVDなど映像と組み合わせて再生音を聴取する場合,**視覚と聴覚の相互作用**が音質評価に影響を及ぼすことがある。

岩宮の研究によると,映像情報は,音質の劣化を補償する効果があるという[10]。低域,高域をカットして音楽再生音を帯域制限すると,もとの再生音に比べて,再生音は「貧弱な」印象になる。しかし,映像と一緒に再生音を聴取したときには,再生音のみを呈示した場合よりも,音質は「豊かな」方向に変化した。視覚情報が,あたかも音質の劣化を補償したかのように作用するのである。ただし,視覚情報を付加しても帯域制限をしなかったときの「豊かさ」

までは達しなかったので,音質補償の程度は限られる.

このような視覚と聴覚の相互作用は,視覚情報が聴覚の感度に影響したことによって生じたものと考えられる.この相互作用は,市販の映像作品でも,その作品の映像を入れ替えた場合でも観測された.市販の映像作品は,音楽演奏のライブあるいは制作者が映像にふさわしい音楽を組み合わせたもので,ある程度音と映像の調和がとれたものである.一方,映像を入れ替えた視聴覚刺激は,調和感を無視して作成したものである.このような音と映像の調和と関わりなく生じる視聴覚の相互作用は,比較的低次の視聴覚の処理レベルで生じている作用と考えられている.

さらに,岩宮は,45インチと90インチのスクリーンに投影した映像を用いて,映像画面の大型化が音楽再生音の印象に及ぼす影響も検討している[11]。

映像の印象は,大きい画面のほうが迫力のある映像となる.このとき,同じ音量で音楽を再生した場合,画面が大きいときに「もの足らなさ」を感じる.迫力のある大画面による映像を見るとき,音楽再生音も,それに見合った迫力のある音量が必要とされる.調整法によって求めた,音楽再生音の最適聴取レベルも,画面が大きい場合のほうが高い.

画面サイズの違いは,再生音の総合的な評価にも影響を及ぼす.画面が大きいほうが,再生音の評価が高くなっている.大画面による映像は,映像自体の評価のみならず,音楽再生音の評価も高める効果をもつ.

5.1.5 岐路に立つディジタルオーディオと音質評価

ソニーのディジタル技術とフィリップスの光ディスク技術が結びつきCDが誕生し,1982年,**ディジタルオーディオ**の時代がはじまった.1987年にはCDの売り上げがレコードを上回り,急速にディジタル化が進行した.

その後,ディジタルオーディオは,圧縮技術の発展とともに新たな時代を迎える.圧縮技術とは,録音された音のうち,大きな音にマスキングされて聞こえなくなる音の情報を除去して,効率的に音響信号を伝達,記録する技術のことである.**圧縮技術**が採用された最初の機器は,MDである.MDでは,情報

はCDの5分の1程度に圧縮することができた。さらに，圧縮技術が進み，MP3が登場して，情報を10分の1程度に圧縮することが可能となった。

パソコンが普及し，メモリの小型化，大容量化，低価格化が一気に進み，携帯型の音楽プレーヤが登場した。さらに，インターネットが普及し，ブロードバンド化が進み，音楽配信がビジネスとして成り立つ状況となってきた。そして，圧縮された音楽信号の流通が，一気に増大した。

西村らは，こういった圧縮技術が音質にどの程度の影響を及ぼすのかを，印象評価実験によって検討した[12]。この研究では，さまざまなジャンルの音楽をMP3の圧縮方式で，64，96，128 kbpsの三つのビットレート（ステレオ）で圧縮し，被験者に原音（CDの音）との音質差を答えさせている。被験者の中には，圧縮による劣化に鋭く反応する被験者とそうでもない被験者がいるが，64 kbpsの条件では，いずれの圧縮音も原音よりも音質が劣化していると判断されている。128 kbpsの条件では原音との差が判別できた例は少なく，音質劣化に対して寛容な被験者群では，いずれのジャンルの音楽においてもその差は知覚されていなかった。

さらに，SD法による音質評価実験によると，圧縮された音は，美的・叙情的因子上の変化をもたらし，音楽の優雅さや鮮やかさが劣化する傾向が認められた。音質劣化が明確に判断できなかった刺激においても，美的・叙情的因子の劣化が認められたケースもあったという。明るさ因子においては，64 kbpsの条件で明るさが低下する傾向が認められた。この条件では，圧縮処理により高域成分が失われたものと考えられる。

ディジタル技術の発展を，オーディオ機器の高音質化，高級化に適用しようという，反対の動きもある。現在のオーディオは，一方では携帯型音楽プレーヤに代表される軽量化と，高音音質を追い求める高級化の二つの流れがあり，岐路に立っている状態である。

5.1 ch サラウンドステレオは，左右だけではなく，前方および斜め後ろ左右にスピーカを配置して（5 ch），空間性にすぐれ，サブウーファ（.1 ch）で

低音を豊かにし，臨場感あふれる再生音場を提供しようという方式である。DVDプレーヤの普及により，5.1 chサラウンドステレオも，家庭で気軽に楽しめるようになってきた。さらに，NHKでは，22.2 chサラウンドステレオ（「.2」はサブウーファが2 chあることを示す）を開発し，高さ方向にも3層にスピーカ群を配置し，**超高臨場感再生**の可能性を追求しようとしている。

濱崎らは，NHKが開発した22.2 ch，5.1 ch，通常の2 chの再生装置を使ってSD法を用いた印象評価実験を行い，多ch再生の効果を検証している[13]。その結果，chが増すほど，前後の奥行き，左右の広がり，上下の幅が関わる音場の評価が向上し，迫力感が増し，ユニークな印象になることが示されている。

とりわけ，22.2 ch再生は，その高さ方向の広がりにより，臨場感とリアリティに優れているという。22.2 chという再生方式をそのまま家庭にもち込むことは難しいだろうが，従来のステレオ再生空間では得られない感動を体験する機会を提供してくれれば，そのニーズは広がるかもしれない。

現行のCDよりも多くの量子化ビット，高いサンプリング周波数を用いた，ハイデフィニション・オーディオによって高音質の音を提供しようとの提案もある。現行のCDだと，サンプリング周波数が44.1 kHzなので，20 kHz付近の周波数までの音しか再生できない。サンプリング周波数が96 kHzになると48 kHz付近の周波数まで再生されることになる。サンプリング周波数が192 kHzになると，96 kHz付近までが再生帯域になる。

しかし，ここまで周波数帯域を広くして，どれほど音質の向上が望めるのであろうか？　CDのサンプリング周波数も，人間の**可聴範囲**をもとに定められた基準である。可聴範囲を越える周波数範囲を再生したときの効果はこれまで多く検討され，20 kHz以上の周波数帯域まで聞ける人間が存在することは確かであるが，多くの人間にとって20 kHz以上の周波数帯域は聞こえていないのが実情である[14]。

5.2 楽器音の音色

5.2.1 楽器の音色を規定する音響特性

楽器音の音を決める物理量としては，音色一般を規定する周波数スペクトル，振幅の時間エンベロープのほかに，倍音構造の不規則な変動，雑音成分の混在，倍音の周波数のずれ，**ビブラート**などがある[15]。

周波数（主としてパワー）スペクトルは，多くの楽器において，その音色の特徴を示すのに有効である。例えば，倍音の多い楽器としてオーボエ，倍音の少ない楽器としてフルートが挙げられる。また，奇数次倍音しか含まない楽器として，クラリネットがある。これは，管の片方が閉じた管楽器の特徴である。オーボエのように，ホルマント構造（複数の共鳴）があるをもつ楽器もある。トランペットの音は，周波数スペクトルが演奏の強弱によって変化する。トランペットをフォルテで演奏すると，倍音が豊富になる。

振幅エンベロープ（包絡：振幅のおおまかな変化を表す曲線）が特徴となっている楽器もある。ピアノ，ギター，パーカッションなどのように打つ，あるいは弾くことによって音を出す楽器（撥弦楽器，打楽器）は，三角形の振幅エンベロープを有する。これらの楽器では，音は急激に立上がり，定常状態になることなく減衰する。このエンベロープ形態が楽器の音色の特徴となっている。

バイオリン，フルート，尺八などでは，倍音の振幅，周波数が不規則に変動する。このことが楽器音の特徴に影響を与えている。

三味線のさわり，撥弦，擦弦ノイズ，フルートなどでの息づかいなど，雑音成分の混在が楽器に特有の特徴的を与えることもある。

倍音の周波数のずれは，ピアノなどで観測される。弦が太いため，棒の振動の性質を示し，成分音が調波構造にならないのである。

このように見てくると，さまざまな偶発的要素が，楽器の「〜らしさ」に貢献していることがわかる。ピアノの非調波成分は，それを意図したというよりは，重量を増やす目的で弦を太くしたがための副産物だろう。リコーダの倍音

の不規則変動も，その発生のメカニズムはいまだに不明であるが，意図したものではないだろう。

5.2.2 楽器の音色の特徴を決定する要因

前項で述べたように，さまざまな要因が組み合わさって，いろんな楽器の音色の特徴が形成される。

アルトリコーダや尺八などの，「らしさ」を形成する「readyな響き」は，ある種の濁り感を表す。この濁り感があると，楽器の評価が高くなる。そして，「readyな響き」には，各成分の不規則な変動，ノイズ成分が大きく貢献していると言われている。

安藤らは，アルトリコーダの演奏音を録音した音（REC），録音した音の周波数スペクトルを模した定常的な合成音（NON-MOD），定常的な合成音に振幅の変動のみ付加した音（AF），定常的な合成音に周波数の変動のみ付加した音（FF），定常的な合成音に周波数および振幅の変動を付加した音（AF-FF），定常的な合成音に雑音成分を付加した音（NOISE）の六つの音を使って音色の類似性判断実験を行い，多次元尺度構成法で分析を行った[16]。

得られた2次元解を図5.4に示す。これによると，演奏音を録音したRECは，AF-FFと最も音色が近く，NON-MODやNOISEとは離れて布置していた。AF，FFは，ちょうどAF-FFとNON-MODの中間あたりの布置であった。このような傾向は，不規則な振幅変動，周波数変動が，ともにアルトリコーダの

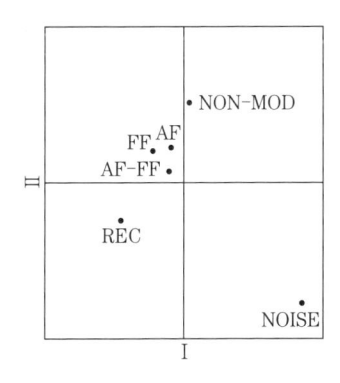

図5.4 六つの音色の類似性判断を多次元尺度構成法で分析した結果[16]

音色の特徴を決める重要な要素であり，これらが欠けるとアルトリコーダ本来の音色が得られないことを示すものである。また，NOISE の布置が AF-FF の布置とずいぶん離れていることから，振幅変動，周波数変動の影響は，雑音成分のものとは異質のものであることがわかる。

Fletcher らは，電子的にピアノらしい音を合成し，被験者に実際のピアノ音を録音したものと比較させることによって，ピアノらしい音質とはなにかについて検討している[17]。ピアノらしさを出すために，立上がりの鋭さは重要な要素で，低音域では 0 から 0.09 秒，中音域では 0 から 0.05 秒程度，高音域では 0 から 0.04 秒程度の範囲に立上がることがピアノらしさを決めている。減衰特性に関しては，低音域で 5〜9 秒，中音域で 2〜5.5 秒，高音域で 1〜4 秒程度のゆるやかな減数特性がピアノらしさを生じさせている。

ピアノでは弦を叩いて音を出すが，弦の太さが一般の弦楽器に比べて太い。特に，低域の弦では，太さは顕著である。十分に細い弦では調波成分（倍音関係にある音）を発生するが，弦が太くなると棒の性質をおびることになり，発生する音の周波数は調波関係からずれてくる。低音部においては，非調波成分によってもたらされる音色の特徴は，ピアノらしさをかもし出す重要な要因になっている。非調波成分は，ピアノ演奏音の音色に暖かみを与え，生き生きとした響きにするのに貢献する。

バイオリン属の楽器の特徴は，倍音が豊富，十分に強い基本音，山形のスペクトル形状，ビブラートにおいて周波数変調が振幅変調を伴う（5.2.4 項参照）などである[18]。

5.2.3　楽器音の立上がりと減衰過程が音色に及ぼす影響

音の振幅包絡のうち，立上がり部分の形状は，楽器音の識別において，重要な手がかりとなっている。これに対し，減衰部分は識別の手がかりという面ではあまり重要視されていないが，残響時間等と関連する部屋の響き感の知覚という面では重要な手がかりを担っている。

つまり，音の立上がり部分は音の発生源自体の認識に，音の減衰部分は音を

伝達する系の特性の認識に，重要な役割を演じているのである。ごく初期の音の立上がり部分からは，直接音のみの情報を取り出すことができるので，音響空間の特性の影響を受けにくく，ここを手がかりとして音源の識別を行うのは，効率的な情報処理といえよう。同様に，系の特性が最も顕著に現れる（あるいは，系の特性そのものを観測できる）減衰部分を系の特性の把握に役立てることは，理にかなった行動といえる。

アメリカ音響学会が発行している聴覚デモンストレーションCD（auditory demonstrations on compact disc）には，ピアノ音を録音したものを逆向きに再生した音が含まれている。ピアノ音と似ても似つかぬ音色に聞こえる。

Bergerは10種類の管楽器音をテープレコーダで録音し，さまざまに加工した楽器の識別テストを行った[19]。録音したテープをそのまま再生する条件では識別率は59％であるのに対し，反転させて再生した条件では42％，立上がり部および減衰部を除去した条件では35％に低下する。反転および除去条件では金管か木管かの判断においても，同様の識別率低下が見られる。

SaldanhaとCorsoも同様の試みにより，10種類の楽器音の識別率が立上がり部と減衰部を除去した定常部では32％であるが，これに立上がり部を付加すると47％になることを示している[20]。ただし，減衰部は識別率に大きな影響はないとしている。

3.4.1項で紹介しているように，MillerとCaretteretteは，多次元尺度構成法の手法を用いた分析によって，周波数スペクトルと振幅包絡の音色への影響を検討した[21]。振幅包絡としてhorn型（立上がりの鋭いピークから減衰して定常部がある），string型（立上がってピークに達したのちすぐに減衰する），台形（立上がってそのまま定常部になる）の3種類の刺激音を用いている。

基本周波数をそろえていない実験1で得られた3次元音色空間では，2次元は振幅包絡に関するもので，一つの次元は定常部の有無を表し，string型と他を区別し，もう1次元は第1立上がり部のオーバーシュート（立上がりの鋭いピーク）の有無を表し，オーバーシュートのない台形と他を区別する。

基本周波数を一定として実施した第2実験でも，3次元解を得ているが，そ

のうち1次元が振幅包絡に対応する。**図5.5**は、Ⅰ軸とⅢ軸により構成される平面上の刺激音布置である。Ⅰ軸上には成分数が3, 5, 7の刺激音が順番に並ぶ。Ⅲ軸上には振幅包絡が台形, horn型, string型の順に並ぶ（各刺激の大ざっぱな振幅包絡の様子が、図中に示されている）。これは、定常部の長さに対応する。各成分の立上がり時間の影響は明確ではない。

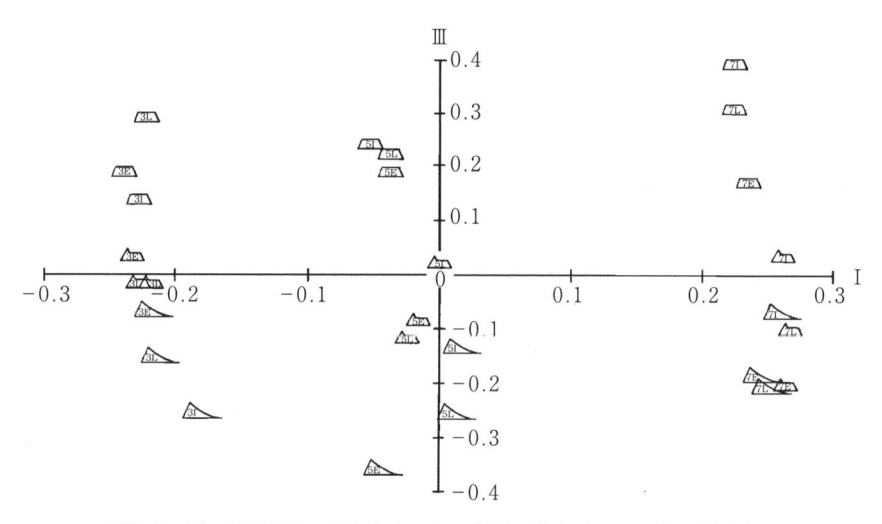

刺激音の形で振幅包絡の形を表す。中の左側の数字（3, 5, 7）は倍音数、右側のL, E, Iは、倍音ごとの立上がり時間の違いを表す。

図5.5 Miller & Carterette の第2実験で得られたⅠ軸（横方向）-Ⅲ軸（縦方向）平面における刺激音の布置[21]

これらの結果は、いずれも、振幅包絡の違いが、周波数スペクトルとは独立した形で、音色知覚に影響を及ぼしていることを示すものである。

5.2.4 ビブラートの効果

ビブラートは、各種の楽器や歌声などで多用される手法で、楽器音の音色を豊かにするのに効果的である。3.5.2項でも示したように、Seashoreの研究によると、ビブラートは1秒間に6〜8回程度、周波数や振幅を周期的に変化させる手法である[22]。合成した周波数変調音を用いた印象評価実験により、毎秒

7回程度の周期的変化が，最も快く感じられるビブラートであることが示されている[23]。

バイオリンなどの擦弦楽器にビブラートをかけた音は，共鳴器の鋭い周波数・振幅特性に従って，周波数変調に対応した振幅変調を伴うが，共鳴特性の正の傾きをもつ部分と負の傾きをもつ部分では，振幅変調の位相が逆になる。しかも，このような成分ごとに位相の異なる振幅変調が，バイオリンのビブラート音におけるバイオリンらしさに大きく影響する[18),24)]。同様の現象は，声楽のビブラート音でも，指摘されている[25)]。

また，電子楽器や種々のエフェクタ（フランジャー，フェーズ・シフター等）においても，周波数スペクトル構造を時々刻々変化させて，ビブラートと同じような効果を演出している。伝送系の群遅延特性によって，各周波数帯域間の振幅包絡パターンの関係が原音のものと異なることによる，音質の劣化も指摘されている。

岩宮らは，複合音の各成分の振幅包絡形状と音色の関係を，多次元尺度構成法を用いて解明し，成分間の振幅包絡の相関を感知する聴覚の機能が音色知覚へ寄与することを示した[26),27)]。聴覚系には臨界帯域以上離れた成分の振幅包絡間の相関を感知する能力があり，この能力によって各成分の振幅包絡の違いを認識していると考えられる。その結果，時々刻々の周波数スペクトルの変動をとらえることができるのである。

5.2.5　各種の楽器音の音色の特徴を包括的にとらえる

3.4.3項で示されているように，Greyらは，多次元尺度構成法によって知覚空間上の楽器音の布置を求め，3次元空間上で楽器の音色の特徴を示した（図3.16）。この空間を横切る平面上には円環状に木管，金管，弦楽器の楽器の種類別に並んでいる[28)]。

Greyらの多次元尺度法による楽器音の分析により，われわれが楽器の音をどのようにとらえているのか，おおよその様子を知ることができる。しかし，彼らの実験で利用された楽器音は，ある特定の基本周波数の単音である。実際

の楽器音のイメージは，もっと多様な演奏音の経験により形成されている。このような多様な音を聴取実験の刺激音として使うことは不可能であるが，人間がもつ楽器音のイメージを直接判断させることはできる。

楽器のイメージそのものを分析した例もある。1.3節で紹介した，楽器のイメージの多次元尺度構成法による布置もその一つである[29]。この研究では，われわれが，擦弦楽器，木管楽器，金管楽器のように一般的な楽器分類のイメージと，音域に応じたイメージの両面をもっていることが示されている。

岩宮は，楽器に精通した被験者に楽器音のイメージを分類させる分類法により，われわれがさまざまな楽器に対してどのようなイメージをもっているのかを検討した[30]。楽器間の類似性行列を通常の階層的クラスタ分析と**ファジィクラスタ分析**を用いて分析している。ファジィクラスタ分析による結果を**図5.6**に示す。図では，各クラスタを異なるハッチングで表し，縦方向のハッチングの長さが，各楽器が各クラスタに対するメンバーシップ（各クラスタに属する度合いを0から1の数字で表現したもの）を表す。

各クラスタは，チェレスタやグロッケンシュピールの鉄琴類，ギターやハープシコードといった撥弦楽器，ファゴットやイングリッシュホルンのリード（木管）楽器，フルート，ピッコロのエアリード楽器，チューバやトロンボーンのリップリード（金管）楽器，バイオリンやビオラのバイオリン属などの擦弦楽器を中心としたものであることがわかる。この分類は，従来の楽器学による楽器分類と，ほぼ対応したものとなっている。

ファジィクラスタ分析の結果の特徴は，大きな**メンバーシップ**を示すクラスタがなく，どのクラスタに属するのかが曖昧な楽器が存在することである。

例えば，シロホンは比較的鉄琴クラスタにメンバーシップが高いが，実際には「木琴」であるので，他の鉄琴ほどにはメンバーシップは高くない。このことにより，同じクラスタとして分類されることを示しつつも，シロホンが鉄琴楽器属とは少し隔たりがあることが示されている。

オルガンの場合も発音機構が同一で音色も似ているため，リード楽器に対す

5.2 楽器音の音色

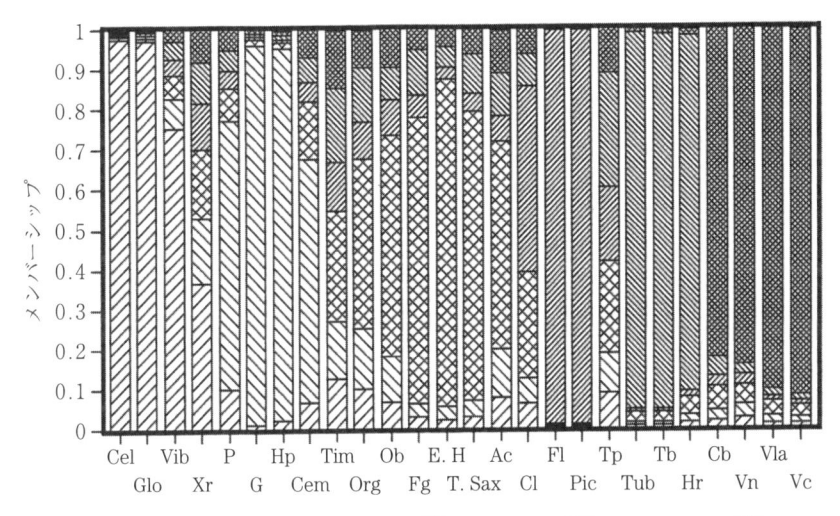

凡例: 鉄琴　撥弦　リード　エアリード　リップリード　擦弦

Glo：グロッケンシュピール（鉄琴），Vc：チェロ，Cel：チェレスタ，Cb：コントラバス，Vib：ヴィブラフォン，Tub：チューバ，Xr：シロホン（木琴），Hr：ホルン，P：ピアノ，Tb：トロンボーン，Cem：チェンバロ，Fg：ファゴット，Hp：ハープ，T. Sax：テナー・サックス，G：クラシック・ギター，Org：オルガン，Fl：フルート，Ac：アコーディオン，Pic：ピッコロ，Tp：トランペット，Cl：クラリネット，Ob：オーボエ，Vla：ビオラ，E. H.：イングリッシュ・ホルン，Vn：バイオリン，Tim：ティンパニー

図5.6 楽器音のイメージのファジィクラスタ分析（ハッチング各領域の長さがそれぞれのクラスタのメンバーシップを表す）

るメンバーシップは高いが，木管楽器属とは少し性格が異なる傾向が示されている。

トランペットも，他のリップリード楽器と少し毛色の変わったイメージを抱かれており，リップリード楽器クラスタへのメンバーシップは低い。トランペットの音域が他のリップリード楽器よりも高く，華やかなメロディー楽器のイメージがあるためであろう。

同様のデータに通常の階層的クラスタ分析を試みて，得られた**デンドログラム**（樹状図）を**図5.7**に示す。図によると，図5.6とほぼ対応した，六つのクラスタが構成されている。

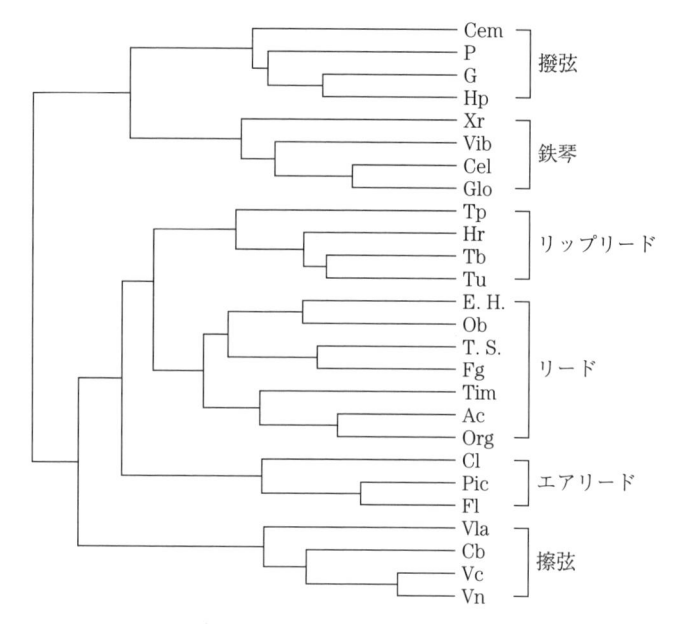

140   5. 音色・音質評価のさまざまな対象

図 5.7　楽器音のイメージの階層的クラスタ分析

5.2.6　名器「ストラディバリウス」の音質

　バイオリンの世界では，ストラディバリウスやガルネリといった，いわゆる**名器**がとてつもない値段で取引されている。10何億円といった値段で取引されることもあるらしい。こういった神格化された名器は，その値段や名声にふさわしい音色を奏でるのであろうか？

　テレビ番組では，しばしば名器と普通のバイオリンの聴き比べを実施している。たいていの場合，ほとんどわからないようである。二者択一なので，50％程度は偶然当たる。番組としては，そのほうが面白いのだろう。ただし，音質に関するコメント（「柔らかい」とか「伸びのある」とか）に関しては，おおむね妥当な意見を述べている。

　徳弘らは，名器の音色に科学的に迫るために，厳密な条件下で聴き比べ実験を試みた[31]。この実験では，ストラディバリウス（数億円），プレッセンダ（数千万円），中級品（50万円），低級品（5万円）の4種類のグレードのバイオリ

ンが使われている。まず、一流の演奏家による演奏を録音し、被験者に何度も聴かせてそれぞれの音の特徴を記憶させる。そして、音だけ聴かせて、どの楽器かを回答させた。その結果、ストラディバリウスの正答率は53％だった。高い正答率とはいえないが、チャンスレベル（25％）は上回っている。少なくとも、中級品、低級品と間違えることは少なかったようである。被験者の内観報告によると、「音の伸びがいい」「音の厚みがある」ことがストラディバリウスと判断する手がかりだったという。

ところが、同じ被験者に対して、生演奏で同じ実験をしたところ、ストラディバリウスの正答率は22％に下がってしまった。この値は、チャンスレベルにほぼ等しい。演奏者のすばらしい演奏に聴き入ってしまい、聴き比べがおろそかになってしまったと解釈されている。名器の秘密には迫るのは、難しそうである。

5.3 コンサートホール（聴くための空間）の音質評価

5.3.1 コンサートホールに求められる音響条件

コンサートホールは音楽を聴くための空間である。聴衆に良質の音楽を提供するために、コンサートホールには音響的に厳しい条件が求められる。橘によると、コンサートホールに必要な音響条件として、騒音が少ないこと、音が大きく聞こえること、適当な響きがあること、エコー障害がないこと、広がり感があること、明瞭に聞こえることの七つの条件が示されている[32]。

音楽を聴くことに集中する空間が、コンサートホールである。外部の騒音が室内に入らないように、内部はなるべく騒音が出ないようにすることが必要とされる。ホールの静けさは、**NC**（noise criteria）**値**、**NCB**（balanced noise criteria）**値**といった1/3オクターブごとに求めた騒音レベルの最大値に対応した指標値で見積もることができる。

演奏音がいずれの座席でも十分な音量が得られることも大事である。演奏音の音量は、無指向性の音源に対する各座席の**音圧レベル分布**で確認することが

できる。

　適当な響きは，演奏音の音色を豊かなものにする。部屋の響きの状態は，定常状態から 60 dB 減衰する（エネルギーが 100 万分の 1 になる）時間で定義された，**残響時間**で評価できる。ただし，最近は，定常状態から 10 dB 減衰する時間を 6 倍して求める，**初期残響時間**（early decay time, EDT）が評価指標として用いられることもある。EDT のほうが，実際の残響感との対応がよいともいわれている。

　ロングパスエコー，**鳴き竜**（**フラッタエコー**）といった有害な反射音は，音楽聴取の妨げとなる。ロングパスエコーは，長い時間を経て到来する反射音で，直接音と分離して聞こえる。鳴き竜は，エネルギーの高い反射音が周期的に繰り返す現象で，ビーンといった音楽には不必要な音が聞こえる。

　広がり感があることは，豊かな音質を作り出すためには不可欠な条件で，側方からの反射音の相対的割合を定量的に定義した **LE**（lateral efficiency），**RR**（room response）によって見積もることができる。最近は，両耳間の相互相関に着目した，**両耳間相互相関度**（interaural cross-correlation coefficient, IACC）を指標とすることが一般化してきた。

　両耳間相互相関度は，両耳に入力する音圧波形がどの程度一致しているのかを示す指標で，ある時間帯（-1 ms から $+1$ ms）での基準化両耳間相互相関関数の絶対値の最大値をさす。**基準化両耳間相互相関関数**（normalized interaural cross correlation function, IACF）は以下の式で定義される。

$$\mathrm{IACF}_{t_1,t_2}(\tau) = \frac{\int_{t_1}^{t_2} P_r(t) P_l(t+\tau) dt}{\left[\int_{t_1}^{t_2} P_r^2(t) dt \int_{t_1}^{t_2} P_l^2(t) dt\right]^{\frac{1}{2}}} \tag{5.1}$$

$P_r(t)$，$P_l(t)$ は，それぞれ時間 t における左右の耳に入る音の音圧を示す。t_1, t_2 は測定時間で，$t_1=0$，$t_2=\infty$ だが，実際には，t_2 としては残響時間程度を測定時間としている。

　両耳間相互相関度は，$\mathrm{IACC}_{t_1,t_2} = \max |\mathrm{IACF}_{t_1,t_2}(\tau)|$ の式で定義されている

(max：最大値を求めることを意味する)。ただし，$-1\,\mathrm{ms} < \tau < +1\,\mathrm{ms}$ である。

明瞭に聞こえることは，初期の反射音の相対的エネルギーを求めるD値 (definition)，C値 (clarity) によって評価できる。

5.3.2 ヨーロッパのコンサートホールの音質比較

Schroederらは，無響室録音したモーツアルトの「ジュピター」をヨーロッパの代表的な22のコンサートホールで再生し，ダミーヘッドの人工耳に取り付けたマイクロホンで録音し各ホールで同一の音楽を聴いた音を作成した。これを無響室で再生し，一対比較法を用いて被験者に各ホールの音質の好みの評価をさせた[33]。この際，ダミーヘッドの右耳から人間の左耳，左耳から右耳へのクロストークをキャンセルするような信号処理システムを用いている。

得られた評価値をもとに被験者を変量として因子分析を行い，被験者に共通した好みの因子(総合的好み)と，被験者の好みの個人差を表す因子を得た。**図5.8**に，その結果を示す。図中，各ホールはアルファベット(A，B，C，…)で示されている。各被験者の好みの傾向は数字と矢印で示されている。この図中，1軸上右側に布置しているコンサートホールは，万人に好まれる音質のホールであり，左側に布置するホールは嫌われる音質のホールである。また，2軸上，上下に位置するホールの音質は，個人差が大きく，好きな人と嫌いな人がいる。

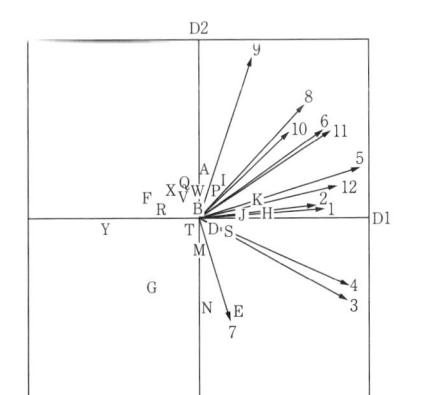

D1：一般的好みを表す因子，D2：好みの個人差を表す因子
数字：被験者，アルファベット：ホール

図5.8 ヨーロッパの代表的なホールの音に対する好みの因子分析[22]

さらに、残響時間2.2秒以下のホールについて、各因子と室内音響の物理指標との対応関係を求めている。図5.9には、各物理指標と図5.8に示された各ホールに対する全体的な好みの因子得点および好みの個人差の因子得点の相関係数を示す。これによると、残響時間が長いほど総合的な好みは高まる、両耳間相互相関度（IACC）は総合的好みと負の相関がある、ホールの幅が広いと好まれない、D値（インパルス応答の「最初の50 ms間に到来するエネルギー」と「全体のエネルギー」の比）は総合的好みと負の相関がある、直接音と第1反射音の時間遅れとホールの体積は総合的好みと負の相関があるが好みの個人差とも負の相関が高いとの傾向が示されている。

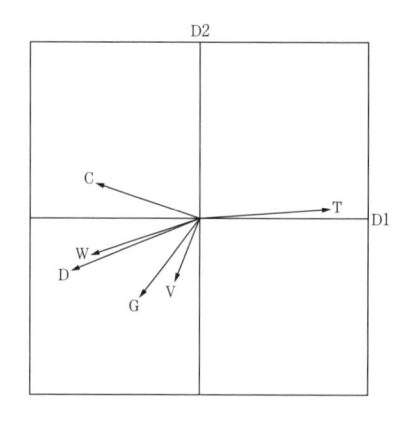

T：残響時間、C：両耳間相互相関度、W：ホールの幅、D：（最初の50 m秒のエネルギー／全体のエネルギー）、G：直接音と第1反射音の時間遅れ、V：ホールの容積と全体の好み（D1）および好みの個人差（D2）との相関係数（D1, D2軸の座標がそれぞれの相関係数）

図5.9　各物理指標と各ホールに対する全体的な好みの因子得点および好みの個人差の因子得点の相関係数[33]

残響時間が2秒以上のホールでは、残響時間と総合的好みは負の相関があり、好みの個人差とも高い負の相関がある。一般に、被験者はあまり長い残響を好まなかったが、長い残響を好む被験者もいた。

IACCと音場の好みの関係は、安藤らによっても示されている[34]。安藤らは、コンサートホールでの音場をシミュレーションし、どのような反射音構造の場合に好みの演奏音になるのかを主観評価実験により検討した。その結果、IACCが小さいと、演奏音が好まれる傾向を得た。IACCが小さいと、音の空間性、広がり感が増し、好ましい音楽演奏となる。

5.3.3 両耳間相関係数と「広がり感」

ノイズなどを用いて行われる音の空間性に関する心理実験には，**両耳間相関係数**が指標として用いられる。両耳に入力する音の波形がまったく同一の場合，相関係数は+1となる。どちらか一方を逆位相にすると，-1になる。両者がまったく関係のない場合，0となる。

両耳間相関係数においても，両耳間相関度と同様に，0に近いほど**広がり感**（spatial impression）が増す。

穴澤らは，種々の両耳間相関係数を有する帯域ノイズを用いて，広がり感と相関係数の関係を求めた[35]。1/3オクターブバンドノイズを再生し，これをさまざまな距離に配置した2 chのマイクロホンで録音することによって，両耳間相関係数の値が異なる実験用刺激を作成した。

「広がり感」の比較実験により，相関係数が正の範囲（0から+1）では，相関係数が小さくなるほど広がり感が増加する傾向が認められている。また，相関係数が大きい場合には相関係数の変化を検知しやすいが，小さくなると変化が検知しにくくなる。

さらに，中心周波数125 Hzから1 kHzにかけての帯域ノイズの広がり感が聴取実験によって求められ，低域ほど広がり感が増すことが示されている。

BlauertとLindemannは，ヘッドホンを通して，種々の両耳間相関係数をもつピンクノイズ，帯域ノイズを呈示し，被験者に頭内に生じる音像を，直接，頭部を模擬した地図に書き取るという実験を行い，両耳間相関係数と広がり感の対応関係を求めた[36]。

ピンクノイズの場合，相関係数が1のときには，頭内，正中面に一つの音像が生じ，相関係数が減少するとともに，音像は分離し広がってくる。相関係数0.75から0.25にかけては，平均的に，正中面に一つと左右に各1の三つの音像が生じる。そして，相関係数が0のときには，左右の耳付近に二つの音像が生じる。

帯域ノイズを用いた実験では，穴澤らが示した傾向と同様に，中心周波数が上昇するほど広がり感が減少する傾向が認められている。同時に，中心周波数が上昇するほど，音像が頭上へ上昇する傾向が示された。

相関係数と音像の面積の関係を求めたところ，帯域ノイズのデータを被験者ごとに標準化した（平均0，標準偏差1）ときの垂直方向のみ対応が認められ，相関係数が小さいときほど面積が大きくなっている。

黒住と大串は，両耳間相関係数−1から+1のホワイトノイズと帯域ノイズを用い，無響室内で音像の質の類似性判断実験を行い，多次元尺度構成法で分析し図5.10に示す2次元の刺激音布置を得た[37]。1軸方向は，相関係数の絶対値と，2軸方向は相関係数そのものと対応していた。さらに，広がり感，距離感，上下感の印象評価実験により，1軸は広がり感，2軸は距離感と対応することが示された。つまり，相関係数の絶対値が小さくなるほど音像は広がり，相関係数が大きいほど音像は遠方に知覚されている。上下感に関しては，個人差が大きく，一定した傾向が認められていない。

帯域ノイズでの実験により，1軸方向の座標には周波数帯による差は認められないが，2軸方向の座標の差は高周波領域では小さくなることが示された。広がり感の変化は，高い周波数帯でも知覚されるが，距離感は知覚されにくく

●に添えた数字が両耳間相関係数を表す

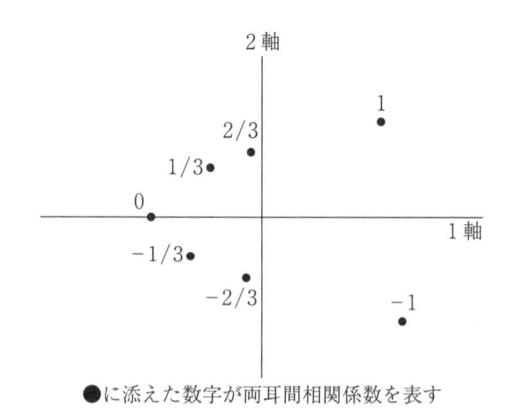

図5.10　両耳間相関係数−1から+1のホワイトノイズと帯域ノイズを用い音像の質を類似性判断し，多次元尺度構成法で分析して得た刺激音の布置[37]

なる。

　さらに，彼らは，残響時間 0.77 秒の会議室でも，同様の実験を行い，ほぼ同様の傾向を得ている。ただし，高域では，遠近感の違いがわかりにくくなっている。

　また，彼らは，音像の広がりを，**空間マスキングパターン**によって，客観的にとらえようとした[38]。相関係数 1 では，正面方向で，マスキング量が最大となり，そこに音像が生じていることが確認された。相関係数 0 の条件では，左右 30 度の方向でマスキング量が最大となり，その分，音像が広がっていることがわかる。ただし，相関係数が −1 のときには，マスキングパターンにあまり差はなく，幅の狭い音像との印象と必ずしも一致しない。

5.3.4　「見かけの音源の幅」と「音に包まれた感じ」

　実際にコンサートホールなど音楽演奏を聴いているときに感じる広がり感は，**見かけの音源の幅**（apparent source width，**ASW**）と**音に包まれた感じ**（listener envelopment，**LEV**）の二つの性質に区別することができる。

　森本らは，**初期部**（直接音と初期反射音）の両耳間相関度と**残響部**の両耳間相関度を独立に変化させた音場を使用し，音場の類似性判断と一対比較法による評価実験を行った[39]。刺激音には，無響室録音のバイオリン独奏「序奏とロンド・カプリチオーソ」（サン・サーンス）第 1 楽章 7〜12 小節（約 14 秒）が用いられている。一対比較法による実験は，見かけの音源の幅，音に包まれた感じ，室空間の大きさ（音場を形成している室の大きさ），見かけの音源の奥行，見かけの音源の輪郭，見かけの音源までの距離の六つの観点から行われた。

　類似性判断の結果を多次元尺度構成法によって分析し，**図 5.11** に示す 2 次元解を得ている。一対比較実験の結果はサーストンの一対比較方法により分析し，各音場に対する距離尺度値を求めている。二つの結果を基に重回帰分析を行い，「見かけの音源の幅」と「音に包まれた感じ」が区別できる性質であることを明らかにしている。さらに，「見かけの音源の幅」は全体（初期部＋残響部）の両耳間相関度と，「音に包まれた感じ」は残響部の両耳間相関度と対

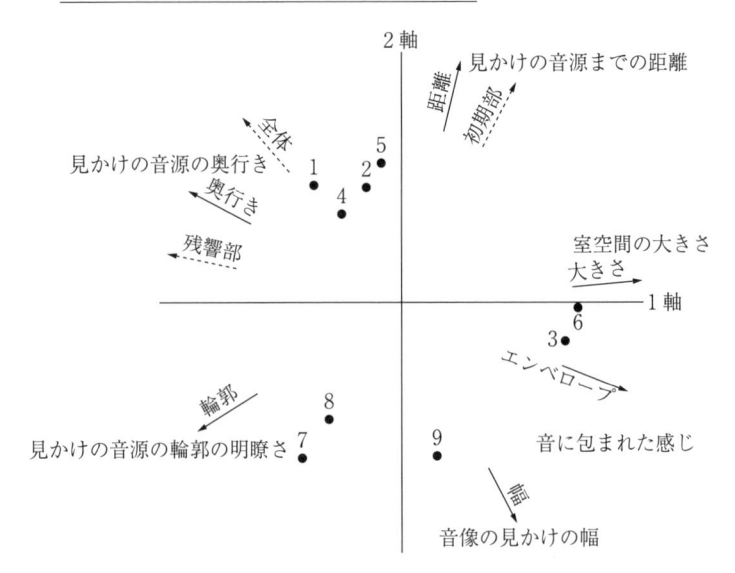

5. 音色・音質評価のさまざまな対象

図5.11 多次元尺度構成法で得られた刺激の布置に，各音に対する印象，初期部と全体（初期部＋残響部）の両耳間相関度（IACC）の関係[39]

応することが明らかにされた。

「見かけの音源の幅」と「音に包まれた感じ」が区別できる性質であることは，BradleyとSoulodreによっても，確認されている[40]。BradleyとSoulodreは，無響室で録音されたヘンデルの「水上の音楽」の冒頭20秒の演奏音を用いて，さまざまな音場をシミュレーションして印象評価実験を行い，見かけの音源の幅が初期（直接音から80 msまで）の側方からの反射音によって得られ，音に包まれた感じが後続（直接音から80 ms以降）の側方からの反射音によって得られることを示している。音に包まれた感じは，後続の側方からの反射音エネルギーが高いほど，入射角が90度に近いほど強くなる。また，音に包まれた感じが強い条件では，見かけの音源の幅の違いがわかりにくくなる。このような実験結果をふまえて，彼らは，コンサートホールにおいては，後続の側方からの反射音をできるだけ大きくなるように設計すべきであると提言している。このような傾向に関しては，第一波面の法則が成立する上限を超える成分が「見かけの音源の幅」に貢献し，上限を超えない成分が「音の包まれた感じ」に貢献するという解釈もある[121]。

5.4 音　　　　声

　音声の品質評価は，**通話品質**という通信の研究分野で発展してきた学問分野である。わが国の通信事業の民営化とそれに伴う電話機の市場での自由売買化，および携帯電話の普及により，通話品質という言葉も市民権を得たが，1990年代初頭までは，まだ専門用語の範疇であった。

　Graham Bell が 1876 年に電話を発明して以来，電話伝送技術とその評価手法は並行して発展してきた。そのため，主流となる品質評価尺度や手法は時代とともに変化してきた。電話伝送系では，1m 離れたときの二話者が会話している状況を理想として，これを再現しようとするものである。通話品質評価は，この理想状況をどの程度達成できるかを評価し，数値化したものである。電話伝送系の評価尺度は，まず相手の発話の音韻が理解できるかを表す**明瞭度**，あるいはこれに基づく **AEN**（affaiblissment équivalent pour la netteté, 明瞭度等価減衰量）から始まり，これが満たされてくると，快適な音量で通話できるか否か，という音量に基づく品質評価尺度の **RE**（reference equivalent, **通話当量**），そして，その改良された尺度の **LR**（loudness rating, **ラウドネス定格**）を経て，通話の総合的な満足性を評価する尺度へと，評価軸の中心を時代とともに移しながら発展してきた。以下では，おもに固定電話系における通話の総合的な満足性を評価する方法を中心にして述べる。

5.4.1　通話品質に影響を与える諸要因

　電話網内で発生する物理的支配要因に起因する通話品質を**伝送品質**という。現在の固定電話網で，通話品質に影響を与える代表的な物理的品質支配要因について，これらの要因とその発生箇所を**表 5.1** に示す。

　表ではおもにアナログ網の品質支配要因を中心に記したが，このほかにディジタルひずみがある。ディジタルひずみは，PCM（pulse code modulation, パルス符号変調）方式の粒子性雑音や，ハーモニック符号化の「ピロピロ」と電

表5.1 通話品質に影響を与える各種要因

発生箇所の大分類	レベル	種　類	具体的発生箇所
電話網上の要因	物理要因	音量損失	加入者回線，市外回線
		回線雑音	端局，中継回線
		量子化雑音	PCM端局装置
		局内雑音	トランク，電源回路
		誘導雑音	伝送線路
		反　響	インピーダンス不整合点
		遅　延	市外回線，加入者線
		準鳴音	市外回線
		漏　話	市外回線，加入者線
		減衰ひずみ，群遅延ひずみ	市外回線，加入者線
		非直線ひずみ	電話機，市外回線
		時間切断ひずみ	拡声電話機
		話頭話尾切断	エコーサプレッサ
		側　音	電話機
環境要因		室内騒音	送話環境
電話網使用時の人間要因(利用者要因)		発声レベル	送話者
		ハンドセットの保持位置	送話者
		受話器の耳への押し付け圧力	受話者
	言語要因 心理要因	話し方	送話者
		発話権取得方法	送受話者
		使用言語	
		対人関係	

子楽器から発音されているような印象を与えるミュージカル雑音のように，雑音の音色的特徴に名称が与えられるものがあるが，おもにディジタル符号化方式に固有な雑音として記される。

　現在多くの人が携帯電話を利用するようになり，ディジタル符号化音声による通信が一般的になっており，通話品質を妨害する品質要因も歴史的な変遷を辿っている。また，電話機の発明以来，通話は相手の声が聞こえて，音韻が復元できればよい，とするコミュニケーションの品質観で始まっており，音楽受聴に比べて低品質でも満足できる流れが現在でも踏襲されている。また，固定電話が廃れ，携帯電話が発展するにつれ，その利便性の確保に努めるあまり，ユーザはさらに相対的に低音声品質でも満足するようになってきた。一般にわれわれは電話発展の歴史的経緯から，音楽の受聴品質と通話品質はあくまでも別のものと考えている。

5.4.2 明瞭度,AEN,および関連尺度

このような通話品質の尺度は,まず,音声が聞き取れるかどうか,という音声の明瞭性に基づく尺度から発展した。明瞭性には,音素レベルから単音,単語,文章,と音声言語の単位により区分されており,以下では代表的な尺度を紹介する。

〔1〕 **明瞭度** 明瞭度は,相手の音声を明瞭に聞き取れるか,という電話の第一義的な機能をどの程度満たすかを表す品質尺度である。電話網発達の初期においては,通話の明瞭性の確保が主要な課題であったため,主要な尺度として明瞭度が用いられた。

試験用音節を試験系に送話し,受聴側の熟練した試験員により,正しく受聴できた割合(正答率)を求める。これを明瞭度という。通常日本語の場合は100音節が用いられる。このときの音韻正答率を音節明瞭度といい,これをもとにして単音の明瞭性を表すのが単音明瞭度である。

この測定法は非常に労力を要するため,音声の平均音圧レベルから平均雑音レベルを差し引く実効感覚レベルと明瞭度とを関係付ける明瞭度指数を算出する方法など,明瞭度の理論的計算法も提案された[41]。このような研究が行われた後,1954年にCCIF†で明瞭度を伝送品質測度とした国際電話伝送基準を作成した。

〔2〕 **明瞭度に準じる評価尺度 DRT,MRT** 英語では,混同しやすい子音を含む単語の対(例えば kite-tight, pike-bike)により明瞭度評価を行う DRT(diagnostic rhyme test),あるいは,(bad, back, ban, bass, bat, bath)などの六つの単語から適当と思われる1単語を選ばせ,その正答率をスコアとする MRT(modified rhyme test)などもある。

〔3〕 **単語・文章了解度** 単語・文章了解度は,文字どおり,単語や文章を試験音として送話し,そのときの正答率をいう。用いる単語リストは,一般に

---

† CCITT の前身。CCITT は Comitée Consultatif International Télégraphique et Téléphonique(国際電信電話諮問委員会)の略称。1993年に ITU-T(国際電気通信連合 電気通信標準化部門)として ITU の下部機関に改組された。

音韻のバランスが考慮された**PB**（phonetically balanced）**単語リスト**を用いる。

自然音声の発声では，単音明瞭度80％が文章了解度96％に相当し，これは被験者の50％が100％の文章了解度をもつことが知られている。一般に，実験効率が悪く，音韻明瞭度と単語・文章了解度との換算が可能などの理由により，現在では頻繁には用いられない。

5.4.3　通話音量に基づく尺度 RE および LR

しかし，電話が普及し，電話伝送方式が相対的に向上すると，明瞭度では，高い評価値が出すぎて，尺度として都合が悪くなってきた。そのつぎに考案された尺度が通話音声のラウドネス（音の大きさ）に基づく尺度 RE である。

これは，送話側で試験音声を送信し，受話側で，試験系と標準系とのラウドネスバランスを取る試験である。両方の系のラウドネスが等しくなったときの，減衰器の読み〔dB〕をRE値とする。この測度は暫く用いられたが，相加性が悪いという欠点があった[42]。すなわち，電話系を送話系，伝送系，受話系と分け，個々に測定したRE値の和と総合的な系のRE値があまりよく一致しないという欠点である。

この欠点を改善すべく登場したのがLRである。REの問題点を改善しCRE（corrected reference equivalent）なる尺度を経て基準系を改善することにより，相加性を向上させた。

LRは標準系との相対関係でラウドネスを表す。標準系はNOSFER（nouveau système fondamental pour la détermination des équivalents de référence）と呼ばれる。これとIRS（intermediate reference system）と呼ばれる中間基準系とを併用する。LRの測定原理を**図5.12**に示す。標準系とIRSとの間でラウドネスバランスをとり，このときのIRS側に挿入されたアッテネータの読みをX_1とする。また，標準系と測定系の間でも同様にラウドネスバランスをとり，このときの測定系側に挿入されたアッテネータの読みをX_2とする。LRは

5.4 音声

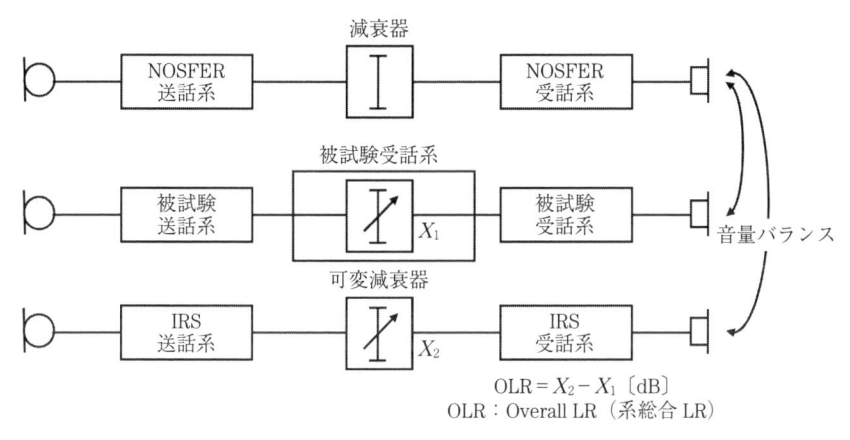

```
  ○──[NOSFER送話系]──[減衰器]──[NOSFER受話系]──□ ⎫
                                                    ⎪
          被試験受話系                               ⎪
  ○──[被試験送話系]──[　　]X₁──[被試験受話系]──□  ⎬ 音量バランス
            可変減衰器                              ⎪
  ○──[IRS送話系]──[　　]X₂──[IRS受話系]──□       ⎭

            OLR = X₂ − X₁ 〔dB〕
            OLR：Overall LR（系総合LR）
```

図 5.12　LR の測定原理

$(X_2 - X_1)$ dB と定義される。

一方，Fletcher の理論[43]に基づき客観的に計算する方法も提案されている[44]。

5.4.4　通話の満足度を表す平均オピニオン値　MOS

電話網のディジタル化が進むにつれ，それまでのアナログ網では存在しなかった新たなひずみが登場した。PCM − 24 符号化方式以降，内部で生じる粒子状量子化ひずみや，過負荷ひずみのほか，網構成に起因して，音声接続数，符号誤り雑音などが新たなディジタル品質支配要因として加わった。また，各種波形符号化方式，スペクトル符号化方式，規則合成方式にはそれらに固有な支配要因があり，これらの登場により，今後とも網内の品質支配要因が増加していくと考えられる。

こうした状況の中で，明瞭度や LR などの通話の一側面のみに着目した尺度とは別に，通話の総合的な満足性を表す尺度が必要になってきた。**オピニオン評価尺度**は通話の総合的な満足度を表す尺度で，これを得るためのオピニオン試験は，系列範疇法の一つである。

オピニオン評価試験では，被験者は通話品質を日常電話を使用する観点に立って「非常に良い(Excellent：E)」，「良い(Good：G)」，「まあ良い(普通

(Fair：F)」,「悪い(Poor：P)」,「非常に悪い(Bad：B)」の5段階に評価する。得られた評価データからこれらのカテゴリにそれぞれ4-0点に割り当て，通話の満足度を表す評価尺度として**平均オピニオン値**（mean opinion score, MOS）を算出する。MOSのほか，EとGのいずれかに評価する割合（% E or G；E+G），PとBのいずれかに評価する割合（% P or G；P+B）なども用いられる。

オピニオン試験では，フィールド実験も含めた実験的検討により，評価対象となる試験条件の枠組みが評価に大きな影響を与えることが知られ，試験条件を現状の通話品質を反映するような試験条件群として構成すれば，安定して評価値が得られることが示されている[45]。

実験は二者が会話しながらその通話の快適性を評価する会話試験と，送話者が試験音声を送信し，受聴者がこの音質を評価する受聴試験との二種類の試験方法がある。前者は会話のやりとりを行うときの品質支配要因である，絶対遅延，送話者反響，受話者反響，側音などを評価するときに用いられる。これに対し，各種の音声符号化方式，損失，雑音などの音声そのものの妨害要因は受聴試験により測定される。

以上の評価尺度を，**表5.2**に評価の観点により分類した品質測度を示す。

表5.2 評価の観点と品質測度

評価の観点		現行品質測度	
		伝送品質	通話品質
通話の意図が達成されたか （通話動機達成）			オピニオン評価尺度
快適に	会話が進行するか		
	話せるか		
	聞こえるか		
明瞭性・了解性		明瞭度・了解度 AEN	
音の大きさ		LR (RE)	

5.4.5 その他の通話品質の評価尺度　プリファレンススコア

プリファレンススコアは，対比較試験によって得られ，好ましさという観点からの相対比較になっている。プリファレンススコアとは，刺激がいくつかあるとき，ある刺激が選ばれた回数に対する提示回数に対する比率をいう。また，刺激間の距離を算出して1次元の心理尺度値とする。対比較試験は相対判断でオピニオン評価より安定しているため，方式の検討などに用いられるが，支配要因の領域が広範であるなどの理由により，一般に電話網の総合的評価には用いられない。

また，異なる要因を直接比較できず，音量の30 dBの差を回答が偏るために評価できないなど同一要因の微小な差の評価を見る目的に適しており，方式の詳細な検討などに使われる。

5.4.6 通話品質の客観評価モデルの必要性

通話品質の主観評価は，実験実施上で多くの労力を伴う場合が多い。オピニオン試験に限らず，いずれの主観評価法ともその名称が示すとおり，被験者を必要とすることが最大の難点である。特に，オピニオン試験は利用者の満足度を知る目的では，通常一般人数十人を被験者とし，経費，稼働，時間とも他の主観評価以上に多大な負担が生じる。

これに加えて実験計画立案に関して困難な問題がある。オピニオン試験では対象とする数種の要因を数水準に分け，これらが組み合わさった実験条件を形成するのが一般である。しかし実際の電話網には多数の相互に独立な支配要因が複合して存在する。したがって要因の水準を数個に限っても，起こり得る組合せの数が膨大になるため，総合的な主観実験を実施することは不可能である。

これらの問題点を解消するために，支配要因の物理的なパラメータより計算により評価値を推定する**通話品質客観評価モデル**（客観評価法）の確立が要求されてきた。

客観評価の長所は実験実施に関する労力の削減，時間の短縮のみならず，再現性を初めとする評価値の信頼性の高さにある。

156   5. 音色・音質評価のさまざまな対象

明瞭度については，支配要因を伝送損失，回線雑音，室内騒音，減衰ひずみに限定した計算法が確立されている[46),47),48)]。LR については客観評価法が CCITT で勧告されている。また，LR の客観測定器 AURAL（automatic speech quality rating system based on loudness）[49)] も実現されている。

5.4.7 基本的支配要因を対象とした通話品質客観評価モデルの概要

以下では，小坂らの文献[50)] に基づく満足度に関する評価モデル **OPINE**（overall performance index model for network evaluation）について紹介する。

OPINE は，一般の被験者を対象としたオピニオン試験より得られる MOS を推定するモデルである。対象としている要因は通話品質を支配する基本的な要因である音量損失，定常雑音，帯域制限，室内騒音である。ここではこれらを基本的支配要因と呼ぶ。これらの要因に対し，OPINE が取り扱う領域を**表 5.3** に示す。

表 5.3 OPINE の取り扱う領域

要因	物理尺度	範囲	備考
音量損失	伝送損失〔dB〕(端局-端局間)	$-7\sim28$	耳内音圧レベル約 87～52 dB
回線・局内雑音	受話端局点でのレベル〔dBm〕	$-45^*\sim-\infty$	*最適音圧レベル**で SN 比 19 dB
帯域制限	通過帯域〔kHz〕	0.3～3.4 ～0.5～2.5	音声 3～12 リンク接続系
室内騒音〔dBA〕		0～60	高騒音は除外

**最適耳内音圧レベルを 78.4dB とした。

図 5.13 に OPINE の構成を示す。モデルは総合電気音響特性計算部，品質指標算出部，評価予測部の三つの部分からなる。

表 5.3 の領域で，通話品質評価に影響を与える心理的な要因としてつぎの三つを選ぶ。

1） 帯域制限による自然性の劣化
2） 音声のラウドネスの過小あるいは過大
3） 無通話時あるいは通話時雑音のうるささ

5.4 音声

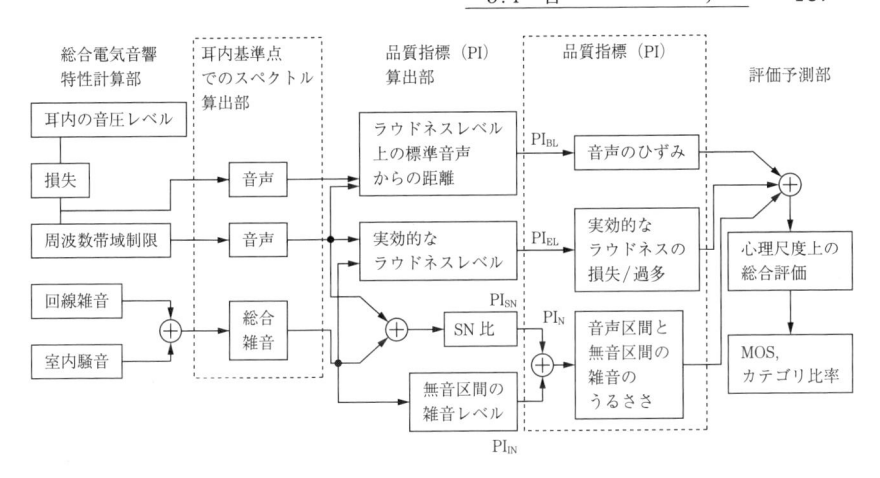

図 5.13 OPINE の構成

　これらの要因に関して，心理尺度上で劣化の度合いを表す品質指標（performance index, PI）を定義する。これらの個別の劣化感をそれぞれ PI_{EL}, PI_N, PI_{BN} とし，これらの指標には相加性があることを仮定して，これらを加算して得られる総合的な劣化を表す総合品質指標 OPI（overall performance index）を用いて MOS を推定する。

　各要因別の PI を算出するため，ラウドネス，ひずみなどを表す物理尺度を求めた後，PI_{EL} は実効的ラウドネスの双曲線関数，PI_{BN} はひずみのない標準音声のラウドネスからの低域側と高域側の距離の線形和，PI_N は音声区間の雑音のうるささを表す PI_{SN} と無音区間の雑音のうるささを表す PI_{IN} の和として表す。雑音のうるささは，PI_{IN} は閾値以上の雑音レベルに対し，A 特性で重み付けされたべき指数表現，また，PI_{SN} は SN の閾値以上の値に比例するものとした。これらの関数は経験的にその形を決め，必要な定数は実験データから推定し，上記要因の評価への度合いは式内の関数に用いられている定数に反映される。

　さらに，これらの総和を取り，符号を反転して，最大値から減じることにより，MOS 値を推定している。この手法は現在では総合的な満足度を計算する基本的な手法となっており，標準化された方法の土台となっている手法である。

5.4.8 モデルの適用と検証結果

20代から50代までの男性160名,女性12名の被験者を対象とし,1975年に実施された大規模なオピニオン試験による評価結果[51]を用いて一部のデータをモデルの係数学習を行い,他をモデルの評価にあてるクロス検証を行った。

図5.14は,実測値とモデルからの推定値の標準偏差を係数学習用データと非学習データに分けて記したものである。同実験内12条件に対するMOS(算出時の被験者平均76名)の標準偏差の平均0.20と95%信頼幅もあわせて記す。同図において,非学習データ全部の推定値の標準偏差は0.28である。非学習データに対してMOSの標準偏差が実験値から得られるMOSの信頼区間の中に位置し,モデルは妥当な推定精度であるといえる。係数学習および検証に用いられた試験条件の範囲から判断し,基本的支配要因では,現在の電話網で生起する品質条件について精度よくMOSが推定できることが示された。

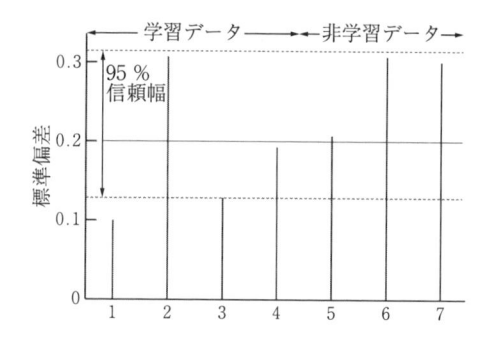

図5.14 モデルによる推定値と実測値の標準偏差

5.4.9 通話品質の評価モデルの拡張

OPINEは,上記の基本的支配要因を対象としたモデルから,音声符号化方式(CODEC)の主観評価をMOS上で等価な音声対振幅相関雑音比(Q_{op}〔dB〕)で表すことにより,量子化ひずみも取り込むよう拡張した。

さらに,対象とする要因を送話者反響や側音などにも拡張し,電話網内で起こりうる要因の範囲では,評価が実験値と予測値が上記と同等の範囲で一致することが確認された[52]。

5.4.10 現在の評価モデル

OPINEでは,評価値は多種の劣化要因が複合しているため,本来複雑な認知過程を経て,スカラー値としての総合評価が決まる。しかし,ここの厳密なモデル化は行わず,最終部での変換は経験式を用いることで対処している。

劣化感に関して心理値が加算される,ということは決して強い主張ではなく,むしろ定性的には自明である。OPINEはこの特性を生かし,異なる要因の指標でも加算可能なように,モデルパラメータを重み付けにより調整したともいえる。閾値処理という非線形処理を最初に経て,あとは加算により総合劣化指標を算出することは,本来物理的には異なる要因に対する1次元への総合評価値を求める場合には自然な仮定によるモデル化と考えられる。

現在のITU‐Tでは,OPINEの基礎的な考え方である,劣化感の心理的加算により総合品質が決定される,という考えを踏襲して,現在は**Eモデル**なるモデルが勧告となっている[53]。このモデルでは,基本的支配要因や送話者反響のほか,2002年には送話側の室内騒音,量子化ひずみを,また,2003年には各種の音声符号化方式のランダムなパケット損失を扱えるように拡張し,その後も予測精度を上げている。実用に耐えるモデルとするためには,現代の信号処理技術から生じるあらゆる品質劣化に対し,その個別評価モデルを作成し,その心理指標の従来の指標との関係を調べ,総合評価に組み入れていかなければならない。

5.5 機 械 音

5.5.1 機械製品における音質評価の重要性

音質評価は,従来,楽器音や放送の音声信号,各種の記録メディアの再生音などに対して適用されることが多かったが,近年,自動車や家電製品といった,さまざまな**機械製品の音**に対して適用される例が増えている。

かつては,機械製品の音の騒音レベルが高く,主としてその低減を目的とし

た評価や対策が行われてきた。その対策が功を奏し，最近の機械製品の音は以前に比べかなり静粛である。しかし，機械製品の音を比較すると，同程度の騒音レベルにもかかわらず，一方の製品の音が耳障りに聞こえることがある。このような場合には音の量的な評価は適さない。また，騒音レベルの低減対策はコスト上の制約を受ける。さらに，機械の稼動中に発生する音には，機械が正常に動作していることをユーザに知らせる信号としての側面があり，静粛性を追求することが適切ではない場合もある。このような機械の音に対しては，騒音レベルの低減を追求するよりも，聞く人にとって耳障りではない音へ改善するほうが合理的であろう。このようなことを背景として，1980年代の中頃から自動車産業で音の質的な評価が行われるようになった[54]。現在では，さまざまな機械の音に適用され，その改善や音のデザインの取組みが行われている。

　最近では，掃除機などの家電製品を例にとってみても，多種多様な製品が開発され，メーカにとっては他社製品との差別化を図るのが難しい状況となっている。こうした中で，音は製品の商品性に影響を与える一つの要因と位置付けられている[55]。例えば，機能や消費電力，価格などが同程度の家電製品で，稼動音の音質がよい製品と悪い製品が店頭に並んでいたら，消費者は音質がよい製品を購入するであろう。つまり，音質のよい製品のほうがより高い価値を伴うと考えられる。最近の家電製品の性能表示には，音に関して「低騒音型：…dB」といった記述が見られる。これは騒音レベルによって製品の静粛性を強調したものであり，音質をアピールするものではないが，音で他の製品との差別化を図ろうというメーカの意図がうかがえる。今後，音質の概念が浸透するとともに，音質を定量的に表現できる音質評価指標が整えば，積極的に音質をアピールした製品が増えるかもしれない。

5.5.2　音質評価の手法

　音質は多次元的であることから，その評価の際には，複数の評価語対を尺度として用いたSD法[56]によって音に対する聴取印象を測定することが多い。一方，評価項目が定まっている場合には，ME法[57]や一対比較法[58],[59],[60]なども

5.5 機　械　音

利用される。一対比較法は，音色の差異が小さい音を対象とする場合に有効である（詳細は1.3節参照）。

〔1〕 **SD法による機械音の音質評価**　SD法を用いる場合，手続きの最初の段階で，意味的に逆の評価語を対にした複数の評価尺度を用意する必要がある[56]。この評価尺度は評価対象によって異なる。したがって機械音の評価には，その聴取印象を測定するのにふさわしい評価語を用いる必要がある。不足があると，音質に関する情報が部分的に欠落する恐れもある。

高尾ら[61]による自動車車内音に対する検討では，200個の評価語（形容詞）を用意し，予備実験によりその数を絞るとともに，反対の意味をなす評価語と対にして70個の評価尺度を構成した。車内音の音質評価実験の結果から，最終的に14対の評価尺度が選択された。このように，対象とする音源ごとに，その音質を測定するのに適した評価尺度を過不足なく用意する必要がある。

実際の評価では，複数の被験者が，すべての評価尺度上で刺激（音）の聴取印象を回答する。得られた回答（評点）から，刺激ごと，評価尺度ごとに全被験者の平均値を求める。刺激ごとに，各評価尺度における平均値を線で結んだ**プロフィール**が得られる。このプロフィールから，刺激の音質の特徴を把握できる。

橋本ら[62]は自動車車内音の音質をSD法によって評価する実験を行った。図5.15に，その評価結果であるプロフィール図を示す。この図では，同一車種の車内音の評価結果を，走行速度ごとに異なる線種で示している。走行モードが低速（20 km/h）のときには，全体的に評価が各評価尺度の中心に集まり，ニュートラルな印象であるが，より高速（80 km/h）になると「騒々しい」「不快な」「粗い」などの印象が目立つようになる。

SD法による評価結果には，その後因子分析が適用されることも多い。この分析により，より少数の次元で音質の特徴をとらえることができる。機械音をはじめとする各種の騒音の音質評価結果に因子分析を適用すると，音質を代表する因子として「迫力因子」「金属性因子」「美的因子」の3因子が抽出されることが多い[63]。橋本ら[62]の自動車車内音の音質評価結果にも因子分析が適用

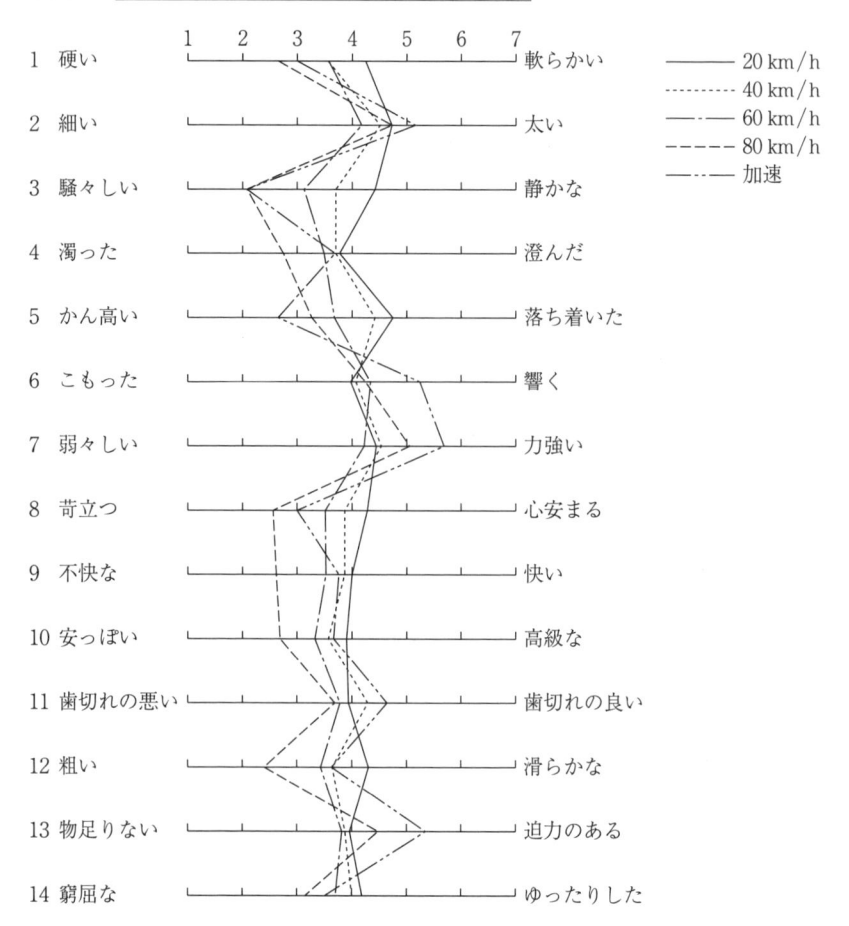

162　　5. 音色・音質評価のさまざまな対象

	1	2	3	4	5	6	7	
1 硬い								軟らかい
2 細い								太い
3 騒々しい								静かな
4 濁った								澄んだ
5 かん高い								落ち着いた
6 こもった								響く
7 弱々しい								力強い
8 苛立つ								心安まる
9 不快な								快い
10 安っぽい								高級な
11 歯切れの悪い								歯切れの良い
12 粗い								滑らかな
13 物足りない								迫力のある
14 窮屈な								ゆったりした

―――― 20 km/h
‥‥‥ 40 km/h
―・― 60 km/h
――― 80 km/h
―‥― 加速

図 5.15 SD 法による自動車車内音の音質評価結果（プロフィール図）[62]

され，ここでも 3 因子解が得られた。これらは「快適性因子」「迫力因子」「こもり感因子」と解釈されている。自動車の車内音はこの 3 因子でおおむね説明できると考えられる。

〔2〕 **多次元尺度構成法による機械音の音質評価**　別のアプローチとして，対にして呈示した刺激間の類似度（あるいは非類似度）を測定し，得られた刺激間の主観的な距離データに多次元尺度構成法[64),65)]を適用して，音質を説明する次元を決定する方法がある。

Parizetら[66)]による自動車のドア閉まり音の研究では,刺激iと刺激jの好ましさを比較し,刺激iが刺激jよりも好ましいと判断される確率をP_{ji}とすると,刺激iの好ましさの尺度値S_iは,簡易的に被験者全員(N人)のP_{ji}の平均値で表された。ここで,ドア閉まり音の音質を規定する要因を明らかにするため多次元尺度構成法が適用された。多次元尺度構成法では,評価対象間の類似度や距離の情報を元に,ユークリッド空間を構成する次元を決定し,この空間上における評価対象の座標を求める。このとき,類似性の高いものは近くに,類似性の低いものは遠くに布置される。ドア閉まり音の類似度の判断結果に多次元尺度構成法が適用され,3次元空間上に刺激が布置された。この空間を構成する各軸上で刺激を比較し,各軸がどのような刺激の特徴によって規定されるか検討した。結果として,1軸は刺激の周波数成分,2軸は刺激の時間パターンと関連があるとされた。

〔3〕 評価項目が定まっているときの音質評価　　SD法は音の印象を多面的に評価する手法であったが,一方で,音質劣化の要因であったり,異音として特定されているものについては,ME法や一対比較法,評定尺度法などを用い,個別に音質評価が行われることも多い。

一対比較法には,順位により判断を行うサーストンの方法[58)]やブラッドレーらの方法[59)],評点により判断を行うシェッフェの方法[60)]がある。一対比較法による評価では,前述の自動車のドア閉まり音に対する音質評価における好ましさの判断のように,呈示された刺激対の聴取印象を比較し,最初に呈示された刺激(あるいは2番目に呈示された刺激)の選択確率や印象の差に対応する評点の合計に基づいて刺激間の主観的な距離を算出する。

評定尺度法は,カテゴリ尺度を用い,刺激についての聴取印象を回答する方法である。例えば,好ましさについての7個の回答カテゴリをもつ尺度では,1:非常に好ましい,2:かなり好ましい,3:やや好ましい,4:どちらでもない,5:やや好ましくない,6:かなり好ましくない,7:非常に好ましくない,のように「どちらでもない」を中心として反対の意味をなす回答カテゴリが対称に配置される。被験者は聴取した音の印象に相当するカテゴリを回答する。

上記の各種の評価法を適用し，自動車の車内音や車外音の音質を劣化させる原因となっているこもり音（特定のエンジン回転数で目立つ低周波音）[67),68)] やガラ音（エンジンの回転変動やトランスミッションギアの歯打ちに由来する非定常な衝撃音）[69)]，ディーゼルエンジン特有の衝撃音[70)]，自動車のストラット式サスペンションから発生するがたつき音[71)] などに対する音質評価が行われている。

5.5.3 合成音を用いた音質評価

合成音を用いた音質評価は，音質に対する音の物理的特徴の影響を検討するのに有効である。橋本ら[72)] による，ディーゼルトラックのアイドリング時の車外音の事例では，低域，中域，高域と周波数帯域を分け，各帯域のレベルを±3 dB，および±6 dB 変化させた合成音と，エンジン回転数に依存したディーゼル車特有の音の周期を変化させた合成音が作成された。これらの合成音と実車の車外音を用い，快適性についての一対比較実験が行われた。結果として，高周波数帯域のエネルギー低減が快音化に最も効果的であることがわかった。この効果は，フェルト系材料を使用したエンジンルームエンクロージャが設置された実車の音に対する音質評価実験により確認された。

このディーゼルトラック車外音の検討[72)] では，順序による判断に基づいた一対比較法が適用されたが，評点により判断を行うシェッフェの一対比較法や評定尺度法などを用いると，改善効果が統計的に有意かどうかを判断できる。

自動車のような複数の音源をもつ機械では，音質の劣化の原因となっている音を対策すると，今まで隠れていた音が目立ち，かえって耳障りな音質になることがある。このような状況を避けるために，合成音を用いたシミュレーションが有効である（詳しくは4.4節参照）。

星野ら[73)] は，自動車の車内音の主な構成要素であるエンジン音，こもり音，路面からの音（ロードノイズ），風切り音に着目し，車内音の音質に対する各要素音のバランスの影響を検討した。要素音のバランスを変化させた音を合成し，バランスについての総合的な音色の評価実験（5段階カテゴリ尺度による）

と，各要素音が目立つか否かを判断する実験を行った。後者の実験の結果は，各要素音について目立つと回答した被験者の比率として整理された。結果として，こもり音が目立つと音質は劣化し，エンジン音が目立つとよい音質になることがわかった。また，路面からの音と風切り音の一方が目立つと音質を劣化させるが，これらのバランスがよい場合にはよい音質となる。

合成音を用いた評価は，対策目標を決定したり，対策実行後の音質を予測するのに有効である。また，実音を忠実に再現した音を合成するには，実音を構成する要素音に分解する必要があり，その分析過程で音質劣化の原因が明らかになることもある。

5.5.4 音質に影響する音響的特徴と音質評価指標

音質評価で得られた知見を音質改善に繋げるためには，音質と物理量を対応付ける必要がある。これには，各種の音響物理指標や音質評価指標が用いられる（4章参照）。指標と主観評価（心理量）の対応付けができれば，指標を利用することにより，官能検査を経ずに音質を把握でき，また音質のデザイン目標を指標値で表すことも可能となる。

一般的には，騒音の音質を代表する「迫力因子」と等価騒音レベル（L_{Aeq}）が，「金属性因子」にはシャープネスが対応する[63]。「美的因子」については，総合的な価値判断に関係する因子であるので，一概にはいえない。これらの指標では対応がつかない場合，評価の異なる刺激間で音響的特徴を比較し，音質の差に関係する特徴量を抽出して，指標化する場合もある。

Takadaら[74]が行ったレーザプリンタの稼動音に対する音質評価では，主観的な快適性に関係する物理量が検討された。不快な印象が強い刺激では，印刷中に周期的に発生する衝撃音の振幅が大きいことがわかった。したがって，刺激の波形エンベロープ上の起伏の大きさを指標に反映させればよい。

機械製品には高速回転機構をもつものも多い。自動車のエンジン，掃除機やドライヤーのモータをはじめ，複写機も高速回転体を有する。このような機械の稼動音では，回転に同期した周波数成分やその高調波成分がスペクトル上で

突出した大きなエネルギーをもつ。このスペクトル上で突出した狭帯域の音は離散周波数音（discrete tone）と称され[75]，音質劣化の原因となりやすい[76]。離散周波数音の評価指標として，トーン・トゥ・ノイズレシオ（tone-to-noise ratio）やプロミネンスレシオ（prominence ratio）がある。トーン・トゥ・ノイズレシオは 6 dB 以上のとき，プロミネンスレシオは 9 dB 以上のときに，その音は"顕著な"離散周波数音とされる。図 5.16 に，掃除機の稼動音のスペクトルを示す。4.5 kHz，9 kHz，13.5 kHz 付近などに突出した周波数成分が見られる。この掃除機の稼動音のトーン・トゥ・ノイズレシオは 8.84 dB，プロミネンスレシオは 12.7 dB であり，前述の定義からすると"顕著な"離散周波数音を有しているとみなされる。

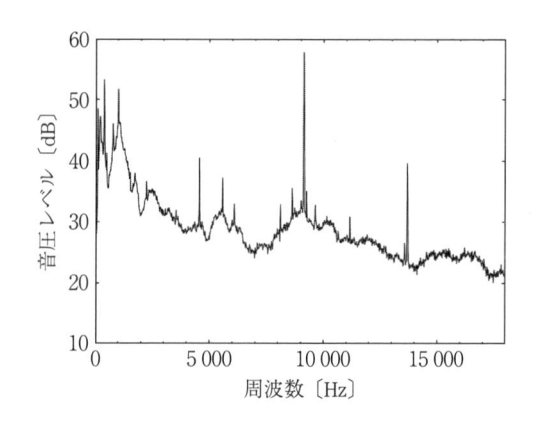

図 5.16 掃除機の稼動音のスペクトル

以上のレーザプリンタと掃除機の例から，波形エンベロープ上，あるいはスペクトル上で周囲から突出し，浮き立つ音は音質劣化の原因になりやすいと考えられる。

総合的評価に対応する指標が定まらないと前述したが，検討は行われている。ディーゼルトラックのアイドリング時の車外音の事例[72]では，音質評価実験から得られた主観的な快適性と音質評価指標との対応が検討され，ラフネスの指標とよい対応が見られた（相関係数 $r=0.869$）。このことから，車外音の不快さに音の粗さ（物理的には音の振幅の変動）が関係していることが示唆

5.5 機械音

される。一方，ラウドネスの指標との相関も非常に高く（$r=0.932$），快適性に関する評価が音の大きさによってなされた可能性も考えられる。このような場合，等ラウドネスの刺激を用いれば，音質評価に対するラウドネスの影響を排除できる。

Khanら[77]は，ディーゼルエンジン音のアノイアンスに関する音質評価を行い，アノイアンスの評価モデルを検討した。評価モデルの検討には重回帰分析が用いられた。アノイアンスの評定値を従属変数とし，各種の周波数加重音圧レベル，ラウドネス，シャープネス，ラフネス，フラクチュエーションストレングス，クルトシス（統計分布の尖り度を表す統計量，音の衝撃性の評価に用いられる），スペクトル上のエンジン回転次数成分（エンジンの回転に同期した周波数成分）とその高調波のエネルギーや比率など，多数の指標を独立変数とした。結果として，ラウドネス（ISO 532B），シャープネス，ランブル音評価指標（エンジン回転数に同期した周波数成分およびその60次までの高調波と，これらに隣接する各 $n±0.5$ 次の周波数成分の平均レベル差）の三つの指標を変数としたアノイアンスの評価モデルが成立し，中でもラウドネスの影響が顕著であることが示された。

Chatterleyら[78]は，初心者向けから高級機種までのミシンの稼動音に対する好ましさの一対比較実験を行った。評価の結果は選択頻度〔％〕として整理されたが，結果として高級機種よりも初心者向け機種の稼動音が好まれた。この理由を検討するために，ラウドネス，シャープネス，ラフネスなどの各種指標と，これらを組み合わせた感覚的快さの指標（sensory pleasantness[79]，4章参照）が用いられた。主観的な好みと感覚的快さの指標の間には対応が見られた。

音のアノイアンスや快適性は，音の時間領域，周波数領域のさまざまな特徴の影響が加味された総合的な評価と考えられる。したがって，上記のアノイアンスのモデルや感覚的快さのモデル[79],[80]のように，複数の音響物理指標や音質評価指標を組み合わせた結合指標が総合的評価と対応付けられる。

5.5.5 音質評価に基づいた対策と音のデザイン

音質評価の最終的な目的は，聴取者にとって耳障りでない，あるいは好ましい音をデザインすることである。音質に影響する物理量が明らかになった後は，その物理量を制御し，所望の音質を実現する。

自動車のドア閉まり音は，自動車本来の機能である"走り"とは直接関係ないが，製品の安全性や高級感などのイメージと関係が深い。そのため，車内音の音質評価研究が盛んになる以前から現在に至るまで，その音質について多数の研究が行われている[66),81)〜85)]。これらの研究をまとめると，スペクトル上の低周波数帯域における音のエネルギーが優勢で，重い，深みのあるといった印象を伴うドア閉まり音が望ましいとされる。逆に，高周波数成分に起因する金属的な印象や，軽い印象の音は忌避される。

実際にドア閉まり音の対策を行った事例[85)]では，音質評価実験から「柔らかさ」「重厚さ」といった印象を喚起する音が望ましいとされた。逆の印象である「硬い」「軽い」といった印象のドア閉まり音は，高周波数帯域に豊富なエネルギーを有していた。ラッチ（ドアが閉まる際に，ドアを車体にロックするパーツ）内部の各パーツの挙動と発生音の解析を併せて行い，高周波音は主としてレバー部の衝突に起因することが確認された。衝突部位にラバーを貼るなどの対策によって，高周波数帯域の音のエネルギーを抑制し，所望の音質が実現された。

このドア閉まり音の事例やディーゼルトラックの車外音[72)]の事例は，評価→音質劣化の原因探索→改善の手順で進められる，いわば対策型のアプローチとなっている。しかし，音によって他製品との差別化を図るとなると，音質を改善するための対策だけでは不十分な場合もある。高級な製品にはこれに相応しい音質が求められ，この要求を満たすべく音作りが行われる。ただし，これでは目標が漠然としているため，合成音の試聴や音質評価などを経て，より具体的な設計目標を立てる。

例えば，直列6気筒エンジンを搭載する高級車を対象とした事例[86)]では，加速フィーリングや高級感の向上のために，加速時サウンドの強調，クルージ

ング時の静粛性確保といった目標が設定された。合成音を用いた音響シミュレーションにより,エンジン振動の基本次数成分(エンジン内での爆発に同期した周波数成分)をエンジン回転数に応じて増減し,かつその高調波成分を増幅することにより,目標を達成できることが確認された。これらの音響的特徴をもつ加速音は,ピストン等のエンジン往復運動部品の軽量化,吸気系ホース部のレゾネータの小型化,ダクトのチューニングホールの開口部面積調整などの設計変更により実現された。

カメラではシャッタ音にこだわりをもつユーザも多いため,これもデザインの対象となっている。戸井ら[87]は,シャッタ音を構成する複数の衝撃音の間隔と振幅を変化させた合成音を被験者に呈示し,心地よさに関するカテゴリ判断実験を行った。さらに,シャッタ音の減衰パターンを変化させた刺激の比較判断も行った。結果として,音質への寄与は,カメラ内のミラーがバウンドする音が最も大きく,バウンド時間を短くし,かつバウンド音の減衰を早めると「歯切れがよい」「シャキッとして気持ちがいい」といった印象のシャッタ音になることがわかった。さらに,モデル実験と数値解析から,目標とするバウンド音を発生するミラーの支持棒への最適な衝突部位は,回転軸から最も離れたミラーの先端で,かつ中心線よりやや外れた位置と推定された。

カメラのシャッタ音は機構に由来して発生する音であるが,最近普及が著しいディジタルカメラにはシャッタ機構自体がないため,ユーザが撮影したときの感覚を得られるようにシャッタ音が意図的に付加されている。このディジタルカメラに付加されるシャッタ音をデザインする際にも,前述のバウンド音に関する知見が有用であろう。

5.5.6 音質と製品のイメージ

Kuwanoら[83]のドア閉まり音の音質に関する国際比較研究では,ドイツ人被験者と日本人被験者を対象として,15個の評価尺度を用いたSD法による音質評価と,刺激から車種をイメージする実験が行われた。ドイツ人被験者と日本人被験者の評価結果を比較するとおおむね一致していた。例えば,deep, heavyといった印象の刺激は同時にpleasantと評価され,車種としては高級セダンがイメージされた。逆に,metallic, lightといった印象の刺激はunpleasantと評価され,大衆車がイメージされた。この結果は,音が製品としてのイメージに影響を及ぼすことを示唆する。究極的には,製品から発せられる音を聞いてメーカが思い浮かぶような,特徴ある音作りが理想とされる[88]。

一方,クラスタ分析によりドア閉まり音を分類すると,日本人被験者の結果ではpleasantと評価された刺激グループに入るが,ドイツ人被験者の結果では逆にunpleasantと評価された刺激グループに入る刺激も見られた。この刺激からイメージされる車種も日本人被験者とドイツ人被験者では異なっていた。このように,同じ音でも印象やイメージが国によって異なることがある。海外市場向けの製品では,市場に合わせた音作りが必要になる場合もあるだろう。

5.5.7　音質改善がもたらす経済効果

機械音の音質が商品性に影響を与えるといわれているが,音質の改善は商品性の向上にどの程度貢献するのであろうか。Takadaら[89]は,音質改善によって機械製品に付加される価値を貨幣単位で評価することを試みている。

掃除機を対象とし,さまざまな特徴をもつ製品に対する選好度の評価が行われた。被験者は呈示された製品を「購入したくない/購入したい」の7段階カテゴリ尺度上で評価した。掃除機を特徴付ける属性と水準を**表5.4**に示す。呈示された製品は,各属性のいずれかの水準によって特徴付けられている。音

表5.4　掃除機を特徴付ける属性と水準

属性	水準数	水準
メーカ	5	A社, B社, C社, D社, E社
タイプ	2	標準タイプ, スタンドタイプ
集塵方法	2	紙パック, サイクロン
付加的機能*	4	(a)および(b), (a), (b), なし
価格〔円〕	4	15 000, 25 000, 35 000, 45 000
音(1)　A特性音圧レベル〔dB〕	3	54, 59, 64
音(2)　シャープネス〔acum〕	3	1.96, 2.21, 2.46

*(a)高性能排気フィルタ,(b)高機能吸い込み口

属性を規定する指標をA特性音圧レベルとシャープネスの2種類とし、これらの指標値を基準とした3水準の条件が設定された。被験者には、A特性音圧レベルとシャープネスの各水準に対応する稼動音が呈示された。音属性をA特性音圧レベルとした場合とシャープネスとした場合の実験が個別に行われた。評価結果には**コンジョイント分析**が適用された。コンジョイント分析は、対象に対する全体評価から、その対象を構成する特徴（属性）の個別の効果を推定する分析法である[90]。この分析から、各属性の相対重要度と属性ごとに各水準の部分効用値（満足度や魅力度に相当）が求まる。

図5.17に各属性の相対重要度を示す。図中には、音属性をA特性音圧レベルとシャープネスとした両実験の結果が示されている。いずれの実験でも価格属性の重要度が特に大きい。音属性の重要度は、付加的機能、メーカの各属性に比べてやや小さいものの、タイプや集塵方式などの各属性と同程度であった。さらに、音属性と価格属性の各水準に対する部分効用値を求めた。**図5.18**に、音属性のシャープネスと価格属性の各水準に対する部分効用値を示す。音属性ではシャープネスのacum値が小さくなるほど、価格属性では低価格であるほど、効用値が増加する傾向が見られる。音属性がA特性音圧レベルの場合も、レベルが低くなるほど効用値が増加する傾向が見られた。つまり、騒音レベルやシャープネスの値が小さくなるほど、また低価格であるほど被験者の満足度が高くなるといえる。

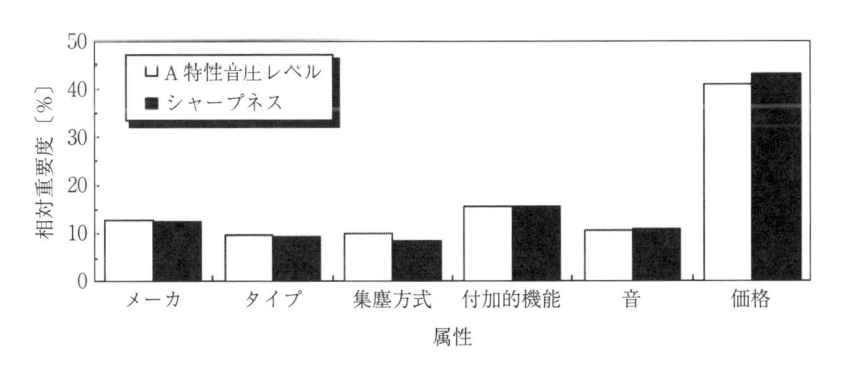

図5.17　掃除機の各属性の相対重要度

(a) 音属性〔acum〕

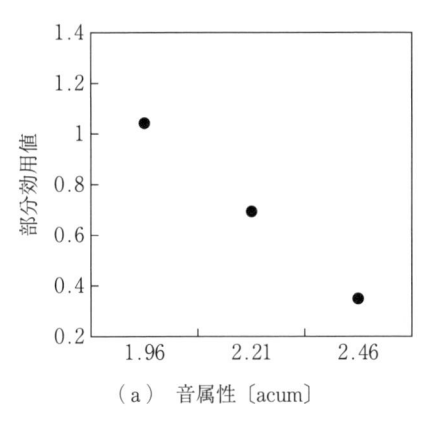

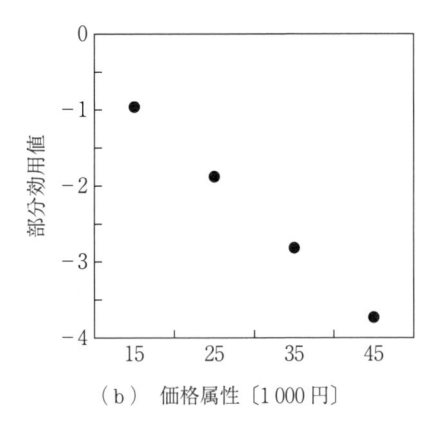

(b) 価格属性〔1 000 円〕

図 5.18 音属性のシャープネス（単位：acum）と価格属性の各水準における部分効用値

音属性と価格属性の部分効用値の変化量から，A 特性音圧レベルとシャープネスの 1 水準分の変化量に対する経済評価値が推定される。5 dB の A 特性音圧レベルの変化に対する評価額が 3 347 円，0.25 acum のシャープネスの変化に対する評価額が 3 692 円と推定された。これらの評価額は，価格属性 4 水準の平均値（30 000 円）の約 11～12 ％に相当する。機械製品における音質改善は，製品としての価値の向上に少なからず貢献すると考えられる。

このように，音質の改善により製品に付加される価値が貨幣単位で計測できれば，音質改善の効果を具体的に把握でき，その効果がコストに見合うものかどうかを判断する際などに有効と考える。

5.5.8 今後の展開

難波[91]が指摘するように，機械音の騒音レベルに低減の余地がある場合，対策としてはレベル低減が優先されるべきであろう。しかし，冒頭でも述べたとおり，ただレベルを下げればよいというものでもない。音が静粛なあまり，不都合が生じている製品もある。例えば，ガソリンエンジンと電気モータの両方を動力とするハイブリッド車は，モータ走行時や発進時に非常に静かなため，車両の接近を察知するための情報源として走行音を利用している視覚障害者に

とって危険であることが指摘され[92]，当面の対策として何らかの報知音の付加が検討されている[93]。車両の接近を知らせる情報音としての報知音にはある程度の音量が求められるであろう。このような場合には，その音質が重要になる。

現在のところ，機械音の音質改善や音のデザインを行ううえで最低限考慮すべき点は以下のようなことであろう。**離散周波数音**（周波数スペクトル上で突出したエネルギーをもつ狭帯域の音）のように，音全体の中から浮き立つような目立つ音響的特徴は音質劣化の原因になる可能性がある。また，感覚的快さ（sensory euphony, sensory pleasantness）のモデル[79),80)]で示されているように，音の大きさ，鋭さ，粗さなどの感覚が不快さと関係すると考えられることから，これらの感覚に影響する音の物理量を制御するのが効果的かもしれない。ただし，離散周波数音に関しては，自動車車内音のエンジン回転次数成分のように，調波性が明確なほうが好ましい場合もある[86)]。また，感覚的快さに影響を与える音の大きさに関しては，ハイブリッド車の走行音のように，ある程度の音量を確保した方が都合がよい場合もある。このように，一般解があるようで，それとは異なることが求められる場合もあり，機械音のデザインの難しいところである。現状では，ケーススタディーを積み重ねることが必要と思われるが，この積み重ねの中から普遍的なデザインの方法論が見出されることを期待したい。

5.6 サイン音

携帯電話を「ピ・ポ・パ」と操作して，相手が出るのを「プルルル」という呼出音を聞きながら待つ。洗濯機は，蓋が閉じられていないことを「ピピピッ」と知らせ，洗濯が完了すれば「ピーピーピー」と知らせてくれる。このような，さまざまな情報を伝達するために吹鳴される音のことを**サイン音**と呼ぶ。サイン音の役割は，事故や災害など危険な状況を伝える，機器の異常を知らせる，操作の間違いを警告する，安全な状態や行動の許可を示す，タッチパネルなどで触覚に代わる操作のフィードバックを示す，処理の開始や終了を知

らせるなど多岐にわたる。

　しかし，サイン音を実際に聞いたとき，それが何を意味するのかわからない，違う意味にとってしまうなどの状況に出会うことがある。また，必要以上に危険な印象を与える警報サイン音や，不快な音色のサイン音は適切なデザインとはいえない。土田ら[94]は，このような音による情報伝達における問題点として，

　　a）　聴取不能：聞こえない
　　b）　感知不能：正確に聞こえていても気がつかない
　　c）　解釈不能：正確に聞こえていても解釈できない
　　d）　解釈過誤：正確に聞こえていても解釈を間違える
　　e）　低信頼性：解釈できても信用できない
　　f）　騒音化：うるさい

のようにまとめ，それぞれの例を示している。サイン音の役割は多岐にわたり，その目的によって求められる性質も異なるが，その意味内容が直感的にかつ即座に解釈され，認識される必要があるといえよう。そのため，音色や吹鳴パターンなどの音響特性と意味内容の関係を明らかにする評価研究，さらにその知見に基づくサイン音デザインが進められている。本節では，まずこのようなサイン音の特徴を整理し，そのうえで，種々のサイン音を対象とした評価研究事例とその成果について，いくつか具体例を示しながら紹介する。

5.6.1　サイン音の特徴─サイン音とはなにか─

　サイン音とは，さまざまな情報を伝達するために吹鳴される音のことであるので，広義には自然音や人や機械の動作に伴って発生する音も含む。ドアのノックや人の足音，自動車内で聞く走行音やエンジンの異音なども，それぞれ，人の到来，路面状況やエンジンの異常を知らせる，一種のサイン音ととらえることができる。ただし，現状の問題として指摘されるサイン音の多くは，自然音ではなく，意図的に付加された音であることが多い。

　視覚によるサインになぞらえて「サイン音」と呼ばれているが，音記号，信

号音などと呼ばれる場合もある．特に家電製品については**報知音**という語が一般的になってきている．携帯電話の"着信音"，列車の"発車ベル"，火災報知器の**警報音**など，特定の呼称が一般的になっているサイン音もあるが，本書ではこれらを総称したものとして，サイン音という語を用いる．

サインの伝達に利用されるモダリティとしては，視覚と聴覚によるものが多くを占める．携帯電話のバイブレーション機能などのような触覚を用いたサインの伝達もあるが，ごく限られた範囲のものである．聴覚を利用したサインの伝達の特徴を視覚によるサインの伝達と比較して考えると，視覚が前方の情報のみを認識できるのに対して聴覚は全方位型であり，音の回折や透過などの性質によって視覚では情報が得られない位置への情報の伝達も可能である．

また，表示される情報が時間的にランダムに発生する場合や，使用者の注意をすぐに喚起する必要がある場合には，聴覚を利用したサイン音が有効であり，逆に，提示する情報が長く複雑である場合や，空間的な分布を示すような場合にはサイン音は不都合である[95]．加えて，聴覚を利用したメッセージの伝達には**音声ガイド**が用いられる場合もあるが，家庭内で毎日使う製品や，視覚障害者の歩行ガイド音などのように立ち止まって聴くことがない状況で利用される場合には，短時間で簡潔にメッセージを伝えることができるサイン音が有効であるといえる．しかし，音を利用したサイン伝達は受容者の選択性が低く，その情報を必要としない人に対しても一様に提示されるという短所もあり，適用には十分な注意と考慮が必要である．

5.6.2 サイン音の評価研究事例

サイン音に関する研究事例として，最も多く対象とされているのは警報・警告に関するサイン音である．家庭内の火災報知器やガス漏れ警報器，また航空機や列車の操縦席やプラントの制御室などでの警報音，緊急自動車のサイレンなどは，その発生と意味内容が確実に認識されなければ重大な事態に直結するため，警報のサイン音は古くから多く利用されており，その検証研究も多い．例えば，Lazarus and Höge[96]は，想定する状況ごとに適切なサイン音の特性を

明らかにするために，当時ドイツで実際に使用されていた警告音（ホーンやサイレン等）と，合成した警告音を対象とし，火事や事故等の状況を表すうえでのふさわしさをSD法によって評価する実験を実施している。しかし，音響的特徴と想起される状況との対応関係までは明らかにはなっていない。また，Edworthyら[97),98)]は警告感の程度と周波数スペクトルおよび時間構造との対応関係を検討している。この研究では，継続時間200 ms程度の短音が6回繰り返されるサイン音を対象に，その基本周波数，振幅エンベロープ，倍音構造などのパラメータを系統的に変化させ，ME法による警告感の評価実験が行っている。その結果，一定の提示音圧レベルであっても，上記パラメータの変化によって警告感を変化させられることを示している。

警報音には，周囲の騒音の影響を受けにくいことのみならず，高齢者を含む幅広い年齢層の聴取者が検知でき，文化圏（国籍）によらずに利用できることも求められる。例えば，Kuwanoら[99)]は，このような観点から警報サイン音が備えるべき音響特性について検討を行い，広帯域の周波数成分を含み，周波数が早い周期で変化する音は，日本，アメリカ，ドイツで共通して危険を感じさせる音であることを示している。しかし，鐘の音は，日本人には踏切や火事を連想させる音であるが，ドイツ人には教会の鐘を連想させる音であり，国際的に使用する警告音としてはふさわしくないようである。また，倉片ら[100)]は，若年健常者だけでなく，視覚障害者や視聴覚に衰えの見られる**高齢者**など，多様な使用者に対して，的確に情報を伝達するための音響特性を検討し，標準化につなげている。

警報サイン音については，いくつかの規格，法令などが存在し，それらが正確に聞こえるようにその音量や音色が規定されている。警報サイン音に関する国内外のおもな規格を**表5.5**に示す。ただし，いずれの規格も，その運用方法や試験方法に関する規定が主である。国内の法令では，例えば，道路運送車両法では，「省令で定める保安上又は公害防止上の技術基準に適合するものでなければならない」自動車の装置として，「警音器その他の警報装置」を示している。また，海上衝突予防法では，その第四章で「音響信号及び発光信号」

5.6 サイン音

表5.5 警報サイン音に関する国内外のおもな規格

規　格	発行年もしくは最終改正年	
ISO 8201	2017	Acoustic – Audible emergency evacuation signal
ISO 7731	2003	Ergonomics – Danger signals for public and work areas – auditory danger signals
ISO 11429	1996	Ergonomics – System of auditory nad visual danger and information signals.
ISO 7240-1	2005	Fire detection and alarm systems – Part 1：General and definitions（Part 1 は概要および定義で，試験方法やその他の要求事項は ISO 7240 の他の part で示される。2009 年 5 月現在で part 28 まで成立。）
ISO 12239	2003	Fire detection and fire alarm systems – Smoke alarms
ISO 13475-1	1999	Acoustics – Stationary audible warning devices used outdoors – Part 1：Field measurements for determination of sound emission quantities（Part 2 は ISO/TS 13475-2：2000）
JIS A 8327	2003	土工機械―機械装置前後進警笛―音響試験方法及び性能基準
JIS D 0802	2002	自動車―前方車両衝突警報装置―性能要求事項及び試験手順
JIS D 5701	1982	自動車用ホーン
JIS D 5712	1973	自動車用接点式警告ブザー
JIS F 8501	2003	船用防水形ベル
（JIS F 8502）	2002	船用ブザー（2008 年廃止）
（JIS T 60601-1-8）	2012	医用電気機器―第 1-8 部：基礎安全及び基本性能に関する一般要求事項―副通則：医用電気機器及び医用電気システムのアラームシステムに関する一般要求事項，試験方法及び適用指針（IEC60601-1-8:2006 に基づくもの。JIS T 1031（医用電気機器の警報通則）は 2006 年に廃止。）

の設備義務や，操船信号及び警告信号の吹鳴時間や吹鳴回数を規定している。しかし，「針路を右に転じる場合には短音を一回鳴らすこと」「針路を左に転じる場合には短音を二回鳴らすこと」と定められているが，左に転じているのか，右に転じていることを2度知らせたのかの混乱を招く可能性があるなど，不十分な点も指摘されている[94]。

　国内では家電製品の報知音に関する研究も盛んである。以前はどんな音で何を伝えるかに関して混沌とした状況だったが，現在ではガイドラインの作成など，統一への動きがある。また，家電製品のサイン音には，高齢者にも配慮し

た，わかりやすいデザインが求められる。倉片ら[101),102),103)]は高周波数域が聞こえにくいことなどの**高齢者**の聴覚特性に配慮した，家電製品報知音の特性を検討しており，この成果をもとに，JIS ではガイドラインが制定されている。JIS S 0013[104)]では，2.5 kHz 程度以下の音を採用するのが望ましいことなどが示され，操作確認・終了・注意など目的に応じたサイン音の推奨時間パターンが示されている。例えば，操作を受け付けたことを知らせる音には「ピッ」と1回鳴る音がふさわしく，複数の設定をひとつのボタンを繰返し押して切り替える場合の基点となるポジションを知らせる音には「ピピッ」と連続した二つの音がふさわしいとされている。また，JIS S 0014[105)]では，適切な大きさに聞き取れる報知音の音圧レベルの範囲を，妨害音（生活環境音）の有無を考慮して設定するための指針が示されている。ただし，これらの規格で対象とされているのは，一定の周波数による報知音（サイン音）であり，周波数や大きさが変化する音（メロディーや音声ガイド）は対象にない。また，家電製品や OA 機器などを対象としており，業務用，専門家用などの特殊用途に使用する機器は対象にない。

この他にも，さまざまなサイン音を対象とした研究が行われている。例えば和氣ら[106)]は，伝達すべき情報の内容や目的によって複数の観点から分類し，その分類軸に対して音の高さや音色等のパラメータを割り当てるということによってサイン音を分類する手法を示し，この手法によってパーソナルコンピュータの GUI（graphical user interface）に代わる視覚障害者のための音響表示としてのサイン音の設計事例を報告している。小川[107)]は，駅のプラットホームで列車の発車を知らせる**サイン音楽**について，作曲家，サウンドスケープ研究，記号論など，さまざまな立場からの問題を整理し，「音を音楽に代えたことによって，音楽としての主張という別のうるささ」が起こっていると主張している。

山内らは，国内で市販されている乗用車で，実際に使用されているさまざまなサイン音について，それぞれの機能にふさわしい音であるための音響特性を明らかにする検討を行っている[108),109)]。自動車内で用いられるサイン音は，

カーナビゲーションシステムや自動車へのIT技術の適用により，今後，ますますその種類が増加していくと予想される。現在では，後退（リバース）ギアにシフトした際や，鍵を抜き忘れたりヘッドライトを消し忘れたりした状態でドアを開けた際などに車内で提示される音などが主であるが，これらに関してもメーカ，車種によってさまざまである。リバースギアにシフトした際に吹鳴されるサイン音を対象とした山内らの実験[109]では，実際に利用されているサイン音を参考に，断続音の吹鳴時間と休止時間，基本周波数，スペクトル構造を系統的に変化させ，ふさわしさを問う形容詞対を含むSD法によって印象評価が行われた。図 5.19 は，各刺激音に対するふさわしさの平均評定値を示している。吹鳴時間と休止時間が同程度で，それぞれ 500～700 ms 程度の断続パターンを有する音がふさわしいと評価されていることが読み取れる。また，1 kHz，2 kHz の純音および 1 kHz を基本周波数とする右下がり形のスペクトル構造をもつ音がふさわしい印象を有している。基本周波数およびスペクトル構造の統制による実験からは，基本周波数 1～2 kHz 程度，スペクトル重心の値が 3 kHz を超えない特性を有する音がふさわしいことが示されている。このよ

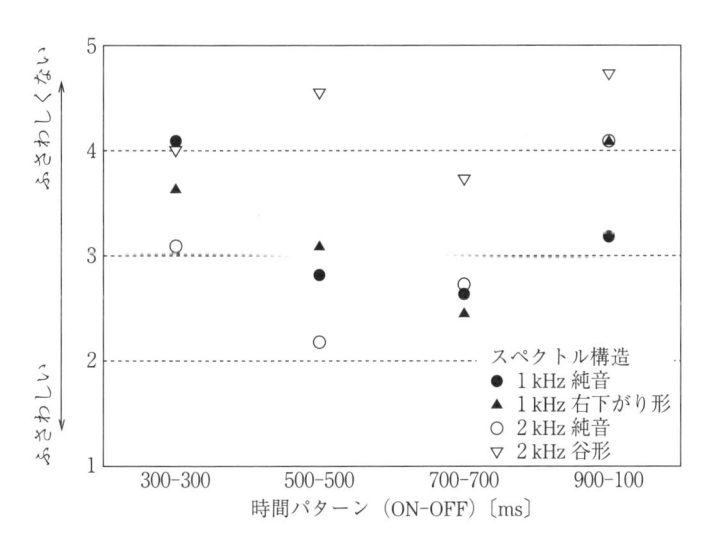

図 5.19　リバース報知音としてのふさわしさに関する主成分得点と断続パターンおよび周波数特性との対応関係

うな音は，4 kHz 程度以上の高域の音が聞こえにくいといわれている高齢者によっても聞き取りやすい音であり，また，自動車室内でのエンジン音は 1 kHz 程度以下にエネルギーが集中しているので，エンジン音にかき消される恐れも少ない音である。

5.6.3 擬音語を利用したサイン音評価

擬音語表現を音色・音質を表現する手法として用いることの意義と効果については，2.2 節において述べているが，特にサイン音の擬音語表現と，その**機能イメージ**および音響特性との対応を検討することは，憶えやすく，わかりやすいサイン音のデザインを考えるうえで有効であると考えられる。

擬音語表現は，人間が音を記憶し識別する際の一つの側面を反映したものと考えられるため，擬音語化しやすいサイン音は，憶えやすく，識別が容易であると考えられる。例えば，家電製品のマニュアルでサイン音を表現するとき，「1 000 Hz の純音」などという表現では利用者に理解されない。「ピーと鳴ったら」というように擬音語で表現された方がわかりやすい。さまざまなサイン音が混在する現状においては，擬音語表現を想定したサイン音を用いることで混乱を避けられる可能性もあろう。

山内らは，サイン音の音響特性と「警報」「呼出」などの機能イメージとその音響的特徴，および擬音語表現の特徴との対応を検討する研究を行っている[110],[111],[112]。主成分分析により，機能イメージを「警報―操作」(「警報」と「操作」は，同一主成分上の逆のイメージ)「報知」「呼出」などの五つの機能イメージ主成分に集約し，それぞれに対応する音響的特徴および擬音語表現の特徴を整理した。

「警報」(警告告知より危険度が高い，危険な状態等を知らせる音)のイメージが強い音の擬音語表現の特徴を観察すると，同一音節が繰り返される(「ピピピピ」「ププププ」など)，第1音節に有声子音が用いられる(「ブー」「ビー」など)の傾向が見られる。一方，「操作」のイメージが強い音では，「ピ」「プ」「チ」などの単音節の表現や，単音節に促音を伴った表現(「ピッ」「プッ」な

ど）が多い。上記のような擬音語表現の特徴の違いは，音の継続時間の違いによる[113]。また，「警報」のイメージが強い音の群は，第1音節に有声子音および母音 /u/ が用いられる回答が有意に多い。「警報」のイメージが強い音の平均基本周波数が有意に低いことが母音 /u/ の表現に対応しており，基本周波数が低いにもかかわらずスペクトル重心に差がないことから，スペクトルがより広範囲に及んでいると考えられ，このことが有声子音の表現に対応していると考えられる。

「報知」（アナウンス前のチャイムなど，何かを知らせたり，注意を引きつける音）のイメージが強い音は継続時間が長いという特徴があり，擬音語表現には第2音節以降がラ行に変化する（「プロロロ」「ポロロロ」など）という特徴がある。しかし，後述する「呼出」のイメージが強い音のように，第1音節に母音 /i/ が用いられ，スペクトル重心が高いという特徴はない。また，継続時間が長いのは「警報」のイメージが強い音の特徴であるが，「報知」のイメージが強い音では，第1音節に有声子音が用いられることは少ない。さらに，「報知」のイメージが強い音には，立上がりが緩やかであるという特徴があり，拗音を用いた擬音語表現と対応する。

「呼出」（店舗などで順番を知らせるチャイムなど，誰かを呼び出す音）のイメージが強い音には，「ピリリリ」「チリリリ」のように第2音節以降がフ行に変化して繰り返すものが有意に多い。このような特徴は，速度の速い周期的変動によってもたらされると考えられる。

「警告告知」（警報より危険度が低い，警告・禁止などを知らせる音）のイメージが強い音，つまり比較的弱い警報感を与える音は，「警報」のイメージが強い音と同様に，第1音節に有声子音や母音 /u/ が用いられることが多く，基本周波数が低く周波数成分が豊富であるという特徴が見られる。しかし，継続時間が長いという特徴は見られない。つまり，第1音節に有声子音や母音 /u/ が用いられるような特徴によって警報感が与えられ，さらにその継続時間が長くなることでより危険度が高い警報感を与えられると解釈できる。

「終了」（動作・物事の終了を知らせる音）のイメージが強い音には，「チー

ン」「プーン」のように長音と撥音を組み合わせた擬音語表現が多く見られ，減衰時間が長いという特徴をもつ。また，「ピーピーピー」のように長音を用いた繰返しの擬音語表現がなされる音が多く，その繰返し周期を時間波形から測定すると，740〜1 100 ms であった。この周期は「警報」のイメージが強い音で，同一音節の繰返しが用いられる刺激の繰返し周期（130〜350 ms）より長い。

また，繰返しの擬音語表現に着目すると，表5.6 のようにまとめられる。実際に利用されているサイン音には多くの変動音が使われており，変動パターンの違いによって各種の機能イメージを与えていることがわかる。このことから，変動パターンの系統的変化によって機能イメージをコントロールすることができること，ならびにその違いは擬音語表現で分類可能であることが考えられ，変動パターンの適切な統制により，憶えやすく（異なる擬音語で区別できる）わかりやすい（機能イメージを想起しやすい）サイン音をデザインできることが期待される。短音の吹鳴と断続を繰返す音は，矩形波によって変調度1.0で変調された振幅変調音と見なすことができるので，正弦波を振幅変調した刺激を用いて，振幅変調音の各種物理特性を系統的に変化させた場合の機能イメージおよび擬音語表現の変化の検討を行った[111]。実験手続きは前述の実験と同様で，刺激音から想起される機能イメージのカテゴリ判断実験と擬音語表現の自由記述実験を行った。

表5.6 繰返しの擬音語表現に着目した場合の短音の繰返し周期と機能イメージおよび擬音語表現の対応

繰返し周期〔ms〕	機能イメージ	擬音語表現
20〜90	呼出	ピリリリ，チリリリ
130〜350	警報	ピピピピ，ププププ
740〜1 100	終了	ピーピーピー

図5.20 に，「ピリリリ」などのように第2音節以降がラ行に変化して繰り返される擬音語表現の出現率と変調周波数の関係，図5.21 に「呼出」の機能イメージカテゴリ選択率と変調周波数の関係を示す。第2音節以降がラ行に変

5.6 サイン音　183

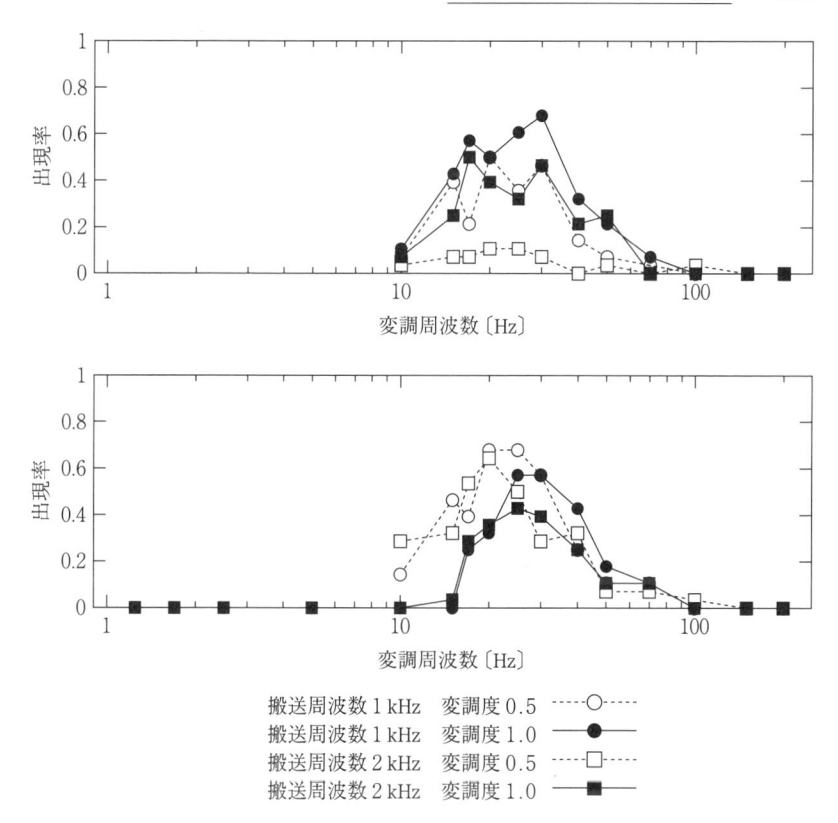

図 5.20　第 2 音節以降がラ行に変化して繰り返される擬音語表現の出現率と変調周波数の関係（上：正弦波によって変調された刺激，下：矩形波によって変調された刺激）

凡例:
- 搬送周波数 1 kHz　変調度 0.5　──○──
- 搬送周波数 1 kHz　変調度 1.0　──●──
- 搬送周波数 2 kHz　変調度 0.5　──□──
- 搬送周波数 2 kHz　変調度 1.0　──■──

化して繰り返される擬音語表現が多く出現する刺激の変調周波数と，「呼出」カテゴリが多く選択される刺激の変調周波数が特定の変調周波数帯域とよく対応していることが読みとれる．この周波数帯域は，フラクチュエーションストレングスとラフネスの境界とされる周波数帯域である．ただし，この変調周波数帯域でも，正弦波によって変調された搬送周波数 2 kHz，変調度 0.5 の刺激条件では，ラ行への変化はほとんど観察されず，「呼出」のイメージを想起させる力も弱いようである．この条件の刺激は繰返しを用いず長音による擬音語表現が多く見られた．つまり，比較的定常な音と評価されて，第 2 音節以降が

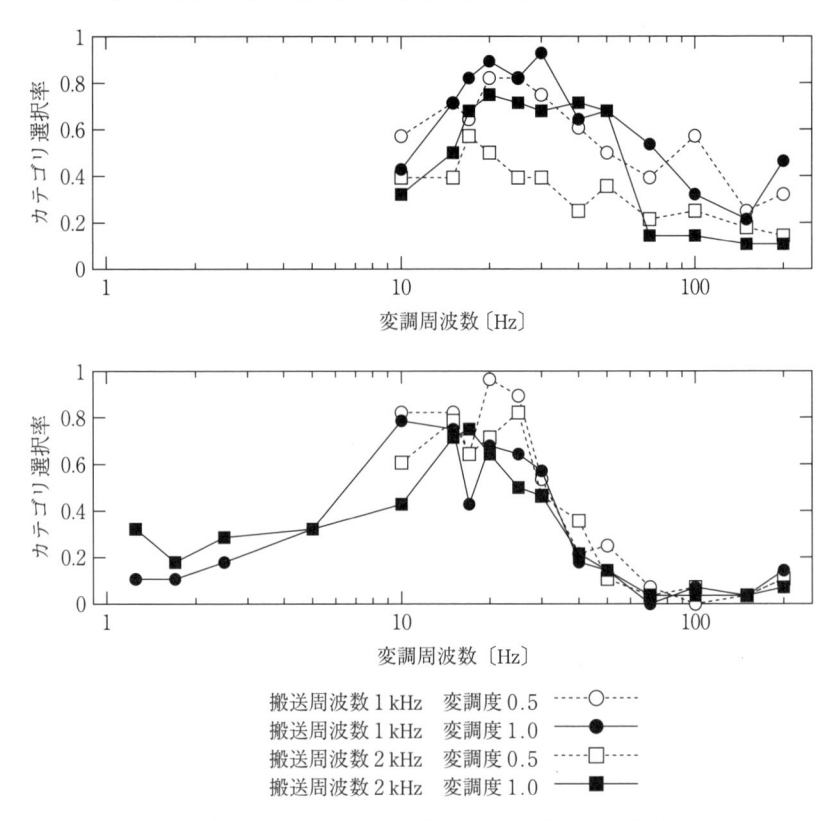

184   5. 音色・音質評価のさまざまな対象

図5.21 「呼出」の機能イメージカテゴリ選択率と変調周波数の関係（上：正弦波によって変調された刺激，下：矩形波によって変調された刺激）

凡例：
- 搬送周波数 1 kHz　変調度 0.5　○
- 搬送周波数 1 kHz　変調度 1.0　●
- 搬送周波数 2 kHz　変調度 0.5　□
- 搬送周波数 2 kHz　変調度 1.0　■

ラ行に変化しないような音は「呼出」のサイン音として適切ではないと示唆される。

また，変調周波数が十分に低く，長音を伴った繰返しの擬音語表現がなされる場合には「終了」の機能イメージが想起されることが明らかになった。また，変調周波数 10 Hz 程度（繰返し周期 100 ms 程度）では，同一音節の繰返しが多くなる。変調周波数が 40 Hz 程度以上の刺激条件では，有声子音を用いた擬音語表現が多く，「警報」の機能イメージと対応が見られた。

周波数変調音の場合でも，振幅変調音の場合と同様な結果が得られており[112]，変調周波数（もしくは変動周期）によって，サイン音としての機能イ

メージを区別することが可能であることが示された。また，擬音語表現の類似性として分類されるカテゴリに対してサイン音の意味内容が対応することが示唆され，擬音語表現を想定したサイン音デザインの有効性が明らかになったといえるだろう。

5.6.4 視覚障害者のためのサイン音

音による情報の収集・伝達は，**視覚障害者**にとってはなくてはならないものである。2000年（平成12年）11月には，「高齢者，身体障害者等の公共交通機関を利用した移動の円滑化の促進に関する法律」（**交通バリアフリー法**）が施行され，これに伴うガイドライン[114]の中で，「旅客施設における音による移動支援方策ガイドライン」として，改札口，エスカレータ，トイレなどの案内に望ましい音支援の形が提案されている。

適切に設計され，設置された音は，視覚障害者の大きな助けとなるが，不適切なものは役に立たず，かえって危険を招くこともあり得る。永幡[115]は，視覚障害者を対象としたインタビュー調査の結果をもとに，彼らにとって使いづらい，または，役に立たない音によるバリアフリーデザインの類型化を行った。その結果，そのような音には「音が小さすぎる」「音が反響しすぎる」「近くに似た音が存在している」などの6種類の典型的パターンがあり，現状のバリアフリーデザインとしての音による案内には，十分な調査，検討が行われておらず，結果的に騒音源を増やしている事例が散見されることを示している。また，多くのサイン音では，視覚障害者と晴眼者で同様の印象を想起するが，**誘導鈴**（**盲導鈴**）などの晴眼者に馴染みが薄いサイン音では違いが見られる[116]。これは，サイン音のデザインに際して，晴眼者と視覚障害者で評価が異なる可能性があることを考慮する必要性を示している。

国内，特に都市部では，**音響式信号機**と誘導鈴が視覚障害者のためのサイン音として最も多く利用されている。しかしながら，このようなサイン音に関しても，その適切な音響特性に関する議論は少ない。最も基本的な特性の一つである音量についても，その知見は十分ではなく，設置の際のいくつかのガイド

ライン等[114),117)]はあるが，具体的な音量の基準は存在しないのが現状である。例えば，視覚障害者の音による移動支援のためのガイドライン[114)]において，「音量調整の具体的方法は，音案内を設置する施設や周辺の音環境の特性に応じて案内音の明瞭性を確保しつつ，かつ周辺住民や近隣で働く人とよく協議した上で周囲の迷惑とならないよう決定することが必要」と述べられているが，ここでも具体的な基準はない。このような具体的基準の不在が，音が小さすぎる（あるいは大きすぎる）などの，不適切なデザインを生み出していると考えられる。適切なデザインのためには，音量のみならず，音色，提示方法，利用すべき場所や時間など，多角的な検討が必要とされる。

　山内らは音響式信号機や誘導鈴に対して，視覚障害者がそれらの音に求める音量を心理実験によって検討している[118),119),120)]。ただし，特に外出に困難を憶えるような視覚障害者の意見をくみ取るためには，大学等の実験室に出向いてもらって実験を実施するのは非現実的である。彼らの生活範囲内に出向いて実験を実施する必要があるため，小型のサウンドミキサー，ヘッドホンおよびCDプレイヤを利用した実験システム[117)]によって，視覚障害者がこれらの音に望む音量を調査した。被験者にヘッドホンを通して環境音と被調整音を提示し，ミキサーのフェーダを使って被調整音の音量を提示された環境音下において自分が望む音量に調整するよう求めた。環境音は，HATS（head and torso simulator）を用いて歩道上で収録したもので，**表5.7**に示す3種類である。被調整音は，擬音式音響式信号のうち一般に「ピヨピヨ」と称されているもの

表5.7　実験に用いた環境音の特徴

	L_{Aeq}	道路の特徴
Env.1	73.2 dB	6車線道路 交通量が多い
Env.2	67.8 dB	2車線道路 住宅地内の通り 　大型車通過時を除く L_{Aeq}：64.9 dB 　大型車2台通過時の L_{Aeq}：72.9 dB
Env.3	65.9 dB	2車線道路 繁華街の通りで，家電量販店の街頭宣伝の音声あり

と誘導鈴（「ピンポーン」）である．

　実験の結果，音響信号に求められる音量は，それが設置された環境下で最も大きいと考えられる状況の環境騒音レベルから約 14 dB 高いレベルであること，誘導鈴に求められる音量は，それが設置された環境下の通常の状況の環境騒音レベルから約 12 dB 高いレベルであることが示された[118]．この違いは，それぞれのサイン音に求められる役割の違いに起因している．多くの被験者は内観報告の中で，音響信号は横断歩道を渡っている間つねに聞こえている必要があるが，誘導鈴はそれが設置されたビルの入口付近でのみ聞こえれば十分であると述べている．また，店舗の BGM などが含まれる繁華街のような環境ではさらに大きな音量が必要である可能性も示された[120]．このように大きな音量のサイン音は周辺住民にとっての騒音源となる可能性があり，現在の音源あるいは提示方法について，ハード・ソフト両面からの改善を試みる必要があるだろう．

5.6.5　サイン音に求められるもの

　本節では，音質評価の対象としてサイン音を取り上げ，その研究事例や評価手法について触れた．特に，擬音語表現を用いた評価によって，憶えやすくわかりやすいサイン音をデザインするための評価研究事例を紹介した．重大な危険を伝える警告音や，聴取される状況がある程度限定される家電製品などでは，多くの研究が見られる．その他さまざまな種類のサイン音，今後増加すると考えられる分野のサイン音について，今後一層の研究が期待される．サイン音がもち得る意味内容を明らかにし，その意味内容を表現するために必要な音響特性を明らかにする基礎研究によって，サイン音の現状の改善への手掛かりを示していくことは不可欠である．

　しかし同時に，サイン音を含む環境全体からそのデザインを考察することも重要である．例えば，街頭での BGM の存在がサイン音の聴取を妨害したり，駅などにおいて残響過多でアナウンスやサイン音が聞き取れない場面などがある．また，同じ空間で似たようなサイン音が混在し，誤認を招く状況などもあ

る。総合的なサイン音デザイン，サウンドデザインも必要であろう。

さらに，サイン音は製品の価値を高めるデザインの一部ととらえる動きもある。わかりやすく，かつ美しいサイン音によって商品イメージを向上させることもできるのではないだろうか。本節で触れたようなサイン音を対象とした評価研究の成果が，よりよいサイン音デザインのために有効に活用されることを願う。

コラム1

本書（初版2010年発行）の10年ほど前であれば，町中で耳にするサイン音の代表例として，「ピピー ピピー」という公衆電話のテレホンカード返却音を挙げていたが，最近はほとんど耳にすることがない。また，電子レンジを「チンする」のように動詞化した用法が定着するほど「チン」というサイン音は成功をおさめたが，最近では本当に「チン」と鳴る電子レンジは少ない。電話の着信音も，黒電話の「ジリリリ」という呼出音はノスタルジックな音風景を表すものとなり，携帯電話でも「ピリリリリ」という"クラシック"な着信音を耳にすることは少ない。サイン音は時代とともに変化している。10年後にはどのようなサイン音が使われているだろうか。

引用・参考文献

1) A. Gabrielson：Perceived sound quality of sound-reproduction systems, J. Acoust. Soc. Am., **65**, pp.1019〜1033 (1979)
2) 吉田登美男：立体音の高級品質の尺度化について（報告1），音響会誌，**14**, pp.170〜174 (1958)
3) 吉田登美男，岩崎俊一，永井健三：立体音の高級品質の尺度化について（報告2），音響会誌，**16**, pp.206〜212 (1960)
4) 吉田登美男，岩崎俊一，永井健三：立体音の本質は何か—高級品質の因子分析—，音響会誌，**16**, 4, pp.249〜257 (1960)
5) 中山 剛，越川常治，三浦種敏：音質評価法の基本的考察，音響会誌，**21**, pp.209〜215 (1965)
6) A. Gabrielson：Perceptual scaling and psychophysical relations in sound reproduction, Subjective and Objective Evaluation of Sound：International

Symposium (edited by E. Ozimek), pp.35〜52, World Scientific Publishing Co, (1990)

7) W. Klippel : Multidimensional relationship between subjective listening impression and objective loudspeaker parameters, Acustica, **70**, pp.45〜54 (1990)

8) 近藤　逞，林知己夫：音の品質判定の一方法，音響会誌，**21**, pp.216〜226 (1965)

9) 駒村光弥，鶴田一男，吉田　賢：スピーカの音質と物理特性の関係，音響会誌，**33**, pp.103〜115 (1977)

10) 岩宮眞一郎：視覚と聴覚の相互作用に及ぼす音響再生系の音質の影響―オーディオ信号に帯域制限を加えた場合―, JAS journal, **33**, pp.29〜35 (1993)

11) 岩宮眞一郎：オーディオ・ヴィジュアル・メディアを通しての音楽聴取における大画面映像が音楽再生音および映像の印象に与える効果，音響会誌，**51**, pp.123〜129 (1995)

12) 西村竜一，末永　司，鈴木陽一，田中章浩：音質劣化が刺激の印象空間内での布置に及ぼす影響，音響会誌，**84**, pp.63〜72 (2008)

13) K. Hamasaki, T. Nishiguchi, K. Hiyama, and R. Okumura : Effectiveness of height information for reproducing presence and reality in multichannel audio system, Audio Engineering Society Convention Paper 6679 (2006)

14) 西村　明，蘆原　郁，高松重治，桐生昭吾：ハイデフィニションオーディオ研究を通じて得られた知見と残された課題，音響会誌，**62** (2006)

15) 安藤由典：楽器の音響学，音楽之友社 (1996)

16) 安藤由典，坂上　敦：リコーダ音の倍音の不規則変動について，日本音響学会秋季研究発表会講演論文集，pp.719〜720 (1994)

17) H. Fletcher, E. D. Blackham, and R. Stratton : Quality of Piano Tones, J. Acoust. Soc. Am., **34**, 6, pp.749〜761 (1962)

18) H. Fletcher and L. C. Sanders : Quality of Violin Vibrato Tones, J. Acoust. Soc. Am., **41**, pp.1534〜1544 (1967)

19) K. W. Berger : Some Factors in the Recognition of Timbre, J. Acoust. Soc. Am., **36**, pp.1888〜1891 (1964)

20) E. L. Saldanha and J. F. Corso : Timbre Cues and the Identification of Musical instruments. J. Acoust. Soc. Am., **36**, pp.2021〜2026

21) J. R. Miller and E. C. Carterette : Perceptual space for musical structures, J. Acoust. Soc. Am., **58**, pp.711〜720 (1975)

22) C. E. Seashore : Psychology of Music, pp.33〜52, McGraw-Hill (1938)

23) 二井（岩宮）眞一郎，有田和枝，北村音一：ビブラート音の快さ（基本音440 Hz の場合），音響会誌，**33**, pp.417〜425 (1977)

24) M. V. Mathews and J. Kohut : Electronic simulation of violin resonances, J. Acoust. Soc. Am., **53**, 6, pp.1620〜1626 (1973)

25) J. Sundberg : Perception of Singing, in The Psychology of Music, D Deutch (Ed.), pp.59～98, Academic Press (1982)
26) S. Iwamiya : The effect of amplitude envelopes of each amplitude modulated waves on the timbre of compound tones consisting of three amplitude modulated waves, J. Acoust. Soc. Jpn. (E), **16**, pp.21～27 (1995)
27) S. Iwamiya and M. Okamoto : The timbre of compound tones consisting of four amplitude modulated waves of different frequency regions, J. Acoust. Soc. Jpn. (E), **17**, pp.65～71 (1996)
28) J. M. Grey : Multidimensional perceptual scaling of musical timbres, J. Acoust. Soc. Am., **61**, pp.1270～1277 (1977)
29) 大串健吾：楽器を聴きわけるサイコロジー, pp.10～15, サイエンス社 (1980)
30) 岩宮眞一郎：音の主観評価に対するファジィ・クラスタリングの適用―楽器音の分類と音色評価への応用, 音響会誌, **51**, pp.715～721 (1995)
31) 徳弘一路, 出口貴博, 高澤嘉光, 山家清之：ストラディバリウス演奏音の解析と聞き比べ実験, 日本音響学会聴覚研究会資料 (2006)
32) 橘　秀樹：音と建築, 難波精一郎編, 音の科学, 3章, 朝倉書店 (1989)
33) M. R. Schroeder, D. Gottlob, K. F. Siebrasse : Comparative study of European concert halls : correlation of subjective preference with geometric and acoustic parameters, J. Acoust. Soc. Am., **56**, pp.1195～1201 (1974)
34) 安藤四一, 岡野利行：コンサートホール音響学, シュプリンガー・フェアラーク東京 (1992)
35) 穴澤健明, 柳川博文, 伊藤　毅：両耳間相関係数と「拡がり」について, 電気音響研究会資料, **EA 70-13** (1970)
36) J. Blauert and W. Lindemann : Spatial mapping of interauranial auditory events for various degrees of interaural coherence, J. Acoust. Soc. Am., **79**, pp.806～813 (1986)
37) 黒住幸一, 大串健吾：2チャネル音響信号の相関係数と音像の質, 音響会誌, **39**, pp.253～260 (1983)
38) 黒住幸一, 大串健吾：音像の空間的印象の定量的表現, 音響会誌, **40**, pp.452～377 (1984)
39) 森本政之, 藤森久嘉, 前川純一：みかけの音源の幅と音に包まれた感じの差異, 音響会誌, **46**, pp.449～457 (1990)
40) J. S. Bradley and G. A. Soulodre : The influence of late arriving energy on spatial impression, J. Acoust. Soc. Am., **97**, pp.2263～2271 (1995)
41) J. Collard : A theoretical study of articulation and intelligibility of telephone circuit, El. Comm., **7**, 3, p.168 (1929)
42) 入井　寛：ラウドネス評価量における相加性, 音学講論, **2-5-18** (1980)
43) H. Fletcher and W. A. Munson : Loudness its definition, measurement and

calculation, J. A. S. A., **56**, 10 (1933)

44) ITU-T recommendation P79：Calculation of loudness ratings for telephone sets, ITU, Geneva (2007)
45) 小坂直敏, 筧 一彦：通話品質のオピニオン評価に影響を与える心理的要因の検討, 信学誌, **J69-A**, 5, pp.652〜662 (1986)
46) D. L. Richards and R. B. Archbold：A developement of the Collard principle of articulation calculation, Proc. IEE, 103B, pp.679〜691 (1956)
47) J. Collard：Calculation of the articulation of a telephone circuit from the circuit constants, El. Comm., **8**, pp.141〜163 (1930〜01)
48) L. C. Pocock：The calculation of articulation for effective rating of telephone circuits, El. Comm., **18**, pp.120〜132 (1939〜02)
49) 入井 寛, 筧 一彦：ラウドネス客観測定器の実現, 信学論 (A), **J67-A**, 1, pp.45〜52 (1984)
50) 小坂直敏, 筧 一彦：基本的支配要因を対象とした通話品質客観評価モデル, 信学誌, **J68-A**, 1, pp.70〜77 (1985)
51) 日本電信電話公社：電話伝送基準第3版 (1978)
52) 小坂直敏：量子化ひずみと基本要因が複合した通話品質の評価モデル, 音響学会聴覚研究会資料, **H-84-23** (1978)
53) ITU-T, Series G Recommendation：The E-model, a computational model for use in transmission planning (2007)（http://www.itu.int/rec/T-REC-G.107/en）
54) 例えば, 柏植和廣, 金丸邦雄, 木戸付雄, 増田憲明：加速時車内騒音の音色に関する一考察, 自動車技術, **39**, pp.1356〜1361 (1985)
55) R. H. Lyon：Designing for product sound quality, Marcel Dekker, Inc. (2000)
56) C. E. Osgood, J. G. Susi and P.H. Tannenbaum：The measurement of meaning, University of Illinois Press (1957)
57) S. S. Stevens：On the psychophysical law, Psychological Review, **64**, pp.153〜181 (1957)
58) L. L. Thurstone：A law of comparative judgment, Psychological Review, **34**, pp.273〜286 (1927)
59) R. A. Bradley and M. E. Terry：Rank analysis of incomplete block designs：I. The method of paired comparisons, Biometrika, **39**, pp.324〜345 (1952)
60) H. Scheffé：An analysis of variance for paired comparisons, J. Am. Statistical Association, **47**, pp.381〜400 (1952)
61) 高尾秀男, 橋本竹夫：乗用車走行時の車内音の主観評価—第1報 SD法による音質評価形容詞対の選択—, 自動車技術会論文集, **42**, pp.73〜78 (1989)
62) 橋本竹夫, 高尾秀男：乗用車走行時の車内音の主観評価—第2報 主観評価と騒音評価量の関係—, 自動車技術会論文集, **43**, pp.129〜133 (1990)
63) 桑野園子：機械騒音の音質評価方法, 音響会誌, **53**, pp.456〜461 (1997)

64) J. B. Kruskal：Multidimensional scaling by optimizing goodness of fit to a nonmetric hypothesis, Psychometrika, **29**, pp.1～27 (1964)
65) J. D. Carroll and J. J. Chang：Analysis of individual differences in multidimensional scaling via an n-way generalization of "Eckart-Young" decomposition, Psychometrika, **35**, pp.283～319 (1970)
66) E. Parizet, E. Guyader and V. Nosulenko：Analysis of car door closing sound quality, Appl. Acoust., **69**, pp.12～22 (2008)
67) 星野博之, 小沢義彦：加速時の自動車車室内におけるこもり感評価法, 日本音響学会 1996 年秋季研究発表会講演論文集, pp.671～672 (1996)
68) 波多野滋子, 橋本竹夫：こもり感因子の定量化—音の周波数スペクトルパターンと大きさを考慮した修正尺度—, 自動車技術会論文集, **27**, pp.85～89 (1996)
69) 阿部 武, 福永 功, 高後哲也：自動車の車室内異音の主観評価法について, 音響会誌, **48**, pp.796～800 (1992)
70) M. F. Russell, S. A. Worley and C. D. Young：An analyser to estimate subjective reaction to diesel engine noise, Proceedings of the Institution of Mechanical Engineers, Part C：Mech. Eng. Sci., C30/88, pp.29～38 (1988)
71) S. Amman and J. Greenberg：Subjective evaluation and objective quantification of automobile strut noise, Noise Control Engineering Journal, **47**, pp.17～27 (2006)
72) 橋本竹夫, 波多野滋子, 斉藤晴輝, 永松真一：小型ディーゼルトラックのアイドル車外音の音質改善, 自動車技術会論文集, **27**, 2, pp.80～84 (1996)
73) 星野博之, 寺澤位好, 小沢義彦, 加藤裕康：車内音のバランス評価, 自動車技術会学術講演会前刷集, **953**, pp.181～184 (1995)
74) M. Takada, S. Iwamiya, K. Kawahara, A. Takanashi and A. Mori：Sound quality of machinery noise of laser printers, Proc. of the 7th Western Pacific Regional Acoustics Conference, pp.695～698 (2000)
75) 君塚郁夫：ISO 7779 による discrete tone 分析, 騒音制御, **26**, pp.40～43 (2002)
76) S. Kuwano, S. Namba, K. Kurakata and Y. Kikuchi：Evaluation of broad-band noise mixed with amplitude-modulated sounds, J. Acoust. Soc. Jpn. (E), **15**, pp.131～142 (1994)
77) M. S. Khan, Ö. Johansson and U. Sundbäck：Development of an annoyance index for heavy-duty diesel engine noise using multivariate analysis, Noise Control Engineering Journal, **45**, pp.157～167 (1997)
78) J. J. Chatterley, J. D. Blotter, S. D. Sommerfeldt and T. W. Leishman：Sound quality assessment of sewing machines, Noise Control Engineering Journal, **54**, pp.212～220 (2006)
79) H. Fastl and E. Zwicker：Psychoacoustics：Facts and models, third edition, Springer, pp.239～246 (2006)

80) von W. Aures：Berechnungsverfahren für den sensorischen Wohlklang beliebiger Schallsignale（A model for calculating the sensory euphony of various sounds），Acustica, **59**, pp.130～141（1985）
81) 立和田襄，藤原良治：ドア閉音と開閉操作性，自動車技術会論文集，**4**，pp.44～50（1972）
82) D. Malen and R. Scott：Improving automobile door-closing sound for customer preference, Noise Control Engineering Journal, **41**, pp.261～271（1993）
83) S. Kuwano, H. Fastl, S. Namba, S. Nakamura and H. Uchida：Quality of door sounds of passenger cars, Acoust. Sci. & Tech., **27**, pp.309～312（2006）
84) 木立純一，佐藤利和：自動車ドア閉まり音の音質改善，音響会誌，**64**，pp.576～582（2008）
85) 中村誠之，内田博志，山田勝久：ドア閉まり音の定量評価法と閉まり音の改善について，VSTech2001 振動・音響新技術シンポジウム講演論文集，pp.155～158（2001）
86) 岩崎洋一，宮本和典，山本憲一：6気筒エンジン乗用車の音色創り，自動車技術会学術講演会前刷集，**976**，pp.339～342（1997）
87) 戸井武司，風早聡志：機構設計によるカメラシャッタ作動音の音質改善，音響会誌，**58**，pp.406～413（2002）
88) 吉川公利：音とブランド力，騒音制御，**31**，pp.186～191（2007）
89) M. Takada, S. Arase, K. Tanaka and S. Iwamiya：Economic valuation of the sound quality of noise emitted from vacuum cleaners and hairdryers by conjoint analysis, Noise Control Engineering Journal, **57**, pp.263～278（2009）
90) 岡本眞一：コンジョイント分析—SPSS によるマーケティング・リサーチ，ナカニシヤ出版（1999）
91) 桑野園子編著：音環境デザイン，pp.69～118（難波精一郎：工業製品の音のデザイン），コロナ社（2007）
92) 金沢真理，中野泰志，井手口範男，布川清彦：視覚障害者の路地横断時における車との接触事故の可能性に関する分析—ハイブリッド車の静粛性が視覚障害者の歩行に及ぼす影響—，日本ロービジョン学会誌，**6**，p.219（2006）
93) 国土交通省ハイブリッド車等の静音性に関する対策検討委員会 http://www.mlit.go.jp/jidosha/jidosha_tk7_000002.html（2009）
94) 土田義郎，平手小太郎，安岡正人：音による情報伝達についての基礎的考察，サウンドスケープ，**2**，pp.15～22（2000）
95) R. D. Sorkin：Design of Auditory and Tactile Displays, in Handbook of Human Factors, G. Salvendy（Ed），John Wiley & Sons, pp.549～576（1987）
96) H. Lazarus and H. Höge：Industrial safety：Acoustic signal for danger situations in factories, Appl. Ergonomics, **17**, pp.41～46（1986）
97) J. Edworthy, S. Loxley and I. Dennis：Improving Auditory Warning Design：

Relationship between Warning Sound Parameters and Perceived Urgency, Human Factors, **33**, pp.205〜231 (1991)
98) E. J. Hellier, J. Edworthy, and I. Dennis：Improving Auditory Warning Design：Quantifying and Predicting the Effects of Different Warning Parameters on Perceived Urgency, Human Factors, **35**, pp.693〜706 (1993)
99) S. Kuwano, S. Namba, A. Schick, H. Höge, H. Fastl, T. Filippou, M. Florentine：Subjective impression of auditory danger signals in different countries, Acoust. Sci. & Tech., **28**, pp.360〜362 (2007)
100) 倉片憲治：音のユニバーサル・デザイン—家電製品報知音の標準化—, 音響会誌, **58**, pp.360〜365 (2002)
101) 倉片憲治, 久場康良, 口ノ町康夫, 松下一馬：家電製品の報知音の計測—高齢者の聴覚特性に基づく検討—, 人間工学, **34**, pp.215〜222 (1998)
102) 倉片憲治, 松下一馬, 久場康良, 口ノ町康夫：家電製品の報知音の計測—高齢者の聴覚特性に基づく検討・第2報—, 人間工学, **35**, pp.277〜285 (1999)
103) 倉片憲治, 松下一馬, 久場康良, 口ノ町康夫：家電製品の報知音の計測・第3報—発音パターンの分析—, 人間工学, **36**, pp.147〜153 (2000)
104) JIS S 0013, 高齢者・障害者配慮設計指針—消費生活製の報知音 (2002)
105) JIS S 0014, 高齢者・障害者配慮設計指針—消費生活製の報知音—背妨害音及び聴覚の加齢変化を考慮した音圧レベル (2003)
106) 和氣早苗, 岡田世志彦, 旭　敏之：ヒューマンインターフェースとしての報知音設計—報知音多次元設計手法の提案と視覚障害者用 Windows アクセスツール CV/SR の報知音設計—, デザイン学研究, **49**, pp.41〜50 (2003)
107) 小川容子：発車の合図としての音楽—その快適さについての心理評価について—, 騒音制御, **25**, pp.8〜12 (2001)
108) K. Yamauchi, J. Choi, R. Maiguma, M. Takada and S. Iwamiya：A Basic Study on Universal Design of Auditory Signals in Automobiles, J. Physiological Anthropology and Applied Human Science, **23**, pp.295〜298 (2004)
109) 崔　鍾大, 毎熊　亮, 山内勝也, 高田正幸, 岩宮眞一郎：自動車内のリバース報知音にとって望ましい音響特性, 音響会誌, **61**, pp.118〜125 (2005)
110) 山内勝也, 高田正幸, 岩宮眞一郎：サイン音の機能イメージと擬音語表現, 音響会誌, **59**, pp.192〜202 (2003)
111) 山内勝也, 岩宮眞一郎：振幅変調音の擬音語表現とサイン音としての機能イメージ, 音響会誌, **60**, pp.358〜367 (2004)
112) 山内勝也, 岩宮眞一郎：周波数変調音の擬音語表現とサイン音としての機能イメージ, 生理人類学会誌, **10**, pp.115〜122 (2005)
113) 岩宮眞一郎, 中川正規：擬音語を用いたサイン音の分類, サウンドスケープ, **2**, pp.23〜30 (2000)
114) 国土交通省総合政策局交通消費者行政課監修：視覚障害者の音による移動支援

のためのガイドライン，公共交通機関旅客施設の移動円滑化整備ガイドライン追補版，交通エコロジー・モビリティ財団，pp.19〜47 (2002)
115) 永幡幸司：視覚障害者に使えない視覚障害者のための音によるバリアフリーデザイン，騒音制御，**29**，pp.390〜396 (2005)
116) 柳原麻衣子，岩宮眞一郎：サイン音のイメージ調査―清眼者と視覚障害者の比較―，音響学会講演論文集（春期），pp.361〜362 (2000)
117) 警視庁：視覚障害者用信号装置に関する基本的な考え方について，静岡県福祉のまちづくり条例施設整備マニュアル，pp.127〜128 (1996)
118) K. Yamauchi, K. Nagahata, M. Ueda and S. Iwamiya：A Basic Study on Adequate Sound Levels of Acoustical Signs for Visually Impaired, Proc. of 12th International Congress on Sound and Vibration, Paper No.285 (2005)
119) K. Nagahata, K. Yamauchi, M. Ueda and S. Iwamiya：A Pilot Study on the Adequate Sound Levels for Acoustic Signs for the Visually Impaired, Noise Control Engineering Journal, **55**, pp.217〜223 (2007)
120) K. Yamauchi, K. Nagahata, M. Ueda and S. Iwamiya：The Adequate Sound Levels for Acoustic Signs for Visually Impaired in the Sound Environment with Ambient Musics from shops, Acoustics'08 (2nd ASA-EAA Joint Conference), Paper No.1024 (2008)
121) 飯田一博，森本政之編著：空間音響学，p.43，コロナ社 (2010)

第6章
音色の創出

6.1 音色の概観

音色を創り出すことに焦点をあててみよう。音色を創り出すのはおもに電子楽器や音楽作品の制作のためである。ここでは音楽を幅広くとらえ，電子音響音楽，サウンドインスタレーション，ゲームの効果音などのマルチメディアコンテンツなど，ありとあらゆる音の関わる制作物全般をいう。このような音楽応用においては，既存の楽器音のみならず，新たな発音体や楽器の制作，電子音の合成手法が必要となる。

ここでの音色は前章までで論じた対象に比べてはるかに広範である。なぜならこれまで聞かれなかった音色まで含めて議論しようとしているからである。また，音色を述べるのにさらにいろいろな視点が必要とされる。以下，音楽応用のための音色を中心として，本節では，その共通する点を概説し，特に既存の音響楽器の楽音を対象にして述べる。

6.1.1 音色の構造

音色は心理空間上で多次元的に表現され，1章ではその軸について述べた。しかし，このようなベクトル空間でとらえる見方とは別に，これらをシンボリックにとらえてみると，それには階層性もある。例えば，バイオリンの音色について考えると，その奏法により，さらにさまざまな音色がある（6.2節参照）。演奏家の音楽作品の実演に対する批評の一つに，豊かな音色，貧弱な音

6.1 音色の概観

色などの表現が常套句として存在するのはご存知であろう。

しかし，このような差異を聴き分ける能力がありながらも，われわれにはバイオリンの音色という範疇も歴然と存在する。楽器音のみならず，音声や動物，鳥，虫の鳴き声も同等である。これらの事象を音声のソースフィルタモデルのように，振動の源としての音源部と，これらのフィルタの変化部分とを分離して知覚できる。

音声の場合，コミュニケーションを目的とした言語的な使用目的が一般的であるため，音色というよりも声質，個人性，音韻性と分類し，ソースフィルタモデルで分解したときには音韻性はフィルタ部に，それ以外の情報は音源部に存在するといわれている。

一般に，言語の音韻は記号として表記でき，その生成的あるいは知覚的分類が階層的に行える。音韻をも含めて音色をとらえるのであれば，音色を階層的にもとらえる必要があることがわかる。

さらに，電子音まで含めて音色を考えると，定義の段階から難しくなる。そもそも，電子音は一つの音と知覚されるか，複数の音として知覚されるかも曖昧であるためである。音色はどのようにその音が生成されたか，あるいは合成されたかを表す概念ではなく，どのように聞こえるか，という知覚に関する概念である。現実の音響音は，物理振動を起こす音の発生源があり，これと対応してその音の聞こえが存在する。そのため，生成時と知覚時の違いをさほど強く意識しなくてよい。例えば，バイオリンの音といえば，バイオリンを奏した結果としてのバイオリン音であり，ことさら生成と知覚とを分けて言及しなくてもよい。

一方，電子音は発音のための音源とそれの振動した結果としての音，という関係が必ずしも成り立たない。すなわち，その音の生成が物理的な発音体と結び付いておらず，音色はあくまでも知覚的な概念でしかない。

また，電子音楽の作曲家は，定常雑音の音色を**テクスチャ**という用語を用いることがあり，電子音の音色まで含んで音色を扱うことは，用語一つとっても難しい問題である。

6.1.2 音楽における音色の役割

　音楽における音色の役割はどのようなものであろうか。音楽には，西洋芸術音楽，ポップス，演歌，ジャズ，ロックなど，さまざまなジャンルがあるが，これらを問わず，音色は音楽の構造上の重要な位置を占めてこなかったのである。

　しかし，実際，楽器によりさまざまな音色の違いや，また声では音色に対応する声質が音楽として重要な位置を占めていることも明らかである。バイオリンの音色が好きだからバイオリン名曲集を聴く，ひいきの歌手がいるからその人の曲をネットワークからダウンロードする，などはわれわれの日常なせる行為である。

　こうした事例がありながらも，音色が構造上で重要でない，とはどういうことであろうか。それは，音楽を構造物として眺めたとき，音高（ピッチ）の上にある体系やリズムなどはそれを表す秩序が明確にあるにもかかわらず，音色にはそれがない，ということである。つまり，音楽を構造的に眺めると和声，対位法など，音高を基本単位として，階層的に音程，音階，和声などの音の構造に関する秩序が構築されており，また，作曲もこれらの秩序に基づいてなされている。

　それに対し，音色はこのような構造が体系的に整理されておらず，作曲上も理論化されているものの上に音楽が構築されていない，ということである。

　具体的な音楽の例として，例えばバッハのクラヴィアのための平均律曲集の作品を当時存在しなかったエレキギターで奏された場合を考えてみよう。音色には驚いたとしても，まぎれもなく美しいフーガが聴かれるはずである。

　これは，バッハがあらゆる楽器を想定して機能するような音楽を作曲したからであろうか？　否，音色はその作品のアイデンティティが失われるほどの重要性がないということである。すなわち，作曲上の対位法という理論に則って作られており，音色は本質的にこれに貢献していない，ということである。

　一方，作曲された作品を最終的に音楽に仕立てるのが演奏である。ここでは，これらの構造上の柱に建物の内装や装飾を施すように，細部をさまざまに具体化して鑑賞に耐える音楽とする。音色は演奏を決定付ける主要因の一つである。

以上は多くの音楽の場合であるが，音色そのものが音楽の構造上主要因の一つとするものが出てきた。以下ではそれらについて紹介したい。

シェーンベルグ以降の西洋芸術音楽は，12音技法やトータルセリーが登場することにより，一般人のピッチに基づく理論への興味は失われた。まず，理論が複雑で理論と知覚との対応がつきにくいこともその一因である。また，一般人が音楽に求めていた協和性が失われたことも一因である。

ピッチに関する理論は，こうした専門的な発展とは別な枠組みもあり，研究としては進展しているが，わが国ではあまり発展していない音楽理論分野である。本章ではピッチに基づく理論については言及しない。また，このような理論の発展に限界を見た音楽家たちから別の流れが派生する。

一つは楽器のさまざまな奏法の開拓により，新たな音色と，これによる新たな音楽の創出である。もう一つはミュージックコンクレートや電子音楽に代表される電気音響機器を用いることによって成立する音楽の台頭である。この流れは以後のコンピュータ音楽へと繋がる。

6.1.3　楽器音における音色

数ある楽器は，それぞれにユニークな音色があるが，その上に奏法により，さらに細分化された音色がある。これらを音楽の文脈の中で意図的に制御できるようになることが演奏家の目的である，といえよう。

特に現代の音楽ではさまざまな音色を必要とし，その結果同時に楽器の音色の開拓も行われてきた。個別楽器の各種奏法を網羅するのは音楽の専門書に譲り，ここでは，特徴的なものをいくつか紹介する。表6.1では，特に楽器群に共通な奏法を中心に具体的に紹介する。なお，楽器を破壊するなどのきわめて特殊な奏法は除外した。

楽器の現代奏法の中には，共鳴板を叩いて本来の楽器の発音部分から離れて発音させたり，プリペアドピアノと称し，ピアノの弦の間に消しゴムや文具を詰めたりして，発音機構の一部を変更させる方法にまで拡張されているものもある。これらは楽器のアイデンティティをなくす，ととらえるか楽器の音色を

表6.1 代表的な特殊奏法

楽器	奏法	説明
管楽器	重音	本来単声である楽器から，多重ピッチを出す奏法。
	トリル	尺八のカラカラやコロコロのように，楽器固有のトリルがある。
	ミュート（弱音器）	弦楽器にもあるが，金管楽器では特にこれを装着することにより音色の変化が大きい。
	循環呼吸	演奏しながら息を吸う。これにより本来の息を吐く時間の限界を超えた持続音が演奏可能となる。
弦楽器	ピチカート	弦を指でつまんで弾く。
	バルトークピチカート	ピチカートの弦が楽器に叩きつけられるように弾く。
	ハーモニクス	基本波を発音させず，その調波（倍音）のみを奏すること。第4倍音が用いられることが多い。
	スルポンティチェロ	駒に近い部分で弓を擦って奏する。倍音が強調されて独特の金属的な音色となる。
	スルタスト	指板に近い部分で弓を擦って奏する。やわらかい音になる。
	コルレーニョ	弓の裏側の棒の部分で弦を叩く。
ピアノ	内部奏法	鍵盤でなく，弦に直接手などで振動を加えること。撥弦の音色も出すことができる。
	プリペアドピアノ	内部の弦にさまざまな詰め物をして，速い減衰で，金属的な打楽器音とする。
	グリッサンド	音高を連続的に急速に移動する奏法。

拡張している，ととらえるかは判断の分かれるところである。

　以上は，楽器単体で奏される楽音の音色について述べたが，このほかに楽器が複合することによっても新たな音色が生まれる。これらは，いわゆるオーケストレーションにおける音色である。これらの中には純粋に溶け合って響く音色もあれば，溶け合わずに自己を主張し続ける音色や楽器もある。オーケストレーションは音楽理論の中で重要な理論の一つであるが，音楽知覚的な裏付けがあり音響学的に体系だったものではなく，過去の作曲家の実作により，さまざまな楽器の組合せによる音色が確認されたものについてまとめられている。いわば，経験則から成る作曲上のノウハウのようなものである。

6.2 電子音の音色とその合成

本節では，電子音楽において音色を合成する技術がどのように発展してきたかを概観し，主要な合成技術について紹介する。

コンピュータ音楽は，電子音楽，電子音響音楽などとも呼ばれ，時代性をおびている。これらの用語は，その意味するところが時代とともに移り変わったり，また人により異なった意味で用いられたりする。この現象は，誕生しては消える新たなメディアのうえで成り立つ音楽の必然的な特徴でもある。ここでは，芸術音楽に応用されてきた新たなメディア上での合成音を対象にして述べる。この分野が新たな技術のニーズを掘り起こしてきた実績があり，技術の発展も芸術音楽とともに歩んできたからである。

6.2.1 ミュージックコンクレートと電子音楽

1950年代にはテープレコーダやディスクなどが放送用の機器として実用化されてきた。シュトックハウゼンはケルンの放送局で正弦波発信器や雑音，関数発生器，変調器，フィルタやイコライザなどの組合せにより新たな音楽創作を行い，**電子音楽**が誕生した。またこうして誕生した音色はかつて体験したことのない音色であり，電子音と呼ばれてきた。

シァフェールはパリのラジオフランスの放送スタジオを拠点として，おもに楽音以外の音をテープレコーダに収録し，テープ回転の変化，テープの切り貼り，あるいはフィルタリングや変調などにより，新たな芸術音楽分野を形成した。工学的には音声，楽音，騒音以外を中心とした音全般を環境音というが，この枠組みでは具体音といい，このような音楽を**ミュージックコンクレート**という。

1960年代，1970年代と20年ほどはこのテープレコーダとディスクが安定して存在してきたが，1980年代に入りコンピュータが普及し始めると，このテープやディスクのうえで行われてきた音色合成がすべてコンピュータ上に置き換

わった。単に置き換わったのみならず，ディジタル信号処理技術を用いてさまざまな音色合成が可能となった。メディアのほうは1990年代以降はその変化が激しく，テープが民生レベルから消えていき，ディジタルの大容量記録メディアとしてのCDやDVDが登場してきた。しかし，これらの変遷があまりに早いため，CD音楽作品であっても，そのタイトルに「テープのための」という副題をつけるものが多い。最近では英語標記などではテープの代わりに fixed media という表現もよくみかける。

　ミュージックコンクレートからの音色も含め，現在のコンピュータにより処理された音全体を**電子音**と呼ぶことにする。合成音という名称との違いは，合成音には音色の概念を含めていないが，電子音にはその音色を，特に登場した初期の印象をこめている。したがって，既存の音響楽器の音や，人の声を高品質に合成できるとき，それを電子音とはいわない。また，合成音は工学的にも音楽的にも広く一般的に用いられるのに対し，電子音は音楽的な文脈でおもに用いられる。

6.2.2　電子音の大分類とその発展

　図 6.1 は，電子音楽やミュージックコンクレートの誕生以来確立した，電子音の制作工程の概略を表したものである。基本的素材としての音源と，それを加工して電子音として輝きを与えるエフェクトからなる。音源には，正弦波を初めとする矩形波，三角波，方形波などの関数波と雑音などがあり，人工的に無から音素材を創りあげるものである。シュトックハウゼンの作品では，このパスにより電子音を制作していた例が多い。これに対し，ミュージックコン

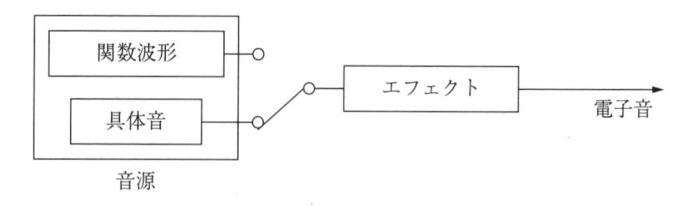

図 6.1　電子音の制作工程

クレートでは音源は具体音，現在でいうサンプル音を用いることが一般的であった。

音源とエフェクトも，コンピュータの登場までは，個々の機能が専用の装置として存在した。例えばある音にリバーブをかけるときも汎用のアナログ装置があった。汎用装置は，個別機能の装置が散在している不便さを救済すべく，全体を集積配置して，一つの音楽装置，あるいは楽器として John Cage によりシンセサイザとして新たな概念が提唱された。Robert Moog（モーグ）がこれを具体化して装置化し，モーグシンセサイザとして定着した。

ディジタルコンピュータはその技術の源流を 1960 年代の Max Mathews の Music N に見ることができる。これは，音楽制作プログラム言語である。N は

表 6.2 代表的なエフェクト

大分類	名称	効果
レベル制御	リミッタ	閾値レベル以上にいかないよう，レベルを抑える機能。
	コンプレッサ	レベルを圧縮して，一定範囲内に抑える機能。
遅延関連	反響（エコー）	やまびこ同様に了解性のある音声が戻ってくる現象で，残響とは区別する。60 ms 以上の遅延がある状態。
	残響	室内音響の響きを擬似したり，デフォルメした響きをいう。
ピッチ変換	ハーモナイザ	ピッチシフトしたもの，あるいはそれらを混合したもの。
周波数特性の加工	イコライザ	周波数特性を任意の特性に変更する機能。
	エンハンサー	ある周波数領域を強調する機能。
	ディエッサー	ある周波数領域を減衰させる機能。
	アンプシミュレータ	非線形特性をもつアンプを擬似的に実現。
ひずみ	ディストーション	波形を圧縮させてひずませることなどで，高域の情報を豊富に含ませる。
位相制御	コーラス	数多くの楽器がユニゾンで奏している効果を出す。
	フィルタリング	低域通過，帯域通過など，周波数領域により通過させたり，させない特性を付与する。
	ワウ	高域の周波数特性を動的に変えて音色のワウワウ感を出す。
	フランジャ	位相をずらした音を重ねて音色を変化させる。うなりを感じる。

IからVまでを示し，それぞれ異なるバージョンであることを表す。Music IIIはユニットジェネレータという概念をもち，また，アナログの頃から音色は正弦波を重ね合わせて創る，という考え方をもっているため，すべての機能に先んじて正弦波あるいは関数発生器を作成することを考えた。

ディジタルコンピュータが普及する前の段階，すなわち，1970年代頃までに確立した音源とエフェクトについてまとめてみよう。**表6.2**は，代表的なエフェクトを示したものである。これらは，音色の機能で分類されている。その実現には，リバーブをばねで実現する方法，反響を反響板を用いるなどの機械式であったり，おもにアナログの装置で発展し定着したものである。これらは，ディジタル処理に置き換えると，原理的には単純であるものが多い。しかし商用の装置にはいくつものノウハウがあり，個々の製品の特徴となっている。なお，表内で，レベル制御とは，電子音響機器類，特に増幅器は，一定のレベル内で動作を行うために，入力のレベルの値をある一定の範囲に抑える機能である。

6.3　コンピュータ音楽における楽音合成方式とその音色の分類

1970年代以降，アナログ装置がディジタルコンピュータに置き換わり，ディジタル信号処理技術による新しい合成方式が主役となった。しかし，単に置き換わったのではなく，音色の作り方そのものが，図6.1に示す方法と異なってきた。

図6.2にディジタル信号処理技術を用いた音合成の処理概念図を表す。同図では，図6.1での音源はそのまま置き換わり，関数波形として残っている。ユニットジェネレータによる**楽音合成**で，波形テーブル参照方式による関数波形による音合成が最も基本的な音源であったため，ディジタルでも，まず基本的な楽音合成方式として実装された。ここは，何もないところから波形を創りだす音源の合成部である。このほか，**FM音源**や**物理モデル**など，1980年代以降新たにさまざまな合成方式が誕生した。

一方，図6.1内に音楽的文脈で具体音と記されていた音はここでは原音と

6.3 コンピュータ音楽における楽音合成方式とその音色の分類

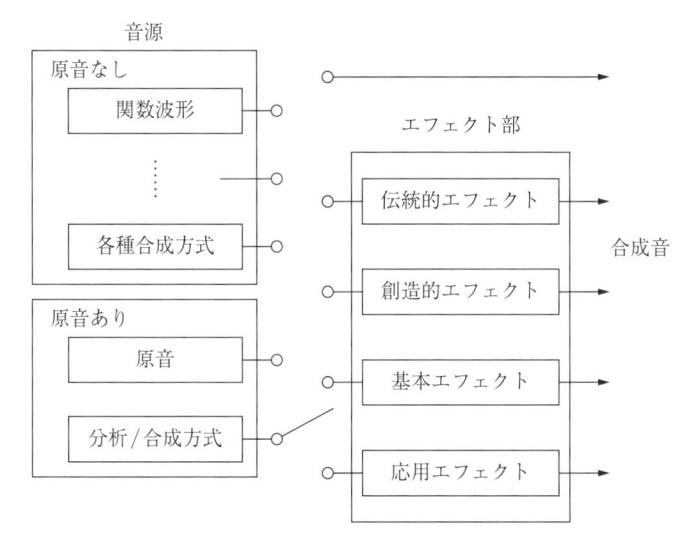

図 6.2 ディジタル信号処理技術による音合成の処理

呼び，加工を前提とするための音素材を表す．現在の音楽制作上ではサンプル音などともいう．音源を工学的に表現できる枠組みを**分析/合成方式**と呼ぶ．すなわち，与えられた原音をモデルで表現し，かつそのモデルパラメータを推定する方法が知られており，原音を再合成できるような方式である．これらの音を加工して合成音とする．

分析/合成方式は，電気通信の分野で発展してきた技術を電子音楽で応用しているものである．ここでは，**正弦波モデル**，**フェーズボコーダ**，**線形予測符号化**（**linear predictive coding**, **LPC**）などの技術があてはまる．これらの方式は，もともと効率的な音声表現のために誕生し，原音をいかに音質が損なわれることなく表現できるか，という視点で開発され発展したものである．

しかし，これを音楽応用に転じると，その表現パラメータを加工することにより，さまざまなエフェクトが可能になる．したがって，ある分析/合成方式の誕生は，既存のエフェクトを再度表現しなおすことも可能となると同時に，これまでにないエフェクトの誕生を示唆することになる．

図 6.1 でのエフェクトは同一機能がディジタル信号処理方式に置き換わった

ものとして，ここでは伝統的エフェクトと記した．伝統的エフェクトは，特に実用製品レベルになるとさまざまなノウハウがあり，各社，各製品の特徴が出ている．しかし，ディジタル信号処理技術の基本概念という視点で見ると単純であることが多い．

図6.1では，技術や装置の区分と音色（聞こえ）の区分が対応しているが，コンピュータの登場以降の図6.2では両者は必ずしも対応しない．工学的には，音をどのように表現するか，という表現方式による分類のほうが，時代，技術との対応などから理解しやすい．一つの表現方式が提案されると，単純な音源としても利用できるほか，その方式を用いたエフェクトが新たに提案され，応用が多岐にわたる．その結果，信号処理方式と音色機能とは1対1に対応しないようになった．

6.3.1 電子音色の分類

これらの工程を経て得られる合成音の音色を以下の四つに分類する．

① 既存楽音の表現
② 楽音の基本的加工
③ 楽音の応用的加工
④ 創造的合成

この分類は，制作側の技術を聞こえに基づいて工学的なものから芸術的なものまでに分類したものである．なお，聞こえの分類でなく技術分類としたのは，例えばフルート音の4秒のビブラート音が，1秒のノンビブラート音を時間伸張して2秒にし，これにビブラートを付与して合成したものなのか，奏者にその条件で奏してもらったかを，あくまでも合成音の技術として区分するためである．

①〜③までは，対象とする楽音が存在し，①は対象音そのものを合成するもの，②，③は対象楽音をもとにこれを加工するもの，④は新たな音楽音を創るもので，いわゆる電子音やディジタルサウンドといわれる音色である．

①から④にいくにつれ，工学的な技術からデザイン性，芸術性が高くなる．

①では，音質評価が工学的に厳密に行うことができる。分析／合成音では，SN比もしくはスペクトルひずみによる評価が可能である。

②と③は分析／合成方式を用いることが前提で，②はピッチ，音色，テンポ（音声の場合は話速）などの知覚的特徴をどれか一つを独立に制御する技術をいう。これらは音声技術と重複する。これは，芸術性やデザイン性を含まないため，心理評価実験により音質が工学的に評価できる。このために開発されたエフェクトをここでは基本エフェクト（工学的エフェクト）と呼ぶ。

③はリバーブや，**モーフィング**（6.4 節参照）などをいい，現実音としては存在しないが，イメージ可能なものとして，完全な工学評価の枠組みにはならずデザインとしての枠として扱いうるものをいう。またこのために設計されたエフェクトをここでは応用エフェクト（デザインエフェクト）と呼ぶ。

④はさまざまな合成方式で，模範とする音色がなく，あくまでも作品制作上の理由で，合成する音色で芸術的な狙いの音色など，工学評価の枠にのらない合成音をいう。

以下に各種音合成方式をアルゴリズムにより分類し，紹介する。それぞれがどのような機能で用いられているかを整理して表にまとめた。以下は各方式の概略である。説明用の表では，○印はおもに用いられている使途である。

6.3.2 波形テーブル参照型

関数波形をディジタルに置き換え，さらに発展させたものである。メモリに波形データを格納し，これをもとに補間，間引き，繰返し（ルーピング）によって音源そのものを合成する方法である[2]。**表 6.3** に**波形テーブル参照型**の合成方式の概略について記す。

〔1〕 **波形テーブル合成**　これは最も基礎的な合成方式で，歴史的にも初期から考案されたものである。正弦波を初めとする関数波を合成する。これらは波形をメモリに格納し，必要とされるピッチに対応して間引き，あるいは補間を行って波形合成を行う。必要な演算はテーブル上のアドレシング計算，線形補間などで，演算コストが低い。

表 6.3 波形テーブル参照型音合成方式とその主要な用途

方式名	擬似楽音	基本加工	応用加工（エフェクト）	創造的合成
波形テーブル				○
多重波形テーブル	○		○	○
サンプリング合成	○			
二連音素合成	○			○
Karplus Strong 方式	○			○

〔2〕 **多重波形テーブル**[3] これは複数の波形テーブルを有し，それらの重み付き加算により音色を変えるもので，波形テーブルの応用技術として，特に時変でパラメータを変えることにより，リアルな音色の実現が可能になった。

〔3〕 **サンプリング合成** 楽音のシミュレータとして，実際の楽音の収録音をメモリに蓄えて合成させる手法である。任意長の発音を得るため，持続区間を繰り返して発音させるルーピング技術が中心課題である。

〔4〕 **二連音素合成** 二連音素（diphone）を単位としてこれらの素片を接続して合成する手法で，音声合成の手法と類似している。二連音素内では，補間可能部分と非補間部分があり，補間部分で伸縮を考慮しながら接続する[4]。

〔5〕 **Karplus Strong 方式** p 個の波形テーブルを用意し，新たな波形値を p 個前とそのつぎの波形値の平均として順次定義していくと，動的な音色が得られる。この手法を拡張して，撥弦および打楽器の音を合成する手法である。非常に自然な音質が得られる。

6.3.3 ユニットジェネレータ

〔1〕 **加算合成** 1960 年に Mathews が Bell 研究所にて開発した Music III 上で初めて実現された。正弦波発信器を**ユニットジェネレータ**とし，周波数と振幅の異なるいくつも正弦波を重ね合わせることにより楽音を表現する手法である[5]。

〔2〕 **減算合成** 雑音，のこぎり波，矩形波など，倍音が豊富な音をユニットとし，これにさまざまなフィルタを掛け，周波数情報を削ぎ落としてい

くことにより合成する手法である。

　加算合成と減算合成は，6.3.1項の分類では既存楽音の合成と，創造的合成，という二つの側面がある。この方式は1960年代に誕生した方式である。したがって，この合成音は技術開発意図は既存楽音であったが，合成音の音色と音質が現実的なものとは程遠かったという意味で，創造的合成といえる。

6.3.4　非線形処理方式

〔1〕　**変調合成**　　変調合成はリング変調（RM），振幅変調（AM），周波数変調（FM）が代表的な合成方式である。音楽応用での変調方式と通信技術との相違点は，通信技術では，搬送波には高周波を，また変調波には音声などの信号をあてがうが，音楽応用では両者にまったく任意の信号を用いうることができる。音楽的な機能としては，対象音に変調音独特のエフェクトをかける応用エフェクトとしての機能がある。

　FM合成[6]では，エフェクトとしての機能ほか，音源としての機能もある。音色として既存楽音の擬似と創造的音色の二面性をもっているのが特徴である。1970年代に考案されて以来，抱負な倍音を簡単なパラメータで作成できる長所があり，音質がそれまでの加算合成方式に比して飛躍的に向上し，物理モデルが登場するまで，楽音合成の主導的な地位を築いた。そのため，現在では二つ目の役割，すなわち創造的な合成音の音色として用いられている。

〔2〕　**ウェーブシェーピング**　　チェビシェフ関数などを用いて，入力信号に非線形ひずみを加えることにより高次倍音を豊かに付与する合成方式である[7]。**表6.4**に非線形方式による合成音方式の分類を記す。

6.3.5　物理モデル

〔1〕　**ウェーブガイド方式**　　損失のない撥弦の振動は2階の線形微分方程式で表され，解は前進波と後進波の和として表すことができる。Smithは出力波形を，この基本式をもとにして，損失を加えるなどより現実的にした系設定にした波形テーブルと，これに遅延を加えて加算を施すwaveguide方式によ

表6.4　非線形処理方式による合成音方

方式名		擬似楽音	基本加工	応用加工 (エフェクト)	創造的合成
変調合成	リング変調			○	○
	振幅変調			○	○
	周波数変調	○		○	○
ウェーブシェーピング				○	○

り実時間合成を達成した[8]。この考えは，現在の物理モデルの基礎的な考え方となっている。この方法では既存楽音で特に，撥弦や木管および金管楽器の擬似音源として高品質の合成音が達成され，1980年代末には物理モデル音源として商用化もされた。

物理モデルは，実際の楽器とは異なるパラメータを入力することにより，現実音とは異なる音色の合成が期待でき，創造的合成の機能もある。その際，パラメータの数は少ない，という物理モデル特有の特徴は保持していることが強みである。

〔2〕 **Genesys**　この手法はCactagneらによって導入された方法で[9]，モデルの基本的単位を力学系に置く。すなわち，質点がばねで結ばれているモデルである。さまざまな楽器をこのモデルを用いて表現し，リアルな音質を合成することに成功している。また，実楽器とは別に，モデルの構成を自由に複雑な多面体のバネモデルを構成することにより，創造的な合成を行い楽曲制作を行っている。

6.3.6　分析/合成方式

6.3節前文で述べたとおり，原音が与えられて，これを加工するための方式である。代表的な方式を**表6.5**に示す。

〔1〕 **ボコーダ**　音声通信方式としての**ボコーダ**[10]は，音声を音源と声道フィルタとに分解して表現するチャネルボコーダや，ホルマントボコーダなどがある。音楽情報処理分野での応用は，音源を別の信号に置き換えたり，音

6.3 コンピュータ音楽における楽音合成方式とその音色の分類

表6.5 分析/合成方式を用いた音色合成

方式名	擬似楽音	基本加工	応用加工 (エフェクト)	創造的合成
ボコーダ			○	○
細粒合成			○	○
LPC		○	○	
フェーズボコーダ		○	○	
正弦波モデル		○	○	

声以外の楽音にも適用して，クロス合成と呼ばれる新たなエフェクトとしての効果を確立した。後述のLPCは，チャネルボコーダの一実現方式となる。

〔2〕 **細粒合成** 音は音の小さな単位（粒子）の集合体として表現できる，という考えのもとで，粒子に分解し，これを再合成する際に時間軸を伸縮したりランダムに配置するなど，時間軸上での任意に制御するエフェクトである。Gaborの定式化[11]により，分析/合成系として表現できるが，実際の音楽応用では，細粒として，原音にガウス窓や三角窓などをかけ，自由に再配置されている[12]。必ずしも分析/合成方式としての定式化を行わずに，サンプルに窓関数を掛け，これを取り出しオーバーラップ加算することが一般的で，窓長，原音からの粒子の取り出し方，オーバーラップの度合いなどがパラメータとなる。

〔3〕 **LPC** LPC[13]は代表的な音声表現技術である。音声を声帯振動を表す音源と，声道情報を表すフィルタとに分解して表現するもので，チャネルボコーダの流れをくむ。音源は声質や音色を表し，声道情報は音声の音韻性を表すため，音楽独自の応用であるクロス合成に用いられる。これは，本手法により音声を音源と声道情報に分解し，音源情報を他の楽音に置き換え，声道情報は音声からのものを用い，これらを再合成するとしゃべる楽音の合成が実現できる。

〔4〕 **フェーズボコーダ** 対象音を帯域フィルタバンクに通過させ，個々の出力を位相情報も含めて忠実に分析/再合成する枠組みをいう。これをもとにエフェクトとして，時間軸の伸張やピッチ変換を行うのが一般的である。

Flanaganにより提唱された，がディジタル信号処理技術としてはPortnoffがSTFT（短時間フーリエ変換）を用いて定式化を行った[14]。ボコーダとの違いは，原音の位相を保持している点と，音声を音源にフィルタを掛けたもの，とソースフィルタでモデル化せず，信号を単純に狭帯域に分割して表現したものである。これが音質のよさにつながっている。しかし，STFTを用いた方式は，理論的に原音を再合成できるものの，加工したときに特有の残響が出ることが知られている。

〔5〕 **正弦波モデル**　　概念的には加算合成といえ，原音を表現するので，数多くの正弦波信号の和として表現している。しかし，決定的な相違は，加算合成では，いわゆる周波数が固定された正弦波を用いていたのに対し，本方式では20～30msの微小分析フレーム間で時変のパラメータを扱うことにある。作曲家のシュトックハウゼンが，「すべての音は正弦波の和として表現できる」というフーリエの理論からの応用として正弦波をもとに創作していた際の主張が，1980年代になって，ようやく正弦波モデルの形で実現したといえる。

本方式は，時刻 t での楽音 $y(t)$ を

$$y(t) = \sum_{i=1}^{L} A_i \cos(\phi(t)) \tag{6.1}$$

の形式で表現する。ここに $\phi(t)$ は位相，A_i は L 個の調波のうち i 番目の調波の振幅を表す。信号の分析にはSTFTを用いる。一般にこの方式は楽音の調波表現などには適しているが，雑音部の表現には適さない。SerraによるSMS（spectral model synthesis）[15] とMQアルゴリズム[16] が代表的な方式として知られる。

6.3.7　走査合成方式

その他に走査合成が挙げられる。これはなんらかの形状をもとにして，オーディオレート（ピッチ周波数）で走査して音響信号とする方式である。地表面軌道合成は3次元上の平面の走査ルートを時変で制御し信号波形を得る手法，またscanned synthesisは1～2Hz程度のゆるやかな弦振動を空間方向にオー

ディオレートで走査するもので，前者は，もとデータが固定されて走査が時変，後者は逆にもとデータが時変で走査方法が固定されている（**表6.6**）。この方式はまだあまり研究されていない。

表6.6 走査合成方式

区分	方式名	擬似楽音	基本加工	応用加工（エフェクト）	創造的合成
走査合成	地表面軌道合成				○
	scanned synthesis	○			

6.4 応用エフェクト

エフェクトは，原素材の音色を残しながらも，それのもっている特長を強調したり，あらたな要素を付け加えて，作品上の素材としての価値を高めるものである。この中には，伝統的なエフェクトには存在せず，ディジタル信号処理技術を高度に用いて初めて達成できる機能も近年実現できるようになった。その中から，**音色モーフィング**と**混声音**について紹介する。

6.4.1 音色モーフィング

1990年代初期には，CG（コンピュータグラフィックス）の分野である画像から別の画像まで補間するモーフィング技術が実用化された。映画やプロモーションビデオなどに多用され，技術名称はともかく，この効果は一般に広く認知された。これを音合成に応用したものが音色モーフィングである。小坂は，1990年代に正弦波モデルに基づくモーフィング方式の開発とその音楽作品への応用を行ってきた[17]。

図6.3はモーフィング合成方式の概略を表したものである。まず，二つのターゲットとなる音データについて，正弦波モデルに表現を試みる。正弦波モデルはMQアルゴリズム[16]を用いた。このモデルでは，STFTを用いてフレームごとにそのローカルピークの瞬時周波数，瞬時位相，瞬時振幅を抽出する。

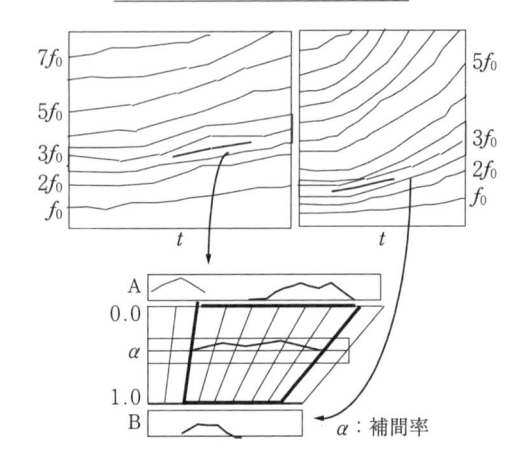

図 6.3 モーフィング合成方式

α：補間率

つぎにフレームごとの軌跡を求め，時間的に接続する。

つぎに二つの対象の時間的な対応点を **DP**（ダイナミックプログラミング）を用いて定める。DP は非線形圧縮方法の一つで，2 話者の同一音韻の発話の音韻同士の開始/終了点など二つの時間の対応を見る場合，これらの時間は比例的に対応するわけではないため，非線形の伸縮が必要となる。この全体の最適を見つけるために，局地の最適問題に帰着させて解くアルゴリズムをいう。

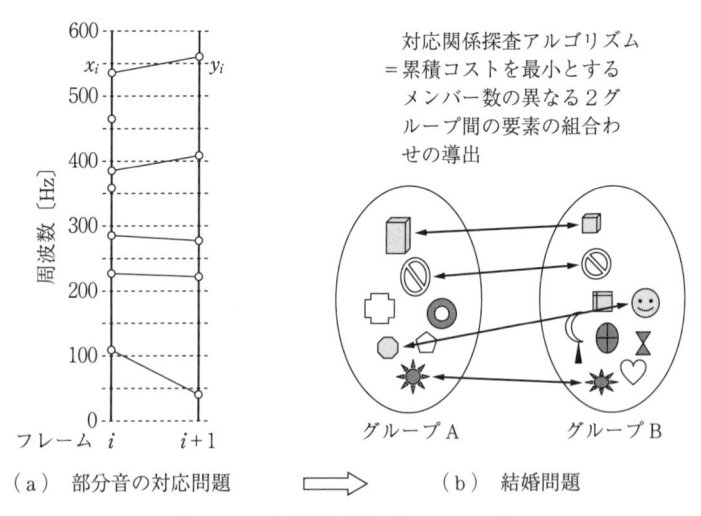

対応関係探査アルゴリズム
＝累積コストを最小とするメンバー数の異なる 2 グループ間の要素の組合わせの導出

（a） 部分音の対応問題　　（b） 結婚問題

図 6.4 対応関係を見出すアルゴリズム

対応するフレームは図（下）で上下の対象音を繋ぐ線分で描かれている。さらに，**図 6.4**（a）で示すように，対応するフレーム間で数の異なるローカルピーク間の対応関係を求める。同図（b）で示すように，この問題設定を「結婚問題」と呼び，メンバー数の異なる 2 グループ間で，最も相性のよいものどうしの対応を取る問題として定式化した。実際には二つの相性を両者の距離で数値化し，拡張した DP を用いて解法を導いている[18]。この問題の特徴は，相手が見つからない場合に距離という尺度でどう設定するかという点で，この値により結果が異なる。

6.4.2 物理モデルによる音色モーフィング

加算合成，FM 音源などの楽音を信号から創り上げる方式とは別に，1990 年代から発音機構を物理的に擬似する「物理モデル」による楽音合成が台頭してきた。

前節の信号モデルによるモーフィングでは膨大なパラメータの補間が問題となるため，相対的にパラメータの少なく，音質のよい物理モデルに着目し，物理モデルによる音色モーフィングも行われている。特に弦を対象にし，打弦から撥弦の音，具体的にはピアノの音からギターの音までのモーフィングを物理モデルにより実現した[19]。

6.4.3 混声音

モーフィングと並び，今後の重要な音楽音響技術として混声音が挙げられる。混声音はサウンドハイブリッドともいわれ，音のサイボーグのようなものである。われわれの耳に一つの音と聞こえるものも，実際には，さまざまな知覚的な要素に分解できる。例えば，人の音声には，音韻性があり，韻律によりアクセントが表現され，また，声質の中には性別，世代，情動，健康状態，などさまざまな要素が内包されている。混声音は，一つの音（ストリーム，音脈）に聞こえる枠組みの中で，これらのさまざまな音の一部要素を転写する技術の総称で，二つの音からの要素を掛け合わせたものが，LPC の説明で述べ

たクロス合成である。

　笙を 6.3.5 項で紹介した物理モデル上でこのクロス合成を適用した。笙はいわゆる「まっすぐな音」である。すなわち，一つの発音に対し，ピッチが揺らぎをもたず，いわゆるビブラートなどは機構上できない。一方，邦楽器である尺八は，洋楽器のビブラートに相当する揺りの種類が豊富で，尺八の音楽表現には欠くことのできないものとなっている。そこで，クロス合成として，笙の音色の上に尺八の揺り表現を掛け合わせた合成音を創り，楽曲の創作に応用した。

　具体的には，尺八の生演奏から揺りにより得られるピッチ系列を抽出し，このピッチ系列を笙の物理モデルのピッチとして入力した。演奏は，ピアノと，物理モデルによる笙と尺八の混声音とのアンサンブルとして，ピアノ演奏が行われた[P1]。

　また，実際に楽器にしゃべらせる試みとして，チェロに音韻を付与する試みも行われた。この方法の実現には，FFT を行った結果を直接掛け合わせた。すなわち，正弦波モデルを用いる方法に比べて，より容易な方式である[P2]。

6.5　音色の記述方法

　音色を文字等で表現する方法について考えてみよう。音色は知覚的なものであり，物理的な定義はできない。しかし，これを人に伝達したり，記録を残したり，理論化するためには，何らかの方法で数量化か記号化をしておくことが必要である。

　音色に類似したものとして，音声言語の音韻について考えてみよう。これは，完全に離散的な構造，すなわち，記号として表現できる。また，これらは，特に生成的な視点を加味するのであれば，母音，破裂子音，のように階層的な分類もできる。われわれは，教育により音声言語に文字がもたらされ，その結果，離散化され文節されることを後天的に獲得する。しかし，言語が離散構造をしていること自体は自明のこととして，これを受け入れている。

　もう一つの例として，音楽で用いられるピッチについて考えてみよう。音楽

6.5 音色の記述方法

理論上のピッチは，1 オクターブを 12 分割してこれにラベルを与え，音程と音階が定義され，さらにメロディや和声という概念が定義される。ピッチは低いものから高いものへ 1 次元的に記述できるので，順序尺度として扱いうるが，音楽理論としては，完全に順序尺度として扱われているわけではない。2 音の隔たりはその音程に比例するが，この音程の与える和声的な機能感は隔たりの大きさに比例するものではないため，名義的に扱わざるをえず，ピッチの離散構造上に音楽理論が構築されているととらえるほうが実情にあっている。

1 オクターブのピッチをほぼ 12 等分することは，多くの民族で普遍的である。5 音階や 7 音階は，この 12 音の一部の組合せからなっている。インドの音階，アラブの音階などは，例外的に，音階の構成要素としての音程に違いがある。しかし，オクターブを分割して離散的なピッチを元に音楽を構成していくことそのものは普遍的である。また，絶対音や相対音の感覚をもつ人が少なからずいる，ということもピッチに離散構造を持ち込む自然性，あるいは必然性が示されている。

一方，1 次元もしくは多次元上の連続値として数量化できる場合は，微分方程式が利用できるなど，物理的なモデル化が可能となる。これは音量を重み付きの dB や，sone などの単位で表す，または音楽理論的扱いでないピッチを Hz で表現する例と同様である。

それに対し，音色は多次元構造を有すことは直感的に理解しやすいが，自然に定着している形で離散的，連続的，という明確な形がない。また，幅広く音色全体を対象にした記述も考えにくい。そのため，対象を限定し，その使用目的を明確にしたうえでの表現方法を考案するしかない。

以下に音色を記述するのに参考となる事例を，離散的なものと連続的なものをそれぞれ一つずつ挙げたい。

6.5.1 IPA

言語音は第一義的にはコミュニケーションが目的である。それが音韻として表される文字情報と，これに韻律を加味してパラ言語としてとらえても，目的

はコミュニケーションであることに変わりはない。しかし，言語音を純粋に音素材ととらえて音色として扱うこともできる。

もともと，音声の韻律とは，音声の音楽的側面を指し示し，ピッチ，強弱，リズム，およびこれらの要素のうえに構築されているアクセントやイントネーションのことをいう。これ以外にも声質や音韻性などこれらはすべて音色と表現しなおすことができる。

コミュニケーションが目的の音声言語では，さまざまな要素に対する専門用語が準備されていて，音色と置き換えることにあまり意味はない。しかし，音声，あるいはその音韻を他の楽音と同様に扱い，音韻性をも音色と呼ぶことは，音楽的に音色を議論する意味では大変有意義である。実際，歌や歌声でなく，音声をそのまま音楽に取り入れる事例は多い[22]。

こうした音声の音韻性をどう表記するかは，各言語の音韻あるいは音素記述の議論である。また，統一的な記述には IPA なる表記法もある。**IPA**[20),21)] (international phonetic alphabet，国際音声字母) についての詳細は言語に関する書籍に譲る。

一方，環境音については，それらの音色をどのように表したらいいか，一般的な認知はない。石原らは，環境音を擬音語と同様に音韻として記号化するとき，言語音と同一の弁別能力がなく曖昧性が生じることを示している。そして，この曖昧性は，有声破裂音 /b/，/d/，/g/，/gy/，あるいは，無声破裂音 /ch/，/k/，/p/，/t/，/ts/ などの調音方法に基づく音素グループごとに一つの記号とするほど大分類する必要はなく，もう少し小さな単位で音素をグループ化しても安定に記号化できることを実験的に示した[23]。また，あるものは音素をそのまま記号化してもよいことも示されている。具体的には，/k-t/ は一つのグループとして，また /b/，/p/ は単独の音素として紹介されている。すなわち，ある水の滴り音を，「コチャン」と聞く人と「トチャン」と聞く人に分かれたとしても，/k/ と /t/ を縮退させた記号を一つ提案すれば，これは一つの音韻に聞こえる，といい換えることができる，というものである。これらの擬音語の聞こえ方については研究事例が少なく，今後の追試や発展的な研究が待たれる。

小坂らは,「電子音色辞書」というシステムを製作し,音のネットワーク上での辞書作りを行っている。同システムでは,環境音の音色を,巨視的音色,擬音語,微視的音色の三つの音色記号で分類して付与することができる音色の表現方法を提案している[24),25)]。現在は母語による擬音語を音色記号として用いている。その際,記述法はIPAを元にしていることが特徴である。

6.5.2 嗄声の評価法にみる声質の記法

音色の記法に参考になるものとして,声の評価法がある。粕谷らは病的音声としての嗄声の特徴を表すのに,この評価尺度として **GRBAS 尺度**を提案している[26)]。これらは,総合 (Grade),粗雑性 (Rough),気息性 (Breathy),無力性 (Asthenic),努力性 (Strained) の頭文字からなっている。それぞれ 0 から 3 までの 4 段階で表す。この尺度は嗄声を 5 次元のベクトルで表現しており,距離空間上に定義される。これはできるだけ独立な軸を設定しようとしているが,記法としては記号ではなく,連続値である。これは,評価が目的であるための必要条件であろう。

音色を記号化すれば,音楽のスクリプト(譜面)や,映像のシナリオなどを1チャネル(1声部)に記録することができ,メディアの表現として大変便利である。また工学的には,環境音の自動合成,自動認識という問題が設定できる。すなわち,アニメーションの自動生成,コンピュータ音楽の記譜,ロボット聴覚など新たな研究分野が開拓できる。

また,嗄声の評価法の表現は一般的な心理評価データと同等に,さまざまな統計処理も行えてデータの解析に便利である。このような対象としては,聴診器の音の分類,嚥下の音など人体の病的な音,また,システムの異常音として,車のエンジン音などの評価法にも適用できる。この他の環境音として,マンホールを叩くときの音と埋設物との関係,スイカを叩いた音と甘みの関係のように,音色とその発音体の性質に何らかの因果関係がある場合に,その音色を何らかの形で数量化しておくと,その因果関係の検討範囲が物理値のみの検討に比して広がる。

引用・参考文献

1) ポール グリフィス著　石田一志訳：現代音楽小史　ドビュッシーからブーレーズまで，音楽之友社（1984）
2) C. Roads 著，青柳，小坂他共訳：コンピュータ音楽，pp.135〜138，東京電機大学出版局（2001）
3) M. H. Serra, D. Rubine, R. Dannenberg：Analysis and synthesis of tones by spectral interpolation, Journal of Audio Engineering Society, **38**, pp.111〜128 (1990)
4) X. Rodet, P. Depalle, G. Poirot：Diphone Sound Synthesis, Int. Computer Music Conference, Koeln, RFA (1988)
5) J. A. Moorer：Signal Processing Aspects of Computer Music：A Survey, Proceedings of the IEEE., **65**, 8, pp.1108〜1137 (1977)
6) J. M. Chowning：The synthesis of complex audio spectra by means of frequency modulation, Journal of the Audio Engineering Society, **21**, 7 (1973)
7) M. Le Brun：Digital Waveshaping Synthesis, *Journal of Audio Engineering Society*, **27**, 4, pp.250〜266 (1979)
8) J. O. Smith：Physical modeling Using Digital Waveguides, *Computer Music journal*, **16**, 4 (1992)
9) N. Castagne, C. Cadoz：The GENESIS Environment Physical Modeling as a Language to be Practiced by Musicians, Proceeding of ICA, pp.Ⅲ-1917〜1920 (2004)
10) J. L. Flanagan：Speech analysis synthesis and perception, Second Edition, Springer-Verlag (1972)
11) D. Gabor：Acoustical Quanta and the Theory of Hearing, Nature, **159**, 4044, pp.591〜594 (1947)
12) C. Roads and J. Strawn：Granulay Synthesis of Sound, Foundations of Computer Music, Cambridge, Massachusetts (1987)
13) J. D. マーケル，A. H. グレイ Jr. 著，鈴木久喜訳：音声の線形予測，コロナ社（1980）
14) M. R. Portnoff：Implementation of the Digital Phase Vocoder Using the Fast Fourier Transform, *IEEE Trans. Acoust., Speech, Signal Processing*, **ASSP-24**, 3, pp.243〜248 (1976)
15) X. Serra and J. Smith：Spectral modeling Synthesis, Computer Music Journal, **14**, 4, pp.12〜24 (1990)
16) R. J. McAulay and T. F. Quatieri：Speech Analysis/Synthesis Based on a Sinusoidal Representation, *IEEE Trans. On Acoust., Speech, and Signal*

Processing, **ASSP-34**, 4（1986）

17) 小坂直敏：Sinusoidal model による音色の補間，信学技報，SP95-130 pp.9〜16，(1996)
18) N. Osaka：Concatenation and stretch/squeeze of musical instrumental sound using morphing, Proceeding of ICMC 2005, Barcelona（2005）
19) 引地孝文，小坂直敏：スペクトルセントロイドを利用したピアノ音とギター音の音色補間，日本音響学会平成 11 年度秋季研究発表会講演論文集，**1-4-7**（1999）
20) http://www.coelang.tufs.ac.jp/ipa/index.htm
21) 国際音声学会編　竹林　滋，神山孝夫　訳：国際音声記号ガイドブック―国際音声学会案内，大修館書店，東京（2003）原題：Handbook of the International Phonetic Association. A Guide to the Use of the International Phonetic Alphabet, Cambridge University Press, Cambridge（1999）
22) S. Reich：Different trains, for String Quartet and tape（1989）
23) 石原一志，駒谷和範，尾形哲也，奥乃　博：環境音を対象とした擬音語自動認識，擬音語表現における音素決定曖昧性の解消，人口知能学会論文誌，**20**，3，SP-F, pp.229〜236（2005）
24) Y. Kobayashi and N. Osaka：Construction of an electronic timbre dictionary for environmental sounds by timbre symbol：Electronic Proc. of ICMC 2007, Belfast（2008）
25) N. Osaka, Y. Saito, S. Ishitsuka, Y. Yoshioka：An electronic timbre dictionary and 3D timbre display, Proc. of ICMC 2009, pp.9〜12, Montreal（2009）
26) 日本音声言語医学会　編：新編 声の検査法，医歯薬出版株式会社，7.3 嗄声の評価（2009）

演　　奏

P1) 小坂直敏：モーフィング コラージュ―ピアノとコンピュータのための，2002.12.19 主催／アンサンブル・ヴィーヴォ 2002，創造におけるテクノロジーの可能性，新宿 東京オペラシティ委嘱初演，秦 はるひ（Piano）引地孝文（System）
P2) 小坂直敏：音声転写 チェロとコンピュータのための，2009.5.9 電子音響音楽シンポジウム＆コンサート　主催／日本電子音楽協会，日本音楽学会，愛知県芸術劇場　小ホール　初演，松崎安里子（チェロ）

索　引

あ

アイドリング時の車外音	166
明るさを表す因子	41
粗　さ	106

い

位　相	12
位相スペクトル	4, 15
位相同期	71
一対比較法	27
因子得点	33
因子負荷	33
因子分析	32
印象的側面	4

う

うなり	17

え

エンジン音	116, 164

お

オーケストレーション	200
音記号	174
音──に包まれた感じ	147
──の大きさ	3
──の３要素	3
──の鋭さ	105
──の高さ	4
──の変動強度	109
オノマトペ	8
オーバーシュート	135
オピニオン評価尺度	153
音圧増加率	88
音圧レベル	18
音響機器の音質	122
音響式信号機	185
音　質	9
音質シミュレーション	116
音質評価システム	113
音質評価指標	22, 97
音声対振幅相関雑音比	158
音声の品質評価	149

か

外耳道	18
階層構造	43
階層的クラスタ分析	34
蝸　牛	18
楽音合成	204
各臨界帯域のラウドネス	103
加算合成	209
風切り音	116, 164
加速フィーリング	168
がたつき音	164
楽器音	132
ガラ音	164
感覚的快さ	113
かん高さ	105

き

擬音語	7, 49
機械製品の音	159
基準化両耳間相互相関数	142
基礎的音色	65
基底膜	20
基　点	178
機能イメージ	180
基本音（波）	12
協和性	42, 76
協和性理論	17
極限法	23
距離尺度	25

く

金属性因子	5, 39
偶発的要素	132
クラスタ分析	32
クルトシス	167

け

警　告	175
警告告知	181
経済効果	118
警　報	180
警報音	175
系列範疇法	26
結婚問題	214
減算合成	209
減　衰	135
減衰特性	4

こ

高級感	168
恒常法	23
高速回転機構	165
交通バリアフリー法	185
興奮パターン	75
高齢者	176, 177
快　さ	42
鼓　膜	18
こもり音	164
コンジョイント分析	171
混声音	213
コンピュータ音楽	201

さ

サイン音	173
サイン音楽	178
サーストンの一対比較法	29
3主属性	42

索引

し

子音	59
シェッフェの一対比較法	27
耳介	18
視覚障害者	185
視覚と聴覚の相互作用	128
識別的側面	4
耳小骨	18
シャッタ音	169
シャープネス	97
重回帰分析	32
周期	12
周期的複合音	12
周波数	11
周波数スペクトル	4, 14
周波数変調	90
終了	178, 181
主観的等価点	24
純音	11
順序効果	27
順序尺度	25
準静的音色	65
準動的音色	65
衝撃音	164
信号音	174
シンセサイザ	203
振幅	11
振幅エンベロープ	132
振幅スペクトル	4, 15
振幅変調音	77
心理学的尺度構成法	24
心理物理学的測定法	23

す

| スペクトル重心 | 105 |

せ

正弦波	11
声帯振動開始時刻	89
静的音色	65
接近音	58
絶対閾	24
絶対判断	26
鮮明因子	39

そ

総合情緒過程	126
総合的な音質	126
総合的音色	65
総合品質指標	157
操作	180
操作確認	178
相対判断	26
促音	58
粗滑性	42
疎密波	10

た

ダイナミックプログラミング	214
濁音	57
多次元尺度構成法	30
立上がり	4, 86
多変量解析	32
単語・文章了解度	151

ち

注意	178
長音	58
聴覚系	18
聴覚における記憶効果	111
聴覚の時間的積分機能	111
聴覚の時間分解能	107
聴覚フィルタ	21
調整法	23
調波・非調波	4

つ

通話当量	149
通話品質	149
通話品質客観評価モデル	155

て

適応法	23
テクスチャ	197
デシベル〔dB〕	18
電子音	202
電子音楽	201
電子音色辞書	219

と

動的音色	65
トナリティ	113
トーン・トゥ・ノイズレシオ	111

ね

音色	1
音色因子	5
音色空間	31
音色知覚空間	74
音色の不変性	7
音色評価尺度	37
音色表現語	38
音色モーフィング	213

の

| ノイズ | 4, 16 |

は

倍音	12
背景因子	125
迫力因子	5, 39
波形テーブル参照型	207
撥音	50
派手さ因子	39
ハーフ次成分	116
搬送波周波数	107
半濁音	58
バンドノイズ	16

ひ

非調波成分	133, 134
美的因子	5, 39
美的・叙情的因子	41
ビブラート	90, 132
評定尺度法	26
比率尺度	25
広がり感	142, 145
ピンクノイズ	16
品質指標	156

ふ

| ファジィクラスタ分析 | 138 |
| フェヒナーの法則 | 18 |

不協和度	80	**ま**		要素感覚過程	126
複合音	12			呼出	180
物理モデル	204	摩擦持続時間	88	4 副属性	42
部分効用値	171	**み**		**ら**	
フラクチュエーションストレングス	97	見かけの音源の幅	147	ラウドネス	97
フーリエの法則	14	ミュージックコンクレート	201	ラウドネス定格	149
プリファレンススコア	155			らしさ	132
プロフィール	161	**む**		ラフネス	97
プロフィール分析	75			ランブル音評価指標	167
プロミネンスレシオ	111	無声子音	55		
分析/合成方式	205	**め**		**り**	
へ		明暗性	42	離散周波数音	111, 173
平均オピニオン値	154	名義尺度	25	離散スペクトル	16
閉鎖音	50	明瞭度	149	立体音響	124
変調合成	209			流音	50
変調周波数	107	**も**		両耳間相関係数	145
変調度	107	盲導鈴	185	両耳間相互相関度	142
変動	4	モーフィング	207	量的・空間的因子	41
変動感	77	**や**		臨界帯域幅	21
弁別閾	23	柔らかさを表す因子	41	**る**	
ほ		**ゆ**		類似性判断	31
母音	58	有声子音	54	**れ**	
方向性因子	125	誘導鈴	185	連続スペクトル	16
豊痩性	43	ユニットジェネレータ	208	**ろ**	
報知	180	**よ**		ロードノイズ	116, 164
報知音	175	拗音	59		
ホワイトノイズ	16				

A		**D**		**G**	
acum	106	DP	214	GRBAS 尺度	219
AEN	149	DRT	151	**H**	
AM 音	77	**E**		harmonic-index	69
asper	106	E モデル	159	**I**	
ASW	147	**F**		IACC	142
AURAL	156	FM	90	ISO 532（A 法）	102
C		FM 音源	204	ISO 532（B 法）	104
compactness	47				

L

LEV	147
loudness	3
LR	149

M

ME 法	30
MOS	154
MRT	151
Music N	203

O

OPI	157
OPINE	156

P

PI	157
pitch	4

R

RE	149

S

SD 法	35
sharpness	47
sound quality	9
specific loudness	103
Stevens のモデル	102

Z

Zwicker のモデル	102

──── 編著者・著者略歴 ────

岩宮　眞一郎（いわみや　しんいちろう）
- 1975年　九州芸術工科大学芸術工学部音響設計学科卒業
- 1977年　九州芸術工科大学専攻科修了　九州芸術工科大学助手
- 1990年　工学博士（東北大学）
- 1991年　九州芸術工科大学助教授
- 1998年　九州芸術工科大学教授
- 2003年　九州大学大学院教授
- 2018年　九州大学名誉教授
- 2018年　日本大学特任教授
- 2023年　日本大学非常勤講師
- 　　　　現在に至る

小坂　直敏（おさか　なおとし）
- 1976年　早稲田大学理工学部電気工学科卒業
- 1978年　早稲田大学大学院理工学研究科博士前期課程修了（電気工学専攻）　日本電信電話公社（現NTT）電気通信研究所勤務
- 1985年　NTT基礎研究所勤務
- 1994年　博士（工学）（早稲田大学）
- 1998年　NTTコミュニケーション科学基礎研究所勤務
- 2003年　東京電機大学教授
- 2023年　東京電機大学名誉教授

小澤　賢司（おざわ　けんじ）
- 1986年　東北大学工学部通信工学科卒業
- 1988年　東北大学大学院工学研究科博士前期課程修了（電気及通信工学専攻）　東北大学助手
- 1994年　博士（工学）（東北大学）
- 1998年　東北大学助教授　山梨大学助教授
- 2007年　山梨大学大学院教授
- 　　　　現在に至る

高田　正幸（たかだ　まさゆき）
- 1994年　成蹊大学工学部機械工学科卒業
- 1999年　成蹊大学大学院工学研究科博士後期課程単位取得退学（機械工学専攻）　九州芸術工科大学助手　博士（工学）（成蹊大学）
- 2003年　九州大学大学院助手
- 2007年　九州大学大学院助教
- 2015年　九州大学大学院准教授
- 2024年　九州大学大学院教授
- 　　　　現在に至る

藤沢　望（ふじさわ　のぞむ）
- 1997年　大阪芸術大学芸術学部音楽学科卒業
- 2003年　九州芸術工科大学大学院芸術工学研究科博士前期課程修了（芸術工学専攻）　修士（芸術工学）
- 2007年　九州芸術工科大学大学院芸術工学研究科博士後期課程修了（芸術工学専攻）　博士（芸術工学）
- 2007年　県立長崎シーボルト大学講師
- 2008年　長崎県立大学講師
- 　　　　現在に至る

山内　勝也（やまうち　かつや）
- 1998年　九州芸術工科大学芸術工学部音響設計学科卒業
- 2004年　九州芸術工科大学大学院芸術工学研究科博士後期課程修了（情報伝達専攻）　博士（芸術工学）　九州大学大学院学術研究員
- 2006年　長崎大学助手
- 2007年　長崎大学助教
- 2015年　九州大学大学院助教
- 2016年　九州大学大学院准教授
- 　　　　現在に至る

音色の感性学 ──音色・音質の評価と創造──
Science of Sound Color ──Evaluation and Creation of Timbre and Sound Quality──
© 一般社団法人 日本音響学会 2010

2010 年 8 月 27 日　初版第 1 刷発行
2024 年 2 月 20 日　初版第 5 刷発行

検印省略	編　　者	一般社団法人 日本音響学会
	発行者	株式会社　コロナ社
		代表者　牛来真也
	印刷所	萩原印刷株式会社
	製本所	有限会社　愛千製本所

112-0011　東京都文京区千石 4-46-10
発行所　株式会社　コロナ社
CORONA PUBLISHING CO., LTD.
Tokyo Japan
振替 00140-8-14844・電話(03)3941-3131(代)
ホームページ　https://www.coronasha.co.jp

ISBN 978-4-339-01347-4　C3355　Printed in Japan　　　　　　　（新宅）

本書のコピー，スキャン，デジタル化等の無断複製・転載は著作権法上での例外を除き禁じられています。
購入者以外の第三者による本書の電子データ化及び電子書籍化は，いかなる場合も認めていません。
落丁・乱丁はお取替えいたします。

音響サイエンスシリーズ

（各巻A5判，欠番は品切，☆はWeb資料あり）
■日本音響学会編

	書名	著者	頁	本体
1.	音色の感性学☆ ―音色・音質の評価と創造―	岩宮眞一郎編著	240	3400円
2.	空間音響学	飯田一博・森本政之編著	176	2400円
3.	聴覚モデル	森周司・香田徹編	248	3400円
4.	音楽はなぜ心に響くのか ―音楽音響学と音楽を解き明かす諸科学―	山田真司・西口磯春編著	232	3200円
6.	コンサートホールの科学 ―形と音のハーモニー―	上野佳奈子編著	214	2900円
7.	音響バブルとソノケミストリー	崔博坤・榎本尚也・原田久志・興津健二編著	242	3400円
8.	聴覚の文法 CD-ROM付	中島祥好・佐々木隆之・上田和夫・G.B.レメイン共著	176	2500円
10.	音場再現	安藤彰男著	224	3100円
11.	視聴覚融合の科学	岩宮眞一郎編著	224	3100円
13.	音と時間	難波精一郎編著	264	3600円
14.	FDTD法で視る音の世界☆	豊田政弘編著	258	4000円
15.	音のピッチ知覚	大串健吾著	222	3000円
16.	低周波音 ―低い音の知られざる世界―	土肥哲也編著	208	2800円
17.	聞くと話すの脳科学	廣谷定男編著	256	3500円
18.	音声言語の自動翻訳 ―コンピュータによる自動翻訳を目指して―	中村哲編著	192	2600円
19.	実験音声科学 ―音声事象の成立過程を探る―	本多清志著	200	2700円
20.	水中生物音響学 ―声で探る行動と生態―	赤松友成・木村里子・市川光太郎共著	192	2600円
21.	こどもの音声	麦谷綾子編著	254	3500円
22.	音声コミュニケーションと障がい者	市川熹・長嶋祐二編著 岡本明・加藤直人 酒向慎司・滝口哲也共著 原大介・幕内充	242	3400円
23.	生体組織の超音波計測	松川真美・山口匡編著 長谷川英之	244	3500円

以下続刊

笛はなぜ鳴るのか　足立整治著
―CD-ROM付―

骨伝導の基礎と応用　中川誠司編著

定価は本体価格+税です。
定価は変更されることがありますのでご了承下さい。

図書目録進呈◆